2014年度浙江省社科联省级社会科学学术著作
出版资金全额资助出版

当代浙江学术文库

DANGDAI ZHEJIANG XUESHU WENKU

影响美、日来华留学生
跨文化人际适应的文化差异研究

潘晓青 著

中国社会科学出版社

图书在版编目（CIP）数据

影响美、日来华留学生跨文化人际适应的文化差异研究／潘晓青著 . —北京：中国社会科学出版社，2015.6

（当代浙江学术文库）

ISBN 978 - 7 - 5161 - 6872 - 1

Ⅰ. ①影… Ⅱ. ①潘… Ⅲ. ①留学生—青年心理学—研究②比较文化—研究—中国、美国③比较文化—研究—中国、日本 Ⅳ. ①B844.2②G04

中国版本图书馆 CIP 数据核字（2015）第 208549 号

出 版 人	赵剑英
责任编辑	田 文 丁玉灵
责任校对	董晓月
责任印制	王 超

出 版	中国社会科学出版社
社 址	北京鼓楼西大街甲 158 号
邮 编	100720
网 址	http：//www.csspw.cn
发 行 部	010 - 84083685
门 市 部	010 - 84029450
经 销	新华书店及其他书店

印刷装订	北京君升印刷有限公司
版 次	2015 年 6 月第 1 版
印 次	2015 年 6 月第 1 次印刷

开 本	710 × 1000 1/16
印 张	18.5
插 页	2
字 数	305 千字
定 价	65.00 元

凡购买中国社会科学出版社图书，如有质量问题请与本社营销中心联系调换

电话：010 - 84083683

总　序

浙江省社会科学界联合会党组书记　郑新浦

　　源远流长的浙江学术，蕴华含英，是今天浙江经济社会发展的"文化基因"；35 年的浙江改革发展，鲜活典型，是浙江人民创业创新的生动实践。无论是对优秀传统文化的传承弘扬，还是就波澜壮阔实践的概括提升，都是理论研究和理论创新的"富矿"，浙江省社科工作者可以而且应该在这里努力开凿挖掘，精心洗矿提炼，创造学术精品。

　　繁荣发展浙江学术，当代浙江学人使命光荣、责无旁贷。我们既要深入研究、深度开掘浙江学术思想的优良传统，肩负起继承、弘扬、发展的伟大使命；更要面向今天浙江经济社会的发展之要和人文社会科学建设的迫切需要，担当起促进学术繁荣的重大责任，创造具有时代特征和地方特色的当代浙江学术，打造当代浙江学术品牌，全力服务"两富"现代化浙江建设。

　　繁荣发展浙江学术，良好工作机制更具远见，殊为重要。我们要着力创新机制，树立品牌意识，构建良好载体，鼓励浙江学人，扶持优秀成果。"浙江省社科联省级社会科学学术著作出版资金资助项目"，就是一个坚持多年、富有成效、受学人欢迎的优质品牌和载体。2006 年开始，我们对年度全额资助书稿以"当代浙江学术论丛"（《光明文库》）系列丛书资助出版；2011 年，我们将当年获得全额重点资助和全额资助的书稿改为《当代浙江学术文库》系列加以出版。多年来，我们已资助出版共 553 部著作，对于扶持学术精品，推进学术创新，阐释浙江改革开放轨迹，提炼浙江经验，弘扬浙江精神，创新浙江模式，探索浙江发展路径，产生了良好的社会影响和积极的促进作用。

2013 年入选资助出版的 27 部书稿，内容丰富，选题新颖，学术功底较深，创新视野广阔。有的集中关注现实社会问题，追踪热点，详论对策破解之道；有的深究传统历史文化，精心梳理，力呈推陈出新之意；有的收集整理民俗习尚，寻觅探究，深追民间社会记忆之迹；有的倾注研究人类共同面对的难题，潜心思考，苦求解决和谐发展之法。尤为可喜的是，资助成果的作者大部分是浙江省的中青年学者，我们的资助扶持，不唯解决了他们优秀成果的出版之困，更具有促进社科新才成长的奖掖之功。

我相信，"浙江省社科联省级社会科学学术著作出版资金资助项目"的继续实施，特别是《当代浙江学术文库》品牌的持续、系列化出版，必将推出更多的优秀浙江学人，涌现更丰富的精品佳作，从而繁荣发展浙江省哲学社会科学，充分发挥"思想库"和"智囊团"的作用，有效助推物质富裕精神富有现代化浙江的发展。

2013 年 12 月

摘　　要

　　随着我国来华留学生管理体制的建立，留学生跨文化管理已经引起了越来越多的关注。跨文化管理所要解决的基本问题是改善不同文化群体之间的人际互动。因此，研究对留学生跨文化人际适应有负面影响的文化差异是迈向跨文化管理研究的第一步。本研究以美、日留学生为研究对象，探讨中美和中日之间跨文化人际互动中的行为差异以及行为背后的文化观念。研究采用质性研究的方法，对 8 名美国留学生和 16 名日本留学生进行了访谈和观察，对所收集的资料进行了三级编码分析，主要研究和发现结论如下。

　　研究发现，影响美、日留学生跨文化人际互动的文化差异主要体现在种族和国别、社会公德、服务观念、时间观念、表达方式、人际距离和语言障碍。此外，中美人际互动还受到权力距离差异的影响。

　　在行为层面，美国留学生认为中国人有基于种族和国别的刻板印象而产生的亲美、反美行为。日本留学生则面临反日言行和难以沟通的国际关系问题。在社会公德方面，美、日留学生认为中美和中日在维护公共环境卫生，遵守公共秩序，诚信对待陌生人上有差异。对于中国式的服务，美、日留学生认为中美和中日的服务在效能和态度上相距甚远。时间观念上的差异主要体现在中美和中日在现实中重视计划的程度，计划变动的可能性以及守时和预约的习惯有所不同。在表达方式上，有直接和不直接的差别。相对于美国，中国人不直接；相对于日本，中国人比较直露。人际距离的差异主要体现在体距和人际接触的密切程度。语言障碍不仅仅在于语言本身，还在于副语言和方言的差异。对于美国留学生来说，中美师生在学生自主权和教师权力的限制上存在差异。

　　在观念层面，中国人基于国别和种族对美国人形成了一定的刻板印象，这和以个体自居的美国留学生之间存在矛盾。中日之间对历史和领土以及国际关系的不同看法影响了跨文化人际交流。在社会公德方面，美国人崇尚个体公平的观念和日本人的耻感意识塑造了他们的公共行为。美国留学生认为美式服务以高效率满足顾客需求为己任，日本留学生则认为日本的服务礼貌又正式。中美和中日之间在线性时间和多元时间观念上的差别决定了他们在和时间有关的安排上存在差异。在中美表达方式的直接和间接背后是情与知的区别；中日表达方式之间的差异源于双方对和谐关系的情感标准有不同的期待。影响中美人际距离差异的分别有禁忌观念、交换观念、隐私观念和结交观念。影响中日人际距离的有个体观念、隐私观念、回报观念、结交观念和礼貌观念。影响中美师生权力距离的是美国的平等个人主义观念和中国的等级集体主义观念。

　　研究发现体貌特征、语言、刻板印象和价值观影响了跨文化人际互动，其中刻板印象、语言和价值观是文化（或与文化相关的）差异，体貌特征是非文化差异。本研究就发现的差异，对如何改进留学生跨文化人际适应进行了探讨，并对跨文化管理，特别是管理中的核心部分——跨文化教育和培训提出了建议。

　　关键词：美、日留学生　文化差异　跨文化管理

ABSTRACT

More attention has recently been drawn to the cross-cultural management of international students in China. To identify the cultural differences exerting negative influence on international students' intercultural adjustment is the first step leading to cross-cultural management. Due to the scarcity of research done in this area, this study attempts to find the cultural differences at both a behavioral and conceptual level using qualitative methods. Data was collected from 8 American students and 16 Japanese students through interview and participant observation. By conducting three-level coding and categorization of the massive qualitative data, the conclusions and findings are as follows.

Both American and Japanese students find cultural differences in nationality/ethnicity, public behavior, service, conception of time, ways of expression, social distance and language. American students also find power distance an important difference affecting their intercultural adjustment.

At the behavioral level, American students note discriminatory attitude and behavior from Chinese out of their stereotype formed on nationality and ethnicity. Japanese students, on the other hand, encounter anti-Japanese behavior or find Sino-Japanese international issues hard to talk through. American and Japanese students find Chinese people different in treating environment, maintaining public order and being honest with strangers. Service in China fails to meet the expectation of these two groups of students for the absence of good attitude and efficiency. The time concept differences manifest themselves in the importance different cultural groups attach to schedule, readiness for a sudden change of schedule, preferences for punctuality as well as appointments. In the way of expression, the Chinese are indirect in eyes of American students whilst straightforward from a Japanese perspective. The differences in social distance are found in both proximities and contacts. The Language barrier is not only a barrier of language proficiency, but also paralanguage and dialects. As for the American students, they found students' autonomy to be hindered whilst professors have more power.

At the conceptual level, the stereotype of the Chinese formed on nationality and ethnicity is in contrast with the American students' sense of individuality and justice. Different views on history of Japanese students, disputes of territory and international relationships hinder Sino-Japan intercultural communication. As for public behavior, the American's value of justice and Japanese shame culture determine how they present themselves in public. American service features efficient satisfying the customers' need whilst Japanese service is regarded as formal and polite. Polychronic and monochronic theories explains for adjustment issues concerning time. Underlying American directness and Chinese indirectness correspond to preferences for truth and harmony respectively, whilst the differences between the Chinese and Japanese are due to the different interpretation of a harmonious relationship. What affects American students' perception of intercultural social distance are views on taboos, privacy, reciprocity and relationship development. For the Japanese, it is the views on individuality, privacy, reciprocity, politeness and relationship development that affect their perception. Lastly, the power distance between American students and Chinese teachers has something to do with their respective value of horizontal individuality and hierarchical collectivism.

This study concludes both the cultural and non-cultural differences in physical appearance, language, values and stereotypes affect intercultural adjustment of international students' in china, which means the cross-management of international students has to deal with a broader scope of differences than in business context.

The study goes further finding ways to improve international students' adjustment based on research findings and puts forward suggestions for future cross-cultural management as well as intercultural education and training.

KEY WORDS: American students　Japanese students　cultural difference　cross-cultural management

目　　录

第 一 章
导　　论

第一节　研究背景

　　背景的论述是为了阐明研究问题存在于什么样的知识网络。在本研究中，问题所涉及的领域包括美国和日本来华留学生的历史、来华留学生管理以及跨文化管理的基本概念。美、日来华留学生的历史使我们能够在历史的观照下看待今日的美、日留学生，来华留学生管理指出了研究的困惑，跨文化管理的基本概念为解决管理的困惑提供了基本的思路，它使我们明白应该问什么样的问题才能改善现阶段的留学生管理。

一　美、日学生来华留学的历史背景

　　中国古代接收日本留学生的历史，比中国与欧美的教育交流活动早一千余年。[①] 早在隋唐时期，古代日本仰慕中国的先进文化，多次派"遣隋使"和"遣唐使"来到中国。据记载，在公元607年，日本开始了正式派遣留学生和留学僧的活动。到了唐朝的公元630年到894年间，大量的留学生和留学僧随从派出的使节来到中国，学习律令和典章制度以及精神文化的各个方面。[②] 历史上掀起了中日教育文化交流的第一次高潮。留学生和学问僧有短期来华学习的，也有长期驻留中国的，他们为中国文化向日本的传播，促进日本社会的发展作出了巨大的贡献。到9世纪，由于国势的变动，日本停止向中国派"遣唐使"，从此中国和日本政府间的教育交流中断。到了19世纪后半期，日本明治维新的成功实施使日本成为亚

---

　　① 蒋大可：《中日留学生教育交流的史实和启示》，载《中国、日本外国留学生教育学术研讨会论文集》，北京语言大学出版社2005年版，第53—66页。
　　② 赵霞：《邦交化正常以来的教育交流研究》，博士学位论文，华中师范大学，2007年，第23页。

洲强国。中日两国师生关系开始易位，日本成为教育的输出方。但是，有研究认为在 19 世纪末，日本依然向当时的清朝派遣留学生，进行汉语的学习，并对中国的国情展开调查。① 进入动荡的 20 世纪后，一直到 1972 年中日恢复正常外交关系后，中日两国的教育和交流的位置和流向才发生改变。中日两国在平等互惠的基础上展开教育和文化交流。1978 年《中日和平友好条约》签订后，两国才就派遣留学生的问题达成了协议。

如同日本在传统上受中国文化的影响，美国文化也深受欧洲的影响。早在 18 世纪和 19 世纪，中上阶层的美国人普遍认为欧洲留学的经历是不可少的，因为欧洲的留学生活有利于学习欧洲文化，效仿欧洲上流社会的言行举止。② 这种传统观念一直影响到 21 世纪的美国人对留学的态度和倾向。从 19 世纪一直到第二次世界大战，美国学生通常遵循传统的留学路径，先到英国接受本科教育，再到德国接受研究生教育。③ 到了 1921 年，德拉瓦尔大学的教授里蒙德·W. 科克布莱（Raymond W. Kirkbride）提出了一个为世人感到新奇的建议：让三年级的学生到外国留学一年，促进学生的语言学习和对不同文化的理解。从 1923 年到 1948 年，有 902 名学生参加了这个项目。这个项目的留学目的地国家还是在欧洲的法国、瑞士和德国。④一直到 20 世纪 80 年代，以中国为目的地国家的留学项目才日益增多。

作为东、西方国家，美国和日本对外教育和文化交流的历史轨迹不同。但是，近代中国与日本和美国的国际关系几经波折，教育文化交流都曾因为国际关系的风风雨雨而阻滞不前。"二战"后，和平和发展的趋势使得中日和中美关系回暖。我国在 1972 年和 1979 年分别恢复了与日本和美国的正常的邦交关系，当时又适逢改革开放初期，我国向美国和日本提出了扩大派遣留学生的要求。美国和日本在答应的同时，也提出了向我国派遣留学生的要求。于是，官方开始互派等量的奖学金留学生，从此拉开

---

① 桑兵：《近代日本留华学生》，载《近代史研究》1993 年第 3 期，第 157 页。

② Vande Berg, M. (2003). The Case for Assessing Educational Outcomes in Study Abroad. In G. Tomas M. Hult and Elvin C. Lashbrooke (ed.) *Study Abroad* (*Advances in International Marketing*, *Volume 13*), Emerald Group Publishing Limited, pp. 23 – 36.

③ Nelson, T. (1995) An analysis of Study Abroad at U. S. Colleges and Universities. Retrieved March 13, 2014, from http://trace. tennessee. edu/cgi/viewcontent. cgi? article = 2418&context = utk_ graddiss. p. 31.

④ Kochanek, L. Study Abroad Celebrates 75th Anniversary. Retrieved March 13. 2014 from http://www. udel. edu/PR/Messenger/9812/Stndy. html.

了美国和日本学生来华留学的序幕。

20 世纪 80 年代，随着经济全球化的不断深入，高等教育国际化在全球兴起。在国际留学生教育蓬勃发展和国内改革开放的形势下，我国来华留学教育体制逐步走向开放。改革开放初期，国家只允许有资格接收奖学金留学生的院校接收自费留学生。当时自费留学生主要是来自日本和欧美发达国家的，来华学习汉语的短期留学生。根据 1982 年的统计数据，在 2500 名短期来华留学生中，来自日本的占 60%，来自美国的占 30%。日本是当时来华学习汉语人数最多的国家之一。①

在 1985—1997 年，为吸引更多的留学生来华学习，我国逐步建立开放留学生教育的体制，允许普通高等院校自主招收来华留学生。从此，留学生的规模迅速扩大。1997 年的统计数据显示：日本自费来华留学生人数达 14699 人，美国来华留学生有 3100 人。分别位居各国来华留学生的第一位和第三位。② 由于日本和中国一衣带水，互为邻国，传统上又有文化的渊源，日本留学生中的学历生数量超过了美国。1998 年后，我国进入 21 世纪来华留学教育时期，发展来华留学生教育成为建设世界一流大学的重要内容。我国来华留学生教育进入全面快速增长时期。到 2012 年，美国和日本来华留学生总人数稳居前三位，分别为 24583 人、21126 人。③

邦交正常化以来，美国和日本来华留学规模的扩大直接受益于留学生教育政策的开放。与此同时，留学生的到来与我国良好的国际环境、经济发展水平、教育政策和文化的吸引力不无关系。在 2001 年和 2002 年，中国成为美国 15 个留学目的地国家中人数增长最快的国家。在 2003—2004 年度，中国成为美国留学的第 9 个目的地国家。④ 然而，国内的"拉"力因素的作用只是吸引美、日来华留学的一个方面。以美国为例，美国的对华留学政策也推动越来越多的美国学生来到中国留学。美国把留学作为外

---

① 于富增：《改革开放 30 年的来华留学生教育》，北京语言大学出版社 2009 年版，第 73 页。

② 同上书，第 93 页。

③ 中华人民共和国教育部：《2012 年全国留学生简明统计报告》，http://www.moe.gov.cn/publicfiles/business/htmlfiles/moe/s5987/201303/148379.html，2013 - 03 - 07/2014 - 03 - 13。

④ Jen, L. L. (2003). China sees Rapid Growth in American Students Studying Abroad. false retrieved March 13, 2014 from http://chronicle.com/article/China-Sees-Rapid-Growth-in/22779.

交的一种手段，认为留学是美国学生了解中国的一条有效的途径。到2014年，美国将完成以每年2.5万名的数字，在4年内向中国派遣100000名留学生的计划。美、日来华留学教育在推力和拉力的作用下，持续发展。

自古以来，留学生作为国际交流的一部分，只有在建立良好的国际关系的大前提下，才有流动的可能。留学生前往目的地国家留学规模的扩大，不仅说明留学体制上的障碍减少，也说明了目的地国家的留学价值所在。正是由于留学优势的存在，才奠定了教育交流中的相互位置，决定了学生的流向。

二 来华留学生管理

（一）来华留学生管理的历史与现状

我国自1950年对外开放留学以来，至今已有60多年的历史。在这60多年间，我国留学教育体系的建设在国内外政治、经济等因素的影响下几经变迁，走过了一条漫长的道路。来华留学生教育大致可以划分为三个主要的时期：新中国成立初期的来华留学生教育（1950—1977），改革开放初期来华留学教育（1978—1997），21世纪来华留学教育（1998年至今）。[①] 来华留学生教育发展的总体趋势为：规模不断扩大，国别持续增多，学历层次有所提高。在留学生教育发展的60年间，留学生的教育管理体制也获得相应的发展。

1. 第一个时期（1950—1977）

改革开放前的留学生教育以政治外交为主导。在第一个时期即"文化大革命"前那段时间来华留学的学生大多是出于政治援助的目的而接受的留学生。留学生主要来自社会主义阵营中已经和中国建交的国家，他们主要来自周边的越南、朝鲜和东欧的苏联等国。"文化大革命"后，来自非社会主义阵营国家的留学生增多。这个时期的留学生主要来自周边国家、欧美国家以及非洲国家。"文化大革命"前后两个时期的来华留学生规模均没有过万，规模较小。

在留学生管理体系建立之初的20世纪五六十年代，留学生被作为一个特殊的学生群体来看待。1962年的《外国留学生试行工作条例

---

① 董泽宇：《来华留学教育研究》，国家行政学院出版社2012年版，第2—4页。

（草案）》（以下简称《草案》）对中国师生和留学生的交往做出了规定，要"有计划地选择一批中国学生"与之交往。在管理思想方面，中央就留学生管理工作提出要适当照顾，又要严格管理的管理思想。在1962年的《关于加强外国留学生、实习生工作的请示报告》中提出管理的基本精神是"既要认真严肃的从各方面把留学生和实习生管起来，又要充分照顾到他们的特点，当严者严，当宽者宽，宽严得当"。在留学生管理的权力分配上，国家对留学生实行中央集权式的归口管理。由教育部确定统一的管理制度，审查留学生教育工作。学校设立留学生的管理机构，管理留学生的教育和生活。

宏观层面的留学生管理政策影响了校级的留学生管理实践。由于当时留学生数量不多，类别比较单一。学校通常在校办（后在外事处）指派专人负责留学生的管理工作。留学生是高校一个特殊的学生群体。这种特殊性体现在管理的各个方面。他们在经济上得到特殊的照顾，生活费用标准远远高于中国学生；在管理上也是实行与中国学生隔离化的管理。管理工作从一开始就认识到留学生由于本人的学习目的、文化水平、意识形态和生活方式与中国学生大不相同而给管理工作带来的复杂性。因此，有专门的教学和管理队伍负责留学生的学习和生活。

2. 第二个时期（1978—1997）

20世纪80年代，随着经济全球化的不断深入，高等教育国际化的浪潮在世界范围内掀起。改革开放后，我国迎来了留学生教育发展的第二个时期。这个时期来华的留学生教育淡化了第一个时期的政治色彩，开始强调跨文化交流和理解。以政治外交和社会文化交流为主导的留学生教育促进了开放的来华留学生教育体制的建立，来华留学生的规模迅速扩大。"到1996年，留学生总人数达41200多人，是1980年1381人的30倍。"[1]留学生主要来自日本、韩国这些周边国家以及欧美发达国家。

留学生的身份由原来笼罩着类似"外宾"的光环中回归到朴素的学生身份。例如：在和中国师生的交往方面，早在1979年的《外国留学生工作条例（修订稿中）》一改1962年《草案》中"有计划地组织一批中国学生"与来华留学生进行交流，而是提倡中国学生与留学生交朋友，帮助他们学习。在这个时期，留学生管理权力开始下放，1985年的《留

---

[1] 谢乃康：《来华留学生结构和层次探析》，载《中国高教研究》1997年第6期，第79页。

学生管理办法》打破了原来高度集中的留学生管理体制。经改革，学校在教学、纪律和学籍管理等方面获得了一定的自主权限。1989 年《关于招收自费来华留学生的有关规定》则赋予了普通高等院校绝大部分的留学生招生自主权。在这个时期内，留学生管理开始制度化。为扫清留学生教育发展的障碍，满足留学生教育的需求，我国建立了适应留学生教育需要的学位制度。语言是留学生来中国学习的基本要求，为了规范汉语水平考试，我国建立了汉语水平考试制度。其他还包括出入境管理等配套管理制度。此外，我国还增设了留学生管理的组织机构，成立了国家留学基金委，使得外国公民来华学习走上规范化的道路。

留学生规模的增加相应地带动了校内留学生管理体制的变革。学校纷纷成立留学生办公室，作为职能部门负责留学生的管理工作。但是在1950—1998 年，我国来华留学生管理仍然基本属于隔离管理的状态。以招收留学生最多的北京语言大学为例，在 2000 年机构改革以前，该校的来华留学生管理在管理机构上仍然由专门的留学生管理部门负责，在教学和后勤管理上也与中国学生的管理分开。

3. 第三个时期（1998 年至今）

1998 年后，随着世界范围内高等教育国际化的加速，我国提出了建设世界一流的大学政策，来华留学生教育成为建设世界一流大学的重要组成部分，进入了全面快速的发展时期。到 2012 年，来华留学生总人数增加到 32.8 万名，是 1998 年的近 8 倍。留学生主要来自韩国、美国、日本和泰国等国家。在管理权力方面，这个时期的留学生管理明确划分了教育部和学校的管理权限。《高等学校接收留学生管理规定》中明确了教育部和高校之间的权力分配。教育部负责统筹、协调、奖学金的归口管理、管理质量评估等。学校负责招收、教育教学和日常管理工作。高校招生自主权进一步扩大，留学生管理制度进一步完善。国家于 2000 年建立了留学生医疗保险制度以及外语授课的医学本科质量控制标准。在这个时期，规范管理的思想成为留学生管理的基本思想。教育部在《2003—2007 年教育振兴行动计划》中明确提出了"扩大规模，提高层次，保证质量，规范管理"的来华留学工作原则。

自 1998 年后，留学生的数量增长很快，学生的类别也更加多样化。为和留学生教育发展的趋势相互适应，学校进行组织创新，纷纷成立国际文化交流学院（以下简称"国交院"），融管理、教学和服务为一体。进入 21 世纪后，不少高校打破国交院的管理模式，在学校层面上探索对留学生实施趋同化和规范化管理，以便更好地满足学校留学生教育发展的需求。改革的结果是中外学生在教学和后勤管理上开始逐步趋同。实现部分趋同管理的学校一般是留学生规模较大，学历生较多的学校。在教学方面，对学历留学生采用和中国学生相同的教学管理和学籍管理。在后勤管理上，留学生和中国学生实现就餐的趋同。

从上述留学生管理的发展看来，留学生管理发展的轨迹不仅受制于我国在不同时期招收留学生的目的和意义，留学生教育发展的特点，也与留学生特殊的身份有关。国家宏观政策层面的留学生管理体制的发展主要体现在管理权力自上而下的变迁，管理体制日趋完善以及管理思想走向规范的过程。在留学生宏观政策的影响下，留学生管理实践也发生了相应的变化。其中来华留学生的规模和学历生的出现对来华留学生管理的影响最大——留学生管理从中华人民共和国成立初期的隔离化管理开始走向逐步趋同的管理模式。

(二) 现阶段来华留学生管理问题

经过 60 年的变化和发展，留学生的管理已经和留学生教育体系建立之初的管理有很大的区别。这种变化主要体现在高校逐渐获得留学生管理的权力，建立基本的留学生管理体制。尽管留学生的管理已经取得了长足的进展，但留学生管理的问题依然存在。本书以篇名中的"留学生管理"为精确检索词在中国知网（CNKI）上进行高级检索，发现共有论文 194 篇。留学生管理方面的研究在近五年（2009—2013）尤为集中，共有 123 篇，占总数的 60% 以上，研究主要涉及管理体制改革、管理系统开发和人文化管理。留学生管理体制的改革主要涉及制度和管理模式，留学生人文化管理主要关注文化的差异对留学生的适应造成的影响并商讨相应的对策。从现有的研究来看，尽管我国留学生教育体制还存在弊端，制度也有待健全，但是研究者对以人为本的、柔性的人文化管理，比以体制和硬件为核心的管理更加重视。可以说，与留学生跨文化管理相关的文章已经成为主流。

上述的研究现状不仅说明了研究者的兴趣和关注点，也说明了目前留学生管理中亟待解决的问题。"长期以来，高校留学生管理大多是以制度为本的硬性管理。……这种管理理念以及做法依旧主导着留学生管理工作的开展，通常忽略了个人情感，缺乏对人性的认知和思考，很大程度上缺乏'人本性'的管理。"①

从管理学本身的视角来看，管理的发展是有阶段性的。小规模的经营化管理通常见于创业之初，管理基本靠个人的经验。我国在留学生教育发展的第一个阶段的留学生管理类似于经营管理。管理发展到第二个阶段，开始重视科学化管理。从工作本身着手，实行职能化、法制化、自上而下的指挥型管理。我国留学生教育发展的第二个阶段开始成立留学生管理的职能部门，制定留学生管理的各项制度，力求管理的规范化和制度化。但是管理的中心依然在管理本身。管理发展到第三个阶段，开始意识到文化管理的重要性。文化管理建立在制度化的科学管理的基础上，但是在文化管理阶段，最重要的是人际关系的管理。管理者作为人际关系的调节者而存在。如果我们参照管理发展的这三个阶段，结合现阶段留学生管理的特点，可以得出这样的结论：现阶段的留学生管理已经开始转向文化管理。

现有的留学生跨文化管理研究有什么特点？或者说，目前的研究能在多大程度上改善留学生跨文化管理？文献回顾表明：研究者基本上从经验和体会出发，谈及留学生群体的文化多样性和跨文化适应的特点，并提出一些和人文管理，跨文化管理相关的对策和举措。如：注重留学生的"柔性"管理，在管理中体现人文关怀。② 其他许多相关研究提出了对留学生管理队伍进行培训，针对留学生的跨文化适应建立心理辅导等跨文化管理的举措。虽然现有的研究提出了很多有益的建议，但是这些建议没有具体的内容。由此可见，目前的研究缺乏跨文化管理的学科基础。跨文化管理的基本内涵是什么？跨文化管理应该有怎样的基本思路？回答这些问题有助于明确跨文化管理应该解决的基本问题，明了跨文化管理研究的基本方向。

三　跨文化管理的基本内涵

跨文化管理又称交叉文化管理（cross-cultural management）。跨文化

---

① 周毅、张亚男、栾雪莲：《人本主义理念在留学生管理工作中的应用》，载《社科纵横》2010 年第 4 期，第 87—88 页。

② 宋卫红：《高校留学生管理的问题和对策》，载《高等教育研究》2013 年第 6 期，第 38—42 页。

管理主要研究文化对于组织机构的影响，解决跨国公司跨文化经营中出现的问题。南希·阿德勒（Nancy Adler）认为："跨文化管理是为了解释世界上处于不同文化组织的人们的行为有何不同，并指出应该如何在这些组织中和来自不同文化的员工以及客户一起共事。跨文化管理描述不同国家和不同文化中的管理行为；对不同国家和不同文化的组织行为进行比较；但是最重要的是理解和改善来自不同国家和不同文化的员工、客户、供应商、合作伙伴之间的互动。因此，跨文化管理要求扩大原先国内的经营规模，直到能够具备跨越不同国家，不同文化领域的规模。"① 在跨文化管理中，文化差异被认为是导致跨文化交流中误解、矛盾和冲突的根源。如果文化差异在管理中得不到妥善的处理，则有可能因为误解而导致生意的失败或者因为矛盾和冲突而无法合作。因此，为了避免因为文化差异而造成的损失，必须把文化纳入管理的范畴。

虽然教育管理和商业管理有所不用，但是管理学的基础理论一直为教育管理所用。在研究教育管理问题的教育管理学中，主词是"管理"，"教育"是限定词。跨文化管理的基本内涵在教育的语境下，并不会发生实质性的改变。从南希·阿德勒的定义中，跨文化管理的本质在于认识文化差异，以及如何在管理上有效地处理这些文化差异以改善来自不同文化之间的人际互动。因此，我们可以认为留学生跨文化管理的目的是如何改善留学生与不同文化群体之间的交往，尤其是留学生和中国文化群体之间的互动。这个文化群体包括学生、教师、行政管理人员、后勤服务人员，甚至是社会大众。

留学生跨文化管理的前提是认识对跨文化人际互动有负面影响的文化差异。如：在留学生管理的过程中可能遇到这样的文化差异：中国老师按照自己的标准和经验给学生的作业打分，而美国学生则习惯在完成作业前被告知书面的评分标准。中国老师和美国学生之间存在文化差异，他们之间的文化差异造成了师生在评分上的冲突。文化差异造成的冲突提出了一个和跨文化管理相关的问题：在不同的文化标准面前，应该如何进行评分？

留学生管理因为需要处理上述的跨文化交流问题而有了跨文化管理的

① Adler, N. （1991）. *International Dimensions of Organizational Behavior*, Boston, M. A. : PWSKent Publishing Company, pp. 10 – 11.

特性。跨文化管理的基本内容是针对这些问题找到解决文化差异的方法，通过制定留学生管理的程序和政策，缓解文化差异对管理造成的影响。由于文化对管理的影响是多方面的，所以留学生跨文化管理对高校的管理理念、管理制度、组织架构、教职员工和学生的行为均产生影响。高校在跨文化管理过程中，逐步具备跨文化管理的能力。如同南希·阿德勒在跨文化管理的定义中所说：能够具备跨越不同的国家和文化规模。

综上所述，留学生的跨文化管理的基本内涵是在认识留学生及其参与互动的各文化群体的文化差异的基础上，根据跨文化人际互动中出现的问题，在管理中制定相应的管理程序和政策，缓解文化差异对于留学生管理造成的影响，确保包括留学生在内的多元文化群体的和谐互动。根据上述跨文化管理的基本内涵，如果要实行跨文化管理，我们首先要明确影响跨文化人际互动的文化差异是什么。

第二节　研究的意义

目前的跨文化管理研究只有建议没有内容。如：不少关于留学生跨文化管理的论文认为应该对留学生进行跨文化教育和培训，但是没有提出教育和培训的内容。现阶段的研究只是指出了跨文化管理的必要性和举措，但是缺少把这些举措付诸实施所需要的知识。具体地说，就是对影响留学生跨文化人际互动的文化差异及其引起的人际互动问题认识不足。本研究以此为题，能够弥补国内外对影响来华留学生人际适应的文化差异的研究的不足，有助于推进留学生跨文化管理的研究。此外，在文化差异的界定上，本研究也不同于以往的研究。研究对于文化差异的定义不是在价值观的抽象层面，如文化的集体主义和个人主义的分别。而是注重价值观在生活层面的具体体现。内山完造有关生活文化的界定能够较好地说明本研究所理解的文化差异是什么。"文章文化是表现在文章里的东西。所谓生活文化，则是生活中具体存在的东西。"① 从生活层面了解留学生的观念更符合他们的实际情况，有利于跨文化教育和培训以及心理咨询和辅导的开展。

---

① ［日］内山完造：《文章文化与生活文化》，载肖敏、林力编《三只眼睛看中国——日本人的评说》，中国社会出版社 1997 年版，第 8 页。

从研究的现实意义来说，首先，本研究的研究成果有助于全面提升留学生管理的效能。以往的研究一般从改善留学生跨文化心理适应的角度来说明跨文化管理的必要性。实际上，留学生的跨文化心理适应只是留学生跨文化管理的基本目标之一。留学生跨文化管理涉及的不仅仅是学生管理，而且还包括教学管理、人事管理、组织管理等各个方面的管理内容。跨文化管理不仅意味着制度层面的调整和改变，也包括文化观念的转变。换句话说，本研究能够推进留学生管理的模式向跨文化管理的范式转变，实现多元文化环境下高校的管理革新。

其次，跨文化管理采用文化教育和培训等手段帮助认识文化差异，能够促进留学生和中国人之间的常态交流，增进国际理解。国际理解是留学生教育的目标之一。例如：美国政府认为来华美国留学生是"未来的大使"。他们在亲身体验中了解中国人和中国文化，架构中美文化交流的桥梁。留学生的到来为中国学生创造了一个国际化的校园环境，有助于开阔视野，提高跨文化的素质和能力。同样，对于留学生管理者而言，他们也在跨文化管理的实践中培养自身的跨文化能力。有助于在工作中避免因为文化的盲目性而导致的冲突。来华留学生在改革开放后的 1979 年、1988 年和 1990 年都曾发生过与中国人的冲突[①]，这些冲突不是由于政治的原因引起的，也很少是由于教育方面的原因所致，多数是生活和校园管理方面的原因引起的。由于涉及国与国之间的关系，冲突问题对于留学生的管理者而言，是棘手和敏感的问题。教育部网站公布：到 2020 年，来华留学生人员数量将达 50 万人。[②] 来华留学生人数持续增加给留学生管理带来机遇，也提出了挑战。因为留学生人数的增加必然拓宽留学生与中国人的接触面，接触也更加频繁。在相互了解的同时，问题也可能随之产生。因此，对于留学生管理者而言，认识文化差异，提升跨文化管理能力对于营造多元文化的和谐校园不可或缺。

最后，管理从单一文化向多元文化的改变将为高等教育管理革新释放出文化软实力，吸引更多的留学生来华留学。软实力被认为是独立于制度

---

① 于富增：《改革开放 30 年的来华留学生教育》，北京语言大学出版社 2009 年版，第 80—83 页。

② 中华人民共和国教育部：《2010 年在华学习外国留学人员总数突破 26 万人》（http://www.moe.gov.cn/publicfiles/business/htmlfiles/moe/s5987/201112/128437.html，2011 - 03 - 02/2014 - 03 - 14）。

的，比硬实力更为基本的，看不见和摸不着的力量。它直接蕴含在人的精神中并影响他人的心理，成为吸引他人共事和合作的力量。跨文化管理所具备的接纳和包容的胸怀，增进各文化群体和谐互动的精神将吸引更多的留学生来华留学，实现我国留学生教育长远发展的目标。

总而言之，在研究的学术意义上，本研究通过关注生活层面的文化差异，能够把有关来华留学生管理的研究向跨文化管理的方向推进。在现实意义上，本研究有助于认清跨文化管理中的矛盾和冲突，找到解决问题的方法，提高留学生管理的效能，从而推动高校的管理革新，增强国际理解，确保我国留学生教育的可持续发展。

第三节　文献综述

国内外就美、日来华留学生做了哪些跨文化研究？对国内数据库的检索发现，关于美、日来华留学生的文献主要有如下的特点：第一，涉及美、日留学生的研究主要有两类，一类是以美、日留学生为专题的研究，另一类是与美、日留学生有关的研究。由于这两类研究都和美、日留学生的跨文化主题相关，所以文献综述同时包含了这两类文献。第二，有关美、日留学生的跨文化研究主要见于期刊和学位论文，其中学位论文构成文献综述的主体部分。学位论文大多有调查数据的支撑，较能如实反映来华留学生的跨文化问题。第三，文献以国内的文献为主，因为国外的学者很少研究来华留学生。有研究回顾了日本国内的研究发现日本学者很少研究日本留学生在中国社会的文化适应。在野口志保的文献回顾中，只有一篇以日本留学生在中国的社会适应为题的文章。①笔者对 PROQUEST 与 SPRINGER 这两个英文数据库的检索也发现和来华留学生相关的研究很少。

从研究主题看来，有关美、日来华留学生的跨文化研究可大致划分为三个主题。最常见的是跨文化适应的主题：研究留学生的适应状况及其影响因素。其次是文化的主题：描述留学生的文化变化或者进行文化对比。第三类主题难以概括，因为它包括了涉及多个主题的个别研究。从研究的

---

① ［日］野口志保：《在华日本留学生文化适应研究——对北京高校日本留学生的调查》，硕士学位论文，北京师范大学，2003年，第3—5页。

学科背景出发，目前的研究涉及的学科领域包括心理学、人类学、传播学和教育学。在研究方法上，既有质性研究，也有定量研究。从研究对象上来看，与美、日留学生相关的研究主要集中在京、沪两地，另有研究以东北、浙江和广州等地的留学生为研究对象。下面就以研究主题为主线，回顾目前国内外与美、日留学生相关的跨文化研究。

一　有关美、日留学生跨文化适应的研究

有关留学生跨文化适应的研究构成了文献的主体。根据文献类型，进一步细分为以下两个主题。第一类是关于留学生跨文化适应的研究，这类研究以发现留学生的跨文化适应和影响因素之间的关系为主要内容。研究多数采用定量研究的方法。第二类的研究开始关注留学生的人际交往。但是无论是前者还是后者，研究的重点都在于适应的状况及其与影响因素之间的关系。但是第一类研究的主题词是适应，第二类研究的主题词是人际交往，研究范围开始缩小。

（一）有关美、日来华留学生跨文化适应的研究

1. 适应策略、途径和方法及其影响因素

有一些研究用定量研究的方法对来华留学生的适应策略和影响因素进行了探讨。在这类研究中，策略指的是文化的整合、同化、分离和边缘化。一项以日本留学生为对象的研究发现：日本留学生在跨文化适应中运用最多的是整合策略，其次是分离和同化，边缘化是最不受欢迎的策略。策略的应用和个体的认知方式和社会支持显著相关，与性别的因素也有一定的相关性。与跨文化接触无显著相关。[1] 在对欧美留学生的研究中发现来华英、美留学生的跨文化适应存在整合策略，缺少分离、同化和边缘化策略。[2] 有研究认为国别因素和适应策略相关，研究发现欧美、韩国和马来西亚的留学生在同化策略和边缘化策略维度上存在显著差异。[3]

---

① 谢苑苑：《来华留学生跨文化适应策略和影响因素的研究》，载《喀什师范学院学报》2010 年第 3 期，第 93—96 页。

② 杨潞西：《来京英美留学生跨文化人际适应调查研究——兼与韩国留学生跨文化人际适应对比》，硕士学位论文，北京师范大学，2010 年，第Ⅲ页。

③ 郭素绯：《来华留学生跨文化适应研究》，硕士学位论文，北京师范大学，2009 年，第Ⅲ页。

另外一些研究探索了留学生应对适应压力时采取的具体方法。有研究用自行研制的量表对东北地区来华留学生的社会文化适应策略进行了调查，研究发现留学生应对压力最有效的措施是打电话、拜访朋友、听音乐和网上冲浪。① 通过介绍中国文化、文化对比和案例研究等跨文化培训的方法也能缓解留学生的适应焦虑。② 还有的研究用定量研究和访谈相互结合的办法，对留学生的文化适应途径进行分析，得出了 35 种来华留学生常用的文化途径。留学生根据个体因素、语言因素、文化因素和社会支持等方面的情况来随机选取文化适应的途径。留学生往往使用多种途径来帮助跨文化适应。③

2. 适应状况和影响因素

（1）定量研究部分

除了策略的研究外，大多数的研究以留学生的适应状况和影响因素为目的。但是这类研究在研究设计上，却存在较大的差别。就适应的概念界定而言，一些研究涉及的适应范围比较广泛。另一些研究则专注于某个适应层面的研究。大多数的研究采用现有的适应量表。杨军红运用定量研究和访谈相结合的方法，对包括美、日留学生在内的来华留学生在中国的适应状况进行调查。适应涵盖的内容涉及日常生活、语言障碍、人际交往、学术状况和心理各个方面。④ 另一些研究先对留学生的适应情况进行划分，认为国际学生的跨文化适应可分为三个维度：学术适应、心理适应和社会文化适应，并就此整合了不同的量表对适应状况进行测试，或是就这些方面进行访谈。⑤ 还有一些研究只选取以上跨文化适应中一个维度进行调查，涉及的适应维度有心理适应、社会文化适应和学习适应。在心理适应方面，伊斯梅尔·侯赛因·哈辛（Ismail Hussein Hasshim）以来自非

① 萝拉：《中国高校国外留学生的适应状况和应对策略》，博士学位论文，东北师范大学，2012 年，第Ⅷ页。

② Lu, W. & Wan, J. J. (2012). On Treating Intercultural Communication Anxiety of International Students in China. *World Journal of Education*, Vol 2 (1), pp. 55 – 61.

③ 王睿：《关于来华留学生跨文化适应途径的研究——基于对外经济贸易大学的个案调查》，硕士学位论文，北京师范大学，2010 年，第Ⅲ页。

④ 杨军红：《来华留学生跨文化适应问题研究》，博士学位论文，华东师范大学，2005 年，第5页。

⑤ 朱国辉：《高校来华留学生跨文化适应问题研究》，博士学位论文，华东师范大学，2011 年，第 97—158 页。

洲、日本和西方国家的白人留学生为对象，就他们对跨文化压力的知觉和应对技能展开调查。[①] 还有的研究以心境和生活满意度为关注点，对欧美、韩国和马来西亚的留学生展开调查。[②] 在社会文化适应方面，萝拉利用改编后的社会适应和文化适应量表，对东北地区来华留学生的社会文化适应状况进行了调查。[③] 但是，仅有个别的研究遵循了本土化研究的路线，自行研制量表并进行测试，并就此得出留学生跨文化过程的难点。如：陈慧认为来华留学生的适应主要包括 6 个维度：环境适应、交往适应、交易适应、隐私观念适应、语言适应和社会支持适应。[④]

在研究思路上，这类研究不仅普遍关注留学生的适应情况，还就相关的因素进行分析。大多数的研究分析了外部因素和内部因素与留学生跨文化适应之间的相互关系。个别研究对影响适应的认知因素进行了探究。在杨军红的研究中，内部因素包括来华留学生的国籍、性别、汉语水平、来华时间、先前的海外生活经历。外部因素包括中国大学生对来华留学生的接纳程度，留学生对中国社会文化环境的满意程度，参与中国的社会文化生活的情况以及对中国社会支持的评价。[⑤] 有关来华留学生的心理适应的研究也探讨了内部因素和外部因素的影响。内部因素包括人格和国籍，外部因素包括文化适应策略和社会支持。[⑥] 另一部分研究侧重探索内部因素和适应状况之间的联系。朱国辉的研究侧重内部因素，就来华留学生的年龄、国别、留学时间、对中国的了解程度、留学生身份等因素对来华留学生适应状况的影响进行了研究。[⑦] 伊斯梅尔·侯赛因·哈辛的研究关注的

---

① ［美］伊斯梅尔·侯赛因·哈辛：《应激源感知和应对技巧的文化、性别差异：对留学中国的非洲学生、日本学生和西方学生的跨文化研究》，博士学位论文，华东师范大学，2003年，第3—5页。

② 郭素绯：《来华留学生跨文化适应研究》，硕士学位论文，北京师范大学，2009年，第Ⅲ页。

③ 萝拉：《中国高校国外留学生的适应状况和应对策略》，博士学位论文，东北师范大学，2012年，第25—31页。

④ 陈慧：《在京留学生适应及其影响因素研究》，博士学位论文，北京师范大学，2004年。

⑤ 杨军红：《来华留学生跨文化适应问题研究》，博士学位论文，华东师范大学，2005年，第5页。

⑥ 郭素绯：《来华留学生跨文化适应研究》，硕士学位论文，北京师范大学，2009年，第Ⅲ页。

⑦ 朱国辉：《高校来华留学生跨文化适应问题研究》，博士学位论文，华东师范大学，2011年，第Ⅱ页。

影响因素主要是文化群体和性别。还有一部分研究不仅研究适应状况和影响因素之间的关系，还进一步探讨了影响留学生跨文化适应的文化因素。陈慧在研究中考察了性别、来华时间长短和国别等变量对适应状况的影响，并对影响留学生适应的价值观和刻板印象进行探究。

从研究结果上看，研究发现人际交往是社会生活适应的重要维度，留学生普遍感到人际适应的压力；国别（或文化群体）和语言是影响留学生跨文化适应各方面的最重要和最稳定的因素。日本留学生的适应水平相对较低，欧美留学生的适应水平相对较高。其他影响因素如性别、来华时间、来华前的预期、社会支持和留学身份等对留学生的跨文化适应也有影响。

在多国别的研究中，杨军红发现留学生的性别、所在文化群体、来华时间、汉语水平、来华前的目的和期望与中国社会的支持因素对留学生的适应有影响。留学生普遍感到人际交往适应较为困难。语言障碍、兴趣爱好差异、缺乏沟通和交流的常设机制、价值观影响下的交际风格差异等都影响了来华留学生的适应。各自固守本文化的心理也影响了彼此的适应。[1] 其中，留学生在人际交往方面的困难在于难以理解中国人的真实情感和客套，理解中国人的交际方式。除了语言适应之外，欧美学生的适应水平高于其他群体。欧美学生觉得和中国学生交朋友难度一般，在理解中国人的交际方式上感到偏难。日本学生觉得和中国人交朋友较难，在理解中国人的交往上觉得难。[2] 朱国辉发现留学生的年龄、国别、来华时间、对中国的了解程度、留学身份对来华留学生的心理适应产生影响。留学生性别和国别对社会适应有显著影响；留学生的国别、身份、对中国的了解程度、对大学的了解程度对留学生的学术适应有影响。[3] 从国别因素来看，日本留学生的心理适应问题较多，排第二位。欧美学生适应问题较小。日本留学生文化适应较难，列第三位，欧美学生文化适应较小。由此

---

[1] 杨军红：《来华留学生跨文化适应问题研究》，博士学位论文，华东师范大学，2005年，第5页。

[2] 同上书，第83—87页。

[3] 朱国辉：《高校来华留学生跨文化适应问题研究》，博士学位论文，华东师范大学，2011年，第Ⅱ页。

可见，整体上，欧美学生比日本学生适应情况更好。① 萝拉的研究发现天气、语言障碍和食物对留学生而言是最主要的压力因素。但是天气对留学生的社会适应没有影响。人口统计学中的年龄、性别和婚姻状况对社会适应有显著的影响。② 陈慧的研究发现留学生的适应主要体现在下列6个维度：隐私观念适应、语言适应、社会支持适应、交往适应、交易适应和环境适应。欧美学生的适应水平比较高，其次是日本学生，适应最差的是东南亚留学生。性别和来华时间长短也影响了适应状况。③ 有国外的研究针对国际学生在中国的适应，并结合教职员工对留学生的理解来对留学生在高等教育中的各类适应问题（学术、文化和社会环境适应）进行比较，结果发现社会文化问题最为突出。④

　　在对比研究中，有研究发现欧美留学生的社会文化适应水平高于韩国留学生。来华时间、性别因素和汉语水平对社会文化适应的影响较大。⑤ 有对德、日在华留学生的跨文化适应调查发现不同国家的留学生在中国的跨文化适应有明显的差异。日本留学生的适应困难主要在于语言、公共环境、让自己被理解等；而德国留学生的问题则在于语言、公共环境、被人盯视。⑥ 在适应心理的研究中，伊斯梅尔·侯赛因·哈辛发现三组被试（日本、非洲和欧美）认为来自学习和人际的压力是最普遍最大的压力，然后是个人内在的压力和环境的压力。日本学生在人际关系上最感压力。与日本学生相比，西方学生觉得人际关系的压力是中等水平的压力。他们表现出了很强的应对能力。

　　在单一国别的研究中，研究发现日本留学生来华前对中国的了解、留

---

① 朱国辉：《高校来华留学生跨文化适应问题研究》，博士学位论文，华东师范大学，2011年，第110—142页。

② 萝拉：《中国高校国外留学生的适应状况和应对策略》，博士学位论文，东北师范大学，2012年，第Ⅶ页。

③ 陈慧：《在京留学生适应及其影响因素研究》，博士学位论文，北京师范大学，2004年。

④ Sumra, K. B. (2012). Study on Adjustment Problems of International Students Studying in Universities of The People's Republic of China: A Comparison of Student and Faculty/Staff Perceptions. *International Journal of Education*. Vol. 4 (2): pp. 107 - 126.

⑤ 杨潞西：《来京英美留学生跨文化人际适应调查研究——兼与韩国留学生跨文化人际适应对比》，硕士学位论文，北京师范大学，2010年，第Ⅲ页。

⑥ 张婷：《德日在华留学生跨文化适应对比》，硕士学位论文，浙江大学，2011年，第12—13页。

学生身份、汉语水平、来华时间对日本留学生的适应影响较大。[①] 日本留学生在社会公德意识和服务模式上适应较差。对人际交往基本感到满意，但有不愉快经历。刻板印象、来华前的预期、性格特点、交往的频度和范围以及应对资源会影响日本留学生的适应状况。有个别国外的研究专注于美国来华留学生的汉语学习。研究发现来华学汉语的美国留学生具有一定的特点，种族和文化背景影响了来华学习汉语的动机和语言学习中的焦虑程度。[②]

以上我们从研究思路和研究结果两个方面对有关来华留学生跨文化适应和影响因素的定量研究进行了分析，文献回顾说明已有的研究存在下列不足：①以美、日留学生为专题的研究很少。②尽管人际交往是社会生活适应的一个重要的维度，但还没有以人际交往为专题的研究。③本土化的研究稀缺。仅有个别的研究自行设计量表进行研究。④缺乏文化因素的探究，仅有个别的研究对留学生眼中中国人的价值观和刻板印象进行探讨。⑤缺乏文化主位的视角，未有研究关注留学生的文化。⑥缺乏对比研究。⑦跨文化适应的内容界定基本没有涵盖管理的层面。

（2）质性研究部分

有关留学生适应状况和影响因素的质性研究主要包括两种范式：质性研究与定量研究和访谈相结合的研究。以下分别就和美、日留学生有关的研究进行回顾和分析。

在有关美国留学生的质性研究中，有研究把美国留学生的跨文化适应分为环境和日常生活适应、交往适应、学习适应和语言适应。环境和日常适应的具体内容包括空间观念、物质观念、生活和学习的习惯、饮食习惯和公共服务。交往适应包括朋友的不同意义、交友中的文化冲突。学习适应包括教学管理、上课模式、师生关系。语言适应则从强语境和弱语境的

① ［日］野口志保：《在华日本留学生文化适应研究——对北京高校日本留学生的调查》，硕士学位论文，北京师范大学，2003 年。

② Le, J. Y. (2004). Affective Characteristics of American Students Studying Chinese in China: A Study of Heritage and Non-Heritage Learners' Beliefs and Foreign Language Anxiety. Retrieved March 13, 2014 from http://repositories.lib.utexas.edu/bitstream/handle/2152/1352/lej52550.pdf? sequence = 2.

角度进行论述。① 另有研究从适应和文化的角度对美国来华留学生进行研究，认为文化障碍体现于生活障碍、学习障碍和社会交往障碍，认为美国留学生面临的主要障碍为学习方式的不适应和交往的贫乏，文化障碍源于两种文化的深刻分歧。② 还有研究认为来华英、美留学生的跨文化适应问题的成因主要有误解、文化观念冲突和国民素质问题。③ 有国外学者的研究和美国留学生的学术适应有关，研究就美国来华奖学金留学生在中国的学术适应中获得的成功，对面临的困难和挑战进行了研究并提出了相应的建议。④

　　有关日本留学生跨文化适应的研究采取的是定量研究和访谈相结合的方法。有研究对德、日留学生的语言适应、生活适应和人际交往中出现的适应问题进行探讨，发现语言是最大的障碍，留学生的语言障碍主要体现在语言不通；在学校生活适应上，留学生主要对学校的管理制度、学校设施和上课的模式感到不适应。人际交往的问题主要体现在社会人际交往和校园人际交往中。另有研究就日本来华留学生的中国印象、生活适应、语言障碍、人际交往问题以及作为留学生的特殊感受这五个方面展开调查，认为日本留学生的留学目的存在差异，日本留学生从日本的视角出发看中国，物质条件对日本留学生的适应影响不大，而语言障碍是导致自卑和紧张心理的极为重要的原因。中日两国人际交往模式的差异导致交流的障碍以及留学生活促进对本民族文化的反省。在人际交流上，日本留学生认为两国交流的距离感不同，中国人之间的物理和心理距离都比日本人近。⑤

　　和定量研究不同的是，有关美、日来华留学生的质性研究主要研究留学生的社会文化适应。适应内容包括日常生活适应、交往适应、学习适应和语言适应。定量研究一般探讨各因素和适应状况的关联，在质性研究中

　　① 万梅：《在华的美国留学生跨文化适应问题研究》，硕士学位论文，华东师范大学，2009年，第Ⅰ页。

　　② 姜良志：《对美国留学生文化障碍的研究》，硕士学位论文，北京师范大学，2000年。

　　③ 杨潞西：《来京英美留学生跨文化人际适应调查研究——兼与韩国留学生跨文化人际适应对比》，硕士学位论文，北京师范大学，2010年，第Ⅲ页。

　　④ Truong, D. N.（2002）. Successes, Challenges and Difficulties Experienced by American Students while on Fulbright Scholarships in China and Vietnam, from Virginia Commonwealth University, ProQuest, UMI Dissertations Publishing.

　　⑤ ［日］野口志保：《在华日本留学生文化适应研究——对北京高校日本留学生的调查》，硕士学位论文，北京师范大学，2003年，第24—30页。

基本上只是针对适应现状展开调查。定量研究多数涉及各国来华留学生，在质性研究中主要是一个国别或者两个国别的研究。总的来说，质性研究的范围在国别和适应内容上有所聚焦，但是研究存在以下的不足：①在研究内容上，还是没有以人际交往为专题的研究。②在影响因素上，没有在研究中提炼文化因素。③在研究方法上，访谈资料收集不足，分析不够细致和准确。就分析而言，有的研究直接呈现访谈的内容。有的在大标题下，没有再细分其他类属。分析的准确性也有待提高，在一些研究中，只是从一个视角对访谈资料进行归类，而忽略了对研究更富有意义的主题。研究的不足直接影响了研究的结论。如果我们从文化和人际交流的角度看，前人的研究已经零星提及一些具体的文化差异和适应情况，如公共道德感的差异、人际距离的差异、刻板印象的存在，等等。但是由于上述研究的不足，这些差异还尚未上升为研究的结论。

（二）有关美、日来华留学生跨文化人际交往的研究

有关美、日来华留学生跨文化人际交往的研究大多采用质性研究的方法，对留学生的人际交往情况及其影响因素进行描述和分析。人际交往的内容涉及交往圈，交往情境。交往情境涉及学术和日常生活。留学生交往圈的划分基本采用留学生和本国学生、中国学生和其他国家留学生之间的交往作为划分方式。研究发现影响留学生跨文化人际交往最重要的因素是语言，其次是文化、交往机会和个性。东道国的态度和包容度对留学生的跨文化适应也有所影响。

刘东风用质性研究的方法探讨了来华留学生的跨文化人际交往现状并对影响因素进行分析。来华留学生的人际交往包括教育情境和生活情境中的人际交往。生活情境的交往涉及留学生和三个群体的交往：与本国同胞的文化内交往、第三国家留学生和东道国居民的跨文化交往。教育情境中的人际交往涉及留学生与教师、中国学生和第三国家的留学生展开的跨文化交往。他着重论述了跨文化交往中存在的主要障碍"面子"并从来华留学时间长短的视角探讨了影响跨文化人际适应的各种因素：最初是语言障碍和刻板印象，但是文化因素、个性因素、东道国对留学生的态度等对留学生的人际适应有持久的影响。[①] 另有类似的研究通过质性研究的方法

---

① 刘东风：《来华留学生跨文化人际交往研究——十八位在华留学生的个案分析》，博士学位论文，北京大学，2005 年。

对亚非留学生的跨文化人际交往情况和影响因素进行了探讨。同样，研究对留学生与中国学生和其他国家留学生结成的人际关系展开调查。研究发现，留学生的日常交往对象主要是外国学生，留学生共同构建一个区别于中国学生的群体。留学生意识到自己缺少中国朋友，但是留学生的跨文化人际交往受到多重因素的影响：交流机会、生活习惯、兴趣爱好差异、语言障碍、文化差异、知识技巧、认知评价和惰性心理都对留学生的跨文化交往有重要的影响。文化障碍主要涉及隐私观念和有关种族的刻板印象。①

在相似文化或单一国别的研究中，有研究用质性研究的方法从学生背景、中国文化社会环境和人际交流实践三个方面探讨影响欧美留学生跨文化适应的主要因素。研究发现留学生的文化、动机、态度、中国社会的包容度是影响留学生跨文化适应的重要因素。在人际交流方面，居住环境、交往圈、交友方式中的生活方式、语言、中西文化对友谊概念的不同理解等构成了影响留学生跨文化适应的人际交流因素。有关日本留学生人际交往状况的研究发现，日本留学生的人际交往对象包括本国学生、中国学生和其他国家的留学生。研究发现日本留学生的交往人群以韩国人为主、与中国人交往的主要问题是语言障碍、而日本人之间的交往多在留学生初来乍到的阶段。② 还有访谈研究发现语言是日本留学生文化适应的主要问题，此外留学生对日本共同体过于依赖，和中国人交流不足也是适应的主要问题。③

上述研究基本上在关注人际圈的同时进行影响因素的探讨。雷云龙的研究同样对留学生的人际关系形成进行探究，但是他的研究着重探讨交往和适应之间的关系，即交往本身如何影响适应，如何在跨文化适应中起作用。他用定量研究的方法着重考察来华留学生的交往特征以及社会交往和跨文化适应之间的关系，并进一步考察了社会交往在外向性和社会适应，文化涵化态度和社会适应之间的中介作用。研究发现留学生的交往对象主要包括本国人、中国人和其他国家三类。在学习活动方面，留学生和中国

---

① 周源：《在华留学生人际交往分析——以华南理工大学留学生为例》，硕士学位论文，华南理工大学，2010年，第13—36页。

② 李正同：《日本留学生人际交往状况研究——以吉林大学南校区为例》，硕士学位论文，吉林大学，2013年，第Ⅱ页。

③ ［日］野口志保：《在华日本留学生文化适应研究——对北京高校日本留学生的调查》，硕士学位论文，北京师范大学，2003年。

人的交往较多，在非学习活动方面，则与另两个群体的留学生交往。来华留学生和中国人的交往与社会文化适应水平呈现正相关。社会交往在外向性格和社会文化适应之间有部分中介作用。但是没有发现社会交往在文化涵化和适应之间有中介作用。此外，研究还发现留学生的文化背景分别影响了交往特征和心理适应。①

上述研究就人际关系进行了调查研究，但是研究存在以下的不足：①对人际交往的界定主要局限于交往圈的讨论。②研究除了对留学生的面子适应有所研究之外，没有对影响人际互动的文化因素进行探讨。③不少质性研究依然存在资料收集和分析的问题。④单一国别的研究依然不多。在研究结论上，我们发现留学生和中国人的交往并不密切，文化差异对跨文化适应有着不容忽视的影响。语言依然是适应的一个主要问题，其他的文化观念如面子、对友谊的理解等具体的差异开始浮现。

二 有关美、日来华留学生社会文化意识、观念和认同的研究

有关留学生社会文化意识、观念和认同的研究既包括单一文化的研究，也包括文化对比的研究。这类研究主要关注美、日留学生的意识、认同和观念及其变化，或是对影响人际交流的文化差异进行探讨。

部分研究开始探讨中美和中日之间的文化与观念的差异及其对交流的影响。在美国留学生的研究中，何淼等对来沪美国留学生跨文化交往问题进行了探讨。研究具体涉及美国留学生在交友方面的文化认同以及人际交往存在的问题。研究解释了美国人对朋友的定义、交友途径，中美友谊之间的心理距离、交友障碍（语言和文化差异）、中美在友谊的交换观念和交换方式方面存在的差异和交往问题以及对面子的适应。② 有国外研究对美国留学生来华前后的人际距离远近进行了研究，重在探讨跨文化经历对留学生自身文化的影响。研究发现美国留学生在留学后缩短了与中国人之间的人际距离并改变了对中国人的态度。③ 在关于日本留学生的研究中，

① 雷云龙：《来华留学生的社会交往和跨文化适应研究》，硕士学位论文，北京大学，2003年。

② 何淼、陆一唯、刘免、陆昊妍：《来沪美国留学生跨文化交往问题》，载《青年研究》2008年第10期，第27—36页。

③ Chen, D. X. (2007). Changes in Social Distance among American Undergraduate Students Participating in a Study Abroad Program in China. Retrieved March 14, from http://digital. library. unt. edu/ark:/67531/metadc5194/m2/1/high_ res_ d/dissertation. pdf.

福井启子分别对包括留学生在内的日本人和中国人展开问卷调查，从心理交际距离的角度找出中日文化的差异，得出领域、时间和限制三个观点，并从这三个视角对日语和汉语中的礼貌用语进行了对比。①

另外一部分研究探讨意识、观念和文化的特点及其变化。李朝辉以日本留学生为研究对象，以日本文化和中国文化接触过程中的浅层中断和深层中断为观察层面，以教育、语言和文化为线索对日本人的语言和非语言交流，文化的理念和认同等特征和文化中断的形态、特点及其根源进行了探索。② 有国外的研究以初次来华的美国学生为研究对象，通过来华前后的对比，探讨食物如何影响他们在中国的经历建构。③

还有一类关于日本留学生的研究，主要探讨的是社会性别角色的意识。研究以在京日本女留学生为研究对象，考察她们的社会性别角色意识以及未来的生涯路线，并从理想和现实的差距这一视角阐明社会性别意识和生涯路线的关联性。研究发现日本女留学生社会性别角色意识的传统意识和参与意识之间的斗争很激烈。社会性别意识内部斗争越激烈的女性，在生涯路线选择时候现实和理想的差距越大。这种差距会反作用于性别角色意识，加剧内部的斗争。与日本没有留学经历的女生相比，来华日本女子留学生支持事业和家庭两立的人较多，理想和现实的差距较小。④

此类主题的研究较多的涉及文化和文化对比，并开始探讨文化的变化或文化对人际交流的影响。但是此类研究非常有限。在这为数不多的研究中，人际交往对象或是朋友，或是模糊的他人（在留学生适应状况和影响因素的研究中，观察的人际关系主要也在于交友），所以朋友似乎是人际关系的研究焦点，而没有涉及中远距离的人际关系。此外，在人际交往的范畴上，也仅涉及互惠、人际距离和面子，但是和前面适应情况和影响因素部分的研究相比较，对文化差异的研究已经开始深入。

---

① ［日］福井启子：《中日言语行为差异与心理交际距离关系研究》，博士学位论文，吉林大学，2010年，第9—11页。

② 李朝辉：《浅层文化中断与深层文化中断——来华日本留学生汉语教学的人类学研究》，博士学位论文，中央民族大学，2004年，第1页。

③ Barnhart, H. N. (2013). Food, Authenticity and Travel: A study of Students Traveling to China for the First Time. from Middle Tennessee State University, ProQuest, UMI Dissertations Publishing.

④ 刘豫：《来华日本青年期女子留学生的社会性别角色意识和生涯路观——从理想和现实的差距来看》，硕士学位论文，北京师范大学，2007年，第Ⅲ页。

三 有关美、日来华留学生其他主题的研究

有关美、日来华留学生其他主题的研究涉及跨文化研究的各个领域，但是因为只有个别的研究，所以把它们归为一类。这些研究涉及适应的模式、跨文化能力培养、跨文化传播以及跨文化心理治疗。

跨文化传播的研究主旨是探讨文化如何影响交流。这类研究与意识、观念和文化认同的研究的不同之处在于：这类研究侧重的是跨文化传播的过程。有个别研究通过访谈和文献分析的办法探讨了美国来华留学生对中国文化的看法。研究发现思维方式在构成美国来华留学生对中国的认知方面有重要的意义，许多"认知差异"的存在是由于中美思维方式的不同。①

在跨文化适应模式的研究中，多采用访谈的方法得出来华留学生文化适应的模式。研究发现欧美留学生和日本留学生在文化适应模式上大致相同。英美留学生在社会适应水平上，总体是先升高，后下降；两年后又升高，总体呈现上升趋势。英美留学生的跨文化适应过程模式包括五个阶段：①观光阶段；②文化冲击阶段；③理解阶段；④选择接受阶段；⑤复原阶段。② 另有以日本留学生为对象的研究发现，在京日本留学生的适应模式包括五个阶段：①接触阶段；②文化诧异和冲击阶段；③观察学习阶段；④选择接受阶段；⑤调适阶段。③

在跨文化培训和跨文化能力的研究方面，有研究以短期留学生为对象，用问卷调查的形式，研究了短期留学生的跨文化培训和跨文化能力之间的关系。④ 有个别研究涉及跨文化心理治疗的领域。研究通过来华留学生和中国学生制作的初始箱庭作品的比较，得出留学生的初始箱庭制作的特点，为心理干预做好准备；然后用个案研究的方法对留学生开展箱庭治

---

① 张倩：《从思维方式的视角看短期美国来华留学生的中国文化印象——以北京大学留学生为例》，硕士学位论文，北京大学，2010年。

② 杨潞西：《来京英美留学生跨文化人际适应调查研究——兼与韩国留学生跨文化人际适应对比》，硕士学位论文，北京师范大学，2010年，第Ⅲ页。

③ ［日］木村美惠：《在京日本留学生跨文化适应研究》，硕士学位论文，北京师范大学，2010年，第Ⅲ页。

④ 叶敏：《短期来华留学生跨文化适应研究》，硕士学位论文，华南理工大学，2012年，第Ⅰ页。

疗并就治疗过程进行了分析。研究发现，箱庭疗法对于语言和文化存在差异的留学生有良好的治疗效果。[①]

第四节 已有研究的不足和未来研究的方向

目前关于美、日来华留学生的研究已经取得了一定的成果，但是研究主题的分布不平衡。研究主要致力于发现留学生的跨文化适应状况，探讨适应状况与影响因素之间的关系。在上述文献综述部分已经就不同的研究主题指出了已有研究的不足之处，现总结如下。

首先，有关美、日来华留学生跨文化人际交往的研究非常有限。绝大多数的研究只是把人际交往作为社会适应的一个维度，而不是专门进行研究。有关美、日留学生的跨文化人际交往研究都只见萌芽，不见长叶与开花。

其次，人际交往的对象基本局限于朋友。留学生的跨文化人际交往涉及来自不同群体的中国人。但是从已有的研究来看，留学生交往的对象除了朋友之外，其他的都比较"模糊"。在跨文化适应的研究中，基本以学术适应和社会适应为留学生的适应情境，这样的划分容易忽视留学生和行政管理人员，后勤服务人员的互动。如果未来的研究能从跨文化适应的研究主题出发，关注来华留学生与各群体的互动，那么在这个领域将是另外一番景象。对于以改善人际互动为目的的跨文化管理来说，尤其需要针对跨文化人际交往开展研究，发现人际互动中的问题，但是现有的研究未能满足跨文化管理提出的要求。

同样，很少有研究关注文化和（或）文化差异。除了陈慧对认知因素（价值观和刻板印象）的探究，福井启子等对中日人际距离的差异有所探究，刘东风等对影响跨文化适应的面子问题进行研究之外，大多数的研究只是用已有的理论解释什么样的文化因素对适应有影响而不是去发现影响跨文化适应的文化因素是什么。跨文化管理需要明白的是影响人际互动的文化差异，但从上述两点来看，跨文化管理的实行既缺乏对文化差异的认识，也缺乏对文化差异影响下的人际互动问题的认识。可以说，目前

[①] 吴倩：《在京留学生的初始箱庭特征和疗愈过程》，硕士学位论文，北京师范大学，2008年，第Ⅲ页。

有关美、日留学生的研究缺乏跨文化交际的视角。虽然研究者对各国来华留学生的跨文化适应及其影响因素的研究有助于发现改善跨文化管理的途径。如：留学生的社会文化适应属于中等难度水平，他们的问题在于难以理解交往中的中国人，所以建议实行跨文化培训、文化辅导等改善跨文化管理。但是在不知道文化差异的情形下，如何进行跨文化辅导和培训？这也是美、日留学生跨文化研究中的一个空白。

再次，从研究视角、研究取向和研究方法上看，已有的研究也存在不足。首先大多数的研究运用现有的量表或者通过整合不同的量表对跨文化适应进行研究。在量表中已经预设了来华留学生碰到的各种问题。笔者认为本土化研究的取向更能尊重事实，或许能够发现已有的量表中尚未涵盖的内容。此外，绝大多数的研究缺乏文化主位的视角。定量研究认为事实是客观存在的。所以研究者从中立和客观的立场发现真实。但是留学生作为一个跨文化的人，从留学生的视角看待他们自己的跨文化经历对其进行解释性和理解性的研究也不是没有必要，何况跨文化管理以文化的理解为目的。

最后，已有的质性研究有资料收集不足，分析过于粗略的现象。不少研究只是把访谈作为定量研究的辅助手段，收集了一些访谈资料或者按照一定研究内容收集了一些访谈资料，但是大多数研究没有对这些访谈材料进行归纳和分析，也没有从访谈材料中提炼主题，更没有构建扎根理论。

从跨文化管理的视角来看，无论是定量研究还是质性研究，未来关于美、日留学生的研究都应该从跨文化交际的视角关注跨文化人际互动的问题以及影响人际互动的文化差异。研究可以运用现有的量表，也可以进行本土化的探究。如果采用质性研究的方法，则应该注重质性研究方法的程序和规范，注重资料的收集和分析。

第 二 章
研究设计与研究过程

本章主要讲述研究设计和研究过程。本章开头先设定研究的主要问题和子问题,对研究问题的相关概念进行界定并勾画出研究的概念框架。研究以文化差异和跨文化交际相关的两个理论为基础。接着,本章对研究方法的选择做出说明;进而讲述抽样方法,其中包括研究对象的确定和抽样标准;资料收集部分的内容包括访谈提纲的设计和资料的收集方法;最后就资料整理、分析和成文的方式,研究的效度和研究的伦理道德进行说明。

第一节 研究问题

本研究从跨文化管理的视角来研究美、日来华留学生的跨文化人际互动,因此中美和中日之间的文化差异成为关注的焦点。本研究的问题为:影响美、日在华留学生跨文化人际适应的文化差异是什么?本研究从行为和观念这两个层面来界定文化,因此,研究问题分为以下两个子问题。

(1) 文化差异在行为层面如何体现?
(2) 文化差异在观念层面如何体现?

值得说明的是,中美和中日的文化差异有很多种,但是本研究只关注对跨文化人际互动或适应有负面影响的文化差异。而且,这些文化差异同时对跨文化人际互动也有正面的影响,但是本研究只关注它的负面性。如:中美在人际距离上存在差异。这种近距离的文化差异对于美国留学生的跨文化适应来说,既有正面的影响,也有负面的影响。他们在觉得中国人大方慷慨,亲如家人的同时;又觉得过于亲密,个人隐私被侵犯等问题。虽然现实的适应结果是文化差异正负两面的总和,但是出于跨文化管理研究的需要,本研究只关注对人际适应有负面影响的人际距离差异,而不再提及其积极的一面。还有一点需要说明的是,本研究所呈现的文化差异并不是某个留学生在留学的某个点上影响他/她适应的文化差异，而是其在留学的整个过程中有可能体会到的对他/她的适应有负面影响的各种文化差异。

重要概念界定：

文化：学术界对文化的解说，莫衷一是，文化的概念多达上百种。美国文化人类学家克罗伯（Alfred Kroeber）和克鲁克洪（Clyde Kluckhohn）在分析和考察 100 多种文化定义后，把文化定义为："文化存在于各种内隐和外显的模式中，借助于符号的运用得以学习和传播，并构成人类群体的特殊成就，这些成就包括他们制造的物品的各种具体式样，文化的基本要素是传统思想观念和价值，其中尤以价值观最为重要。"① 爱德华·霍尔（Edward T. Hall）提出文化犹如冰山，只有一小部分浮现在水平面以上，成为有目共睹的社会行为；而文化的大部分，如价值观、信仰和行为模式等则隐藏在海平面以下。他认为文化"就像巨大的、不寻常的、复杂的计算机系统。它设置了一个人行为和反应的程序，个人必须掌握这些程序才能在这个体系中运行"②。吉而特·霍夫斯泰德（Geert Hofstede）认为文化是"共同的心理程序，把不同群体区分开来"③。福斯·强皮纳斯（Fons Trompenarrs）认为："文化是某一群体的人们解决问题，相互协调的方式。"④ 本研究综合上述的定义，把文化界定为：特定人群内隐的价值观、信仰和观念等以及在观念作用和影响下的外显的交往方式。

交际：由于交流的复杂性，国内外对交流的界定有 100 多种。美国传播学家萨摩尔（Samovar）对交际的定义是：一个人对另一个人的行为或行为的遗迹做出了反应。⑤ 林大津等进一步把交际界定为："交际是一个（或多个）人对另一个（或多个）人行为或行为遗迹做出了反应。"⑥ 这

---

① 关世杰：《跨文化交流学》，北京大学出版社 1995 年版，第 15 页。

② Hall, E. T. (1987). *Hidden Differences Doing Business with the Japanese.* New York：Anchor Books . p. 4.

③ Hofstede. G. (1980). *Culture's Consequences：International Differences in Work-related Values.* London：Sage Publications. pp. 21 – 23.

④ Trompenarrs, Fons. (1997). *Riding the Waves of Culture-understanding Diversity in World Business.* New York：McGraw-Hill. p. 6.

⑤ Samovar, L. A. & Porter, R. E. (1991). *Intercultural Communication：A Reader.* Belmont, CA：wasdworth. p. 7.

⑥ 林大津、谢朝群：《跨文化交际学：理论和实践》，福建人民出版社 2005 年版，第 7 页。

也是本研究中采用的定义。本研究中的交际包括留学生如何对一个或多个中国人的言语和非言语交际做出反应，包括留学生对一个或多个中国人有意指向留学生的交际行为和无意指向留学生的交际行为做出的反应，留学生对一个或多个中国人的交际行为当场做出的反应或事后的反应。

　　跨文化交际：在文化和交际的定义的基础上，跨文化交际被定义为"文化背景不同的行为源和反应者之间的交际就是跨文化交际"①。由于文化和国别之间的联系比较紧密，古迪昆斯特（Gudykunst）简化了对跨文化交际的认识，认为跨文化交际是来自不同国家的个体之间的交际。② 相比之下，丁允珠（Ting-Toomey）对交际的定义突出了符号互换和意义协商的过程。她认为跨文化交际是一个符号互换的过程，在这个过程中由来自两种或多种文化的个体在互动情境下进行意义协商。③ 由于本研究以文化差异的研究为目的，而不是注重研究文化影响下的交际协商的过程，因此研究采用古迪昆斯特的定义，认为中美和中日之间的交际就是跨文化交际。

　　跨文化适应：跨文化适应的研究开始于20世纪初，奥柏格（Oberg）用"文化休克"的概念来描述从一种文化进入另一种文化时，个体"由于丧失熟悉的社会交往信号而产生的焦虑感"④。跨文化适应中的学习理论认为跨文化不适的原因在于缺乏相应的知识和技能，如果要达到跨文化适应，就要学习和文化有关的技巧和知识。文化适应在根本上是一个学习的过程，尤其是社会技能的学习。⑤ 跨文化适应的研究也发现了文化适应的U曲线和W曲线，用以说明整个适应的过程。而跨文化适应的一个重要的标准有心理幸福感。⑥ 尽管跨文化适应是个多维的概念，但是本研究侧重跨文化适应的衡量标准，即心理幸福感。如果在跨文化人际交往过程

---

　　① 林大津、谢朝群：《跨文化交际学：理论和实践》，福建人民出版社2005年版，第7页。

　　② Gudykunst, W. B. (2003). Intercultural Communication: Introduction. In W. B. Gudykunst (Ed.), *Cross-cultural and Intercultural Communication*, 163 – 166. Thousand Oaks, CA: Sage.

　　③ Ting-Toomey, S. (1999). *Communicating Across Cultures*. New York: Guilford Press. 16.

　　④ Oberg. K. (1960). Culture Shock: Adjustment to New Cultura environments. *Practical Anthropology*, 7, pp. 177 – 182.

　　⑤ Stephen Bochner. Coping with Unfamiliar cultures: Adjustment or Culture learning. Retrieved December, 19, from http://onlinelibrary. wiley. com/doi/10. 1080/00049538608259021/abstract.

　　⑥ 陈慧：《在京留学生适应及其影响因素研究》，博士学位论文，北京师范大学，2004年，第6页。

中，由于文化的不同而导致交际中负面情绪的产生，则认为这些文化差异对跨文化人际交流是有负面影响的，这些文化差异是需要适应的。

日本留学生：在中国高等院校注册就读的包括本科生、研究生和其他类别的拥有日本国籍的在华留学生。

美国留学生：在中国高等院校注册就读的包括本科生、研究生和其他类别的拥有美国国籍的在华留学生。

研究的概念框架如图2—1所示。

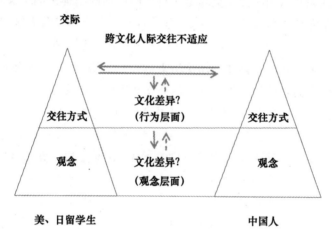

图2—1　研究的概念框架

研究将就影响美、日留学生和中国人之间的跨文化人际适应的文化差异展开调查。研究将遵循这样的思路：通过美、日留学生的跨文化体验，找出中美和中日之间有哪些行为层面的文化差异影响了跨文化人际适应。在这个基础上，进一步探究行为背后，观念层面的文化差异是什么。研究认为观念层面的文化差异和行为层面的文化差异是一体的。从留学生跨文化人际交往的负面体验中，可以辨认出行为层面的文化差异，从留学生对自身行为的解释中，可以找出观念层面的文化差异。同样，观念层面的文化差异一旦被发现，可以用来解释交往中的行为差异，进而说明这些差异如何导致了跨文化人际的不适应。图2—1中实线箭头表示研究的基本思路，也就是在研究过程中，为了发现研究问题在行为层面和观念层面的答案，如何遵循行而上的路径。虚线箭头表示文化观念作用于行为，并对交际和跨文化人际适应产生影响。只有在知晓文化差异的基础上，留学生的跨文化人际适应才有可能被改进。

实线箭头和虚线箭头的应用差别主要在于：实线箭头表示研究思路，是本节关注的重点。图中的文化概念用三角形来表示的原因在于：文化的冰山理论把文化中可见的行为部分比喻成是露出海面的冰山一角，而沉浸在海平面以下的是文化中不可见的态度、感知、价值和信仰，等等，这部分构成了整座冰山的主体，在体量上远远大于可见的部分，也不容易变化。

第二节 研究的理论基础

理论作为与实践紧密相连的逻辑体系，深化了人们的认识程度。理论既是探照灯，也是分析的工具。本研究主要是为了揭示对跨文化人际交流有负面影响的文化差异。为此，我们需要了解影响跨文化管理的基本文化框架和跨文化交流的实质。前者为文化差异的理解奠定基础，后者为理解跨文化交流的过程和文化对交流产生的负面影响提供理论视角。

一 福斯·强皮纳斯等的文化维度理论

早在 20 世纪前半叶，社会人类学就发展了这样的理论：所有的社会，无论是传统和现代，都面临着一些基本的问题。但是不同的社会解决这些问题的答案却不尽相同，这些解决问题的方式就成了文化。福斯·强皮纳斯通过对 28 个国家的经理人展开的 30000 多次调查中发现了文化的 7 个维度。这 7 个维度可以用来解释不同国家的文化有什么样的区别，他们对特定的问题的解决有什么样的基本思路。其中有 5 个维度是关于社会人际关系；一个文化维度是关于人与环境的关系；最后一个文化维度解释各文化对时间的看法。前五个维度分别是：普遍主义和特殊主义（universalism vs particularism），个人主义和集体主义（individualism vs collectivism），中立与感性（neutral vs emotional），关系特定和关系散漫（specific vs diffuse），成就和等级（achievement vs ascription）。关于环境的文化维度是：内倾和外倾（internal vs external）。线性时间和多元时间（sequential vs synchronic）则是关于不同文化对时间的看法。

普遍主义和特殊主义的区别在于：崇尚普遍主义的社会尊重规则和法律，而奉行特殊主义的社会更重视人际关系。这个维度要回答的基本问题是：规则和关系，孰轻孰重？普遍主义文化相信规则和标准等原则比朋友和其他人际关系的需求更加重要。用来判断对错的法律和规则对任何人都适用。在商业领域，持这种价值观的人相信合同。但是特殊主义文化的个体重视友情和人际关系胜于规则和法律，认为应该根据友情和情境才能做出对的，符合伦理的决定。在商业领域，持特殊主义价值观的人认为合同的基础是人际关系，因此，为了满足特定情境的需求，合同和政策等都可以变动。个体主义和集体主义社会的主要区别在于注重集体的利益还是个人的利益。区分集体主义和个体主义文化的一个基本问题是：我们是作为集体在行动还是作为个人在行动？在集体主义的文化中，集体优先于个人，大家为了共同的目标一起承担责任。他们相信在满足集体利益的前提下，个人的利益也可以得到满足。反之，在个体主义的社会中，倾向于以个人的利益为先，以追求个人的幸福为己任。成就和等级的维度是不同社会决定等级和权威的方式。它回答了文化中的一个基本问题是：我们需要证明自己才能获得地位吗？还是地位是被自然赋予的？在成就导向的社会中，个人由于成就、学识和工作表现等获得他人的尊重并取得相应的社会地位。但是，在等级社会中，年龄、性别、位置和财富决定了一个人的社会地位。中立和情感的文化维度是关于不同文化对情感流露的态度和看法。这个维度回答的一个基本问题是：我们是否可以表露感情？中立型的社会喜怒不形于色，情感型的社会认为个人想法和情绪可以公之于众。因此，前者欣赏自我克制，后者欣赏活力四射的自我表达。关系特定和关系散漫的文化维度用来衡量同事之间是特定关系下的部分接触，还是在生活中有较全面的接触。它回答了这个问题：我们的关系有多深？关系特定的文化以分析的眼光看自己生活的各个方面，习惯把工作和生活分开；而关系散漫的文化认为生活的各个部分是相互联系的，所以工作关系和生活中的人际关系没有明确的划分。

不同文化对于人和自然的关系的看法也不尽相同，主要的分歧在于：环境控制人还是人控制环境。所以，在工作中要考虑的一个问题是：我们应该控制环境还是与环境和谐互动？内倾型的文化认为自然是机械而复杂，人可以通过自身的努力和技巧控制自然。外倾型的文化认为环境是有机的，人应该适应自然，与自然和谐相处。不同的文化倾向决定了他们对于外部的变化是否感到舒服。线性时间和多元时间代表了不同文化的两大时间倾向。他们的区别在于：在一段时间内做一件事情还是做好几件事情？线性时间文化个体喜欢前一个选择，严格遵守计划。多元时间中的文化个体习惯于在一段时间内做好几件事情。他们不严格遵守计划，而是根据事情的重要性选择先做哪件事情。

　　福斯·强皮纳斯的文化理论与其他文化理论相比，被认为更加务实，有很强的实践导向性。虽然留学生的跨文化管理和跨国公司的跨文化管理有所不同，但是只要我们从文化和交际的视角来研究文化，他的理论必然有很强的适用性。这个理论有助于我们看到不同国家留学生群体的文化差异所在。相比于其他的文化差异理论，强皮纳斯的理论为文化差异的呈现提供了宽广的视角。

　　值得一提的是，强皮纳斯的理论具有较强的实践导向。他的理论和霍夫斯泰德的文化维度理论既有联系又有区别。霍夫斯泰德提出的文化维度有：①权力距离（power distance）；②个体主义和集体主义（individualism vs collectivism）；③不确定性规避（uncertainty avoidance）；④男性主义与女性主义（masculinity vs femininity）；⑤长期取向和短期取向（long-term vs short-term）。在后面的分析中，本文也将引用霍夫斯泰德的理论进行分析。

二　丁允珠的面子协商理论

　　"横看成岭侧成峰"，学者们从不同的视角对跨文化交际进行学理的解析，形成了众多不同的理论。如有以减少焦虑与困惑为目标的解惑论（uncertainty reduction theory）；有侧重意义的同构论（theory of coordinated management of meaning）；有认为跨文化交际是适应异国和他乡的顺应论（cross cultural adaptation）；有侧重文化差异的代码论（speech code theory）和侧重交际和面子的自我论（face-negotiation theory），等等。跨文化管理的目标是构建和谐的人际关系，如果从这个意义上来看跨文化交际的理论，侧重交际和面子的自我论，或者说面子协商理论是比较合适的。因为跨文化管理所理解的跨文化交流不仅包括传播学意义上的交流，更重要的是社会学意义上的交流。如何才能在跨文化人际互动中减少文化摩擦和冲突，维护各文化群体的自尊是跨文化管理中的核心问题。

　　丁允珠提出了面子协商理论，试图对冲突中的面子和面子协商方式的异同提供解释的框架。她的研究建立在格夫曼（Goffman）与布朗和莱维森（Brown 和 Levison）对面子研究的基础上。格夫曼把交往看成是面对特定观众，在特定情境下的一种表演，这种表演是为了给对方留下和表演者本人的目标相一致的社会形象。个人因此渐渐获得人格面具或是社会身份认同，成为交往中的"前台"。这个前台是理想化的，符合社会的准则，规则而不是个人真正的自我。他把面子定义为："一个人在社会互动中因达到了他人设定的标准而为自己赢得的社会价值。"① 布朗和莱维森在格夫曼的面子定义的基础上，提出了礼貌的理论。他们把面子定义为"每个人想要为自己争取的社会自我形象"。他们把面子分为两种独立的，但又相互联系的概念——积极面子和消极面子。积极面子关系到个人想要被他人欣赏和赞同的意愿，消极面子主要维护个人不想被他人干涉的自由。② 布朗和莱维森认为人们对于积极面子和消极面子的需求是普遍的，但是面子常常会被威胁。人们在交往中也总是考虑如何应用礼貌的策略维护他人和自己的面子。

丁允珠的面子协商理论有广泛的学科基础。它和文化人类学、心理学、社会学、语言学、管理学、国际关系学以及传播学相互联系。她认为面子是一个人的社会自我形象。面子可以被用来解释语言学上的礼貌、和谐关系的建立以及互动中的冲突。面子理论的理论假设主要包括：面子是所有文化中的人们的一种普遍需求。面子有多样性的特征。面子的含义随着自我认同和文化认同的差异而有所不同。所有文化中的人们在交际中都尽量维护和协商面子。但是当个人的身份认同受到了质疑，情感脆弱的交往情形中，面子的维护就产生了问题。

不同文化的面子工作和面子维护策略各不相同。对面子维护策略有主要影响的是个人主义—集体主义和权力距离这两个文化的维度。在集体主义文化中，个人倾向于维护他人和双方的面子；在个体主义的文化中，则倾向于维护自身的面子。权力距离则影响交往中的等级和平等的观念和行为，交往的正式性和非正式性。这些文化差异影响了双方自我面子的维护和面子维护的策略。价值观和个体、主题和环境等因素一起影响在特定的冲突情形中的面子工作。

丁允珠认为在跨文化交流中维护双方面子的能力在于能够处理交往双

① Goffman, E. (1955). On face work: An analysis of Ritual elements in Social Interaction. psychiatry. *Journal of the Study of Interpersonal Process*, 18（2）: pp. 213 – 231.

② Brown, P. & Levison, S. (1978). Universals in Language Use: Politeness Phenomena. In E. N. Goody. (Ed.), *Questions and Politeness: Strategies in Social Interaction*, Cambridge: Cambridge University Press, p. 66.

方因为文化的差异而引起的情感挫败。具备这个能力必须有三个前提条件。第一是知识的层面，对他人的文化要敏感。个体需要足够的文化知识和民族相对论的态度，站在对方的立场理解跨文化冲突，密切关注与身份认同有关的协商过程以及考虑是否尊重他人。第二是要留意面子工作的转化过程。它指的是一个不断觉醒的过程。在这个过程中，个体明白自身的感觉，并意识到自身的反应和文化观念形塑了对冲突的反应。它也意味着我们愿意花时间站在冲突对方的立场，明白对方的感受和想法，从对方的视镜中理解冲突，感觉冲突。第三是交流的技巧，在特定的情形下，要学会适当、有效、灵活地和对方交往。这些技巧包括：去除文化中心主义，认真地倾听，理解他人的立场，同情的回应，实行跨文化交际中灵活的代码转换以及照顾双方面子的谈话技巧。①

第三节　研究方法的选择

　　质性研究和定量研究是人文社会科学研究的两种主要研究方法。文化差异的研究可以用定量研究的方法，也可以用质性研究的方法。但是研究方法选择的依据之一是研究者的兴趣和目的。本研究的目的是要发现美、日留学生有怎样的跨文化交往体验，这些体验意味着什么，是什么样的文化行为和观念导致了这样的体验。因此，研究总体上是一个通过经历，寻找意义，解释和理解的过程。相比于定量研究，质性研究是更加适合本课题的研究方法。以下就质性研究的定义和特点做一个说明。

　　　　质性研究是以研究者本人作为研究工具，在自然情境下，采用多种资料收集方法（访谈、观察、实物分析），对研究现象进行深入的整体性探究，从原始资料中形成结论和理论，通过与研究对象互动，对其行为和意义建构获得解释性理解的一种活动。②

　　首先，质性研究以参与者的视角和观点来理解研究现象。质性研究认

　　① Ting-Toomey. S. Face-negotiation Theory. Retrieved March 15, from http：//www.nafsa. org/_ /file/_ /theory_ connections_ facework. pdf.

　　② 陈向明：《质的研究方法与社会科学研究》，教育科学出版社 2000 年版，第 12 页。

为真实是相对而多元的。对参与社会现象的个体，现象的意义也各不相同。所以研究采用的是内部人的视角而不是研究者的视角，也就是从"文化主位"的视角理解他们眼中的真实是什么。其次，质性研究以意义为中心。韦伯指出社会学的意图是"对社会行动进行诠释性的理解，对社会行动的过程及其结果给予因果性的解释"①。质性研究基于解释主义的认识论（interpretivist epistemology），认为社会现实是参与者构建的一系列意义组成的。②研究的目的也就是对其"行为和意义进行解释性理解"。再次，完整性和复杂性。质性研究介于在社会学和人文科学之间，以发现复杂而丰富的意义体系为目的。如果说定量研究是把复杂的现象简单化，那么质性研究的目的是要在看似习以为常的现象中找出复杂的联系性的整体。"质性研究的力量在于，它对具体情境下的社会现象进行详细的描述和分析。"③复次，在自然情境中开展研究。质性研究者需要在自然场景中与被研究者长时间深入地接触才能保证对他们有较为准确的理解。最后，研究者本人作为材料收集的工具。研究者为资料收集的工具，及时对研究对象做出反应，进行有效的沟通，达到视域融合。

质性研究的特点符合本研究的兴趣和目的。在自然情境下，通过研究者和美、日留学生的交流了解他们的跨文化经历和体验并从他们的视角对这些体验进行理解和解释，寻求美、日留学生在跨文化人际交往过程中与研究问题相关的意义体系。

第四节　抽样方法

一　研究对象的确定

本研究主要选择美、日在华留学生作为研究对象，选择这两个留学生群体作为研究对象的原因如下：①日本和美国来自不同的文化传统，以文化个性鲜明的美、日留学生为研究对象可以搭建一个更为广阔的文化视

---

① 黄瑞祺：《社会理论和社会世界》，北京大学出版社 2005 年版，第 14 页。

② ［美］乔伊斯·P. 高尔、M. D. 高尔、沃而特·R. B. 博格：《教育研究方法实用指南》，屈书杰等译，北京大学出版社 2007 年版，第 292 页。

③ ［美］乔·阿莫斯·哈奇：《如何做质的研究》，朱光明译，中国轻工业出版社 2007 年版，第 44 页。

角。日本作为亚洲国家，与中国的交流源远流长，文化上深受中国的影响。直到 905 年，日本第一部用平假名编写的和歌集——《古今和歌集》，作为文化独立宣言问世，标志着日本独有的文化产生并盛行，从此日本摆脱了非学中国不可的意识，开始在建筑、服装、绘画、文学等各个领域展现日本文化的独特性。明治维新后，日本开始脱亚入欧，汲取西方文化，并在此基础上完成了封建国家的现代化转型。从发展轨迹上看，日本与中国虽然在文化上有相似之处，却各自独立。但是，与美国相比，日本的文化距离和中国较为接近。美国作为一个西方移民国家，在文化发展的历史上，无论是认为美国文明是欧洲文明的因子发育过来的，还是在自然地理条件对欧洲文明的改造和重建中发展起来的，不可否认的依然是美国文化中秉承的欧洲文明的传统，在文化的意义上是一个地道的西方国家。跨文化管理需要应对文化差异对管理带来的影响，以美、日来华留学生为研究对象可以搭建一个更为广阔的文化视角，从东西方的维度来观察不同的文化对跨文化管理产生的影响。②日本和美国来华留学生总数一直位居前列，因此，以这两个群体为研究对象有现实意义。在改革开放 30 年间，来华留学生教育发展的各个时期，美、日来华留学生的总数一直位居前五。据统计，2012 年美国来华留学生总数 24583 人，日本来华留学生总数达 21126 人，分别位居第二位和第三位。① 目前，韩国留学生虽然在规模上位居第一，但是韩国留学生的文化距离可能和中国较为接近。因此，在跨文化交流的意义上，研究者认为选择日本留学生作为研究对象更为合适。

二 抽样标准

研究采用"典型个案抽样"的标准收集样本。与强度抽样，极端个案抽样的方法不同，典型个案意味着抽取的样本有"典型性"，能够代表研究现象的一般情况。美、日留学生的抽样标准分别是：研究期间在北京高校注册学习，拥有日本国籍的留学生，和研究期间在北京高校注册学习，在美国长大，拥有美国国籍的留学生。选择北京为研究地点的原因主要是研究者本人在北京高校就读，对北京比较熟悉，在交通和人员的联络

① 中华人民共和国教育部：《2012 年全国留学生简明统计报告》，http：//www. moe. gov. cn/publicfiles/business/htmlfiles/moe/s5987/201303/148379. html，2013 - 03 - 07/2014 - 03 - 13。

上都比较方便，有利于研究的开展。在抽样标准上，没有对留学生的年龄、身份、来华时间长短等加以限制，因为研究目的是为了发现对跨文化人际互动有负面影响的文化差异，而不是它们和这些人口统计学变量有什么关系。

确定抽样标准之后，主要通过分发邀请信的方式，以自愿参与研究为前提，从北京市五所来华留学生超过千人的高校中征集研究对象。分发邀请信的方式主要有五种：研究者直接进入现场，和授课老师交流之后，把邀请信直接分发给留学生；或者在留学生管理人员的陪同下，经授课教师允许，把邀请信分发给留学生。还有一种方式是在留学生的帮助下，把电子版的邀请信分发到留学生所在的 QQ 群。最后一种方式则是通过张贴广告的方式征集研究对象，但是这种方式收效甚微。在这之后，相继有来自北京市三所高校的 8 名美国留学生和 19 名日本留学生，通过包括滚雪球式抽样、方便抽样、机遇式抽样方式在内的综合式抽样方式参加了此次研究。

美、日留学生的样本量是如何确定的？"目的性抽样的好处和逻辑在于选择信息丰富的样本进行深入研究，信息丰富意味着研究者可以就研究目的相关的一些重要的问题获得大量的信息。"① 在目的性抽样中，样本的规模是从信息的角度考虑的。如果研究所需的信息已经达到饱和——即使再增加新的样本也不会有新的信息，说明已经达到了临界点。考虑到特定的研究目的和利益，研究样本的最小规模标准则是通过一定的样本获得的信息能够达到预想的涵盖研究现象的目的。②

参加过访谈的日本留学生总共有 19 名，但是最终确定 16 名为研究对象。3 名研究对象没有被列入其中的原因是他们在访谈中提供的信息和研究问题有较大的偏差。其余被列为研究对象的日本留学生，虽然他们的汉语水平有所不同，在提供的信息量上有一定的差别，但都就文化差异的主题发表了自己的看法，而且他们独特的跨文化经历和叙述方式有助于研究者对日本文化的领悟和了解。这 16 名留学生所提供的信息已经有一定的"冗余"，但是只有随着接触学生的增多，接受更多的日本文化的"触

---

① Patton, M. (1990). *Qulitative Evaluation and Research Methods*, Beverly Hills, CA: Cage. p. 169.

② Ibid. , CA: Cage. p. 186.

动",才能对他们的文化有所体会。研究初期,即使访谈对象告诉我日本文化如何,我也无法体会到话语背后真正的意义是什么。比如说,当有日本留学生被问及:来到中国后有什么变化?他回答道:"不再在意别人觉得我是什么样的人。"这句话从字面上很好理解,但是直到我结束最后一个访谈,当我思量是否要发短信表示感谢时,心里开始充满了忧惧——我刚才有没有让他不高兴,他会不会因此不理我?但是和中国人在一起时,从来没有这样的忧虑。那个时候,我更深地体会到为什么日本人如此在意别人对自己的感觉,为什么如此看重他人在和自己的交往中是否愉快。所以,我认为无论是读者还是作者,无论是从量上考虑还是从多样性考虑,听取多人讲述跨文化经历有助于文化理解。所以,最后这16名访谈对象都被列为研究对象。

参加研究的美国留学生总共有8名,由于研究者能够用他们的母语进行交流;加之美国留学生比较开朗健谈,所以即使只有8名留学生,所提供的信息量也比较充足,能够涵盖研究现象的各个方面。总的来说,在样本的量上,日本学生有一定的冗余;美国学生则达到合格的水平。

样本的大致情况如下:在8名美国留学生中,共有2名男性,6名女性;其中7名留学生的年龄不到30岁,1名留学生的年龄超过50岁;4名留学生为学历生,4名留学生为语言生。1名留学生来华时间不到两年,其他7名留学生来华时间不到一年。在16名日本来华留学生中,共有7名男性,9名女性;其中15名留学生的年龄在30岁以内,1名留学生在40岁以内;15名留学生为语言生,1名为学历生;15名留学生的来华留学生时间在一年之内,另一名留学生的来华时间为7年。详见附录3。

第五节　资料收集的方法

一　访谈提纲设计

为了回答研究提出的问题,我遵循了这样的研究思路:从留学生跨文化人际交往的经历入手,通过各种负面的跨文化体验,找出对跨文化人际交往有负面影响的文化差异是什么。因此访谈提纲的主体由两个部分构成:第一部分是让留学生讲述他们在跨文化人际交往中的不适和他们观察到的文化差异；第二部分是让留学生对跨文化适应问题背后的文化观念做出解释。第一部分是第二部分的基础。

为了设计第一部分的访谈提纲，首先要了解留学生的跨文化人际适应情况。因为文化适应的标准是心理上的幸福感，所以研究认为由于文化差异导致的负面心理体验就是跨文化人际交往中的不适应。因此，访谈提纲包括了一些比较笼统和直白的问题：在和中国人的跨文化人际交往中，有什么不适应和不愉快的地方？你认为中美、中日文化之间有什么不同？尽管此类问题可以有多种变体，但是根据适应的标准来设计问题还是显得比较笼统。

为了把访谈问题进一步细化，我又从跨文化适应的各层面出发来设计访谈提纲。跨文化适应主要有三个层面：行为、认知和情感。文化差异指的是文化之间的不同，既体现于"异"——截然不同，个性迥异的文化特质；也体现在"差"——文化之间的差距。这两种情况都会导致跨文化交流的问题。在认知上，由于文化差异的存在，美、日留学生会感到中国人的行为难以理解或误解中国人的行为；与此同时，他们也会发现自己不被理解，被误解的情况发生。在情感上，中国文化因为超出他们的预期和想象，根据不同的情况，有可能会经历失望、惊讶、被冒犯、沮丧和焦虑等种种情绪体验。在行为上，由于双方观点、意见和行为模式的差异，有可能会发生冲突或冒犯。我把上述的认知、行为和情感方面的各种情况转化成问题，列在第一次的访谈提纲中。

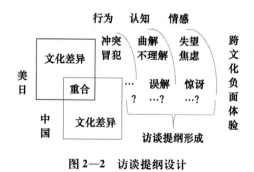

图2—2　访谈提纲设计

此外，在第一部分的提纲设计中，还应该考虑参与留学生互动的中国人有哪些。与以往关于留学生的适应研究一样，本研究认为留学生的互动人群包括校内、校外，学术情境、生活情境遇到的中国人。但是，研究并非以交往情境定义交往群体、而是以留学生具体接触的人群为准，他们包括：一般的社会大众，老师、同学、朋友和行政管理人员、后勤服务人员这三大类群体。以留学生具体接触的各类人群来探讨留学生的交往情况，是为了较全面的贴近现实，发现尽可能多的问题。

访谈提纲的第二部分是关于留学生对适应问题的文化理解和解释。这部分的访谈问题基本建立在第一轮访谈分析的基础上。研究根据第一轮访谈发现的适应问题，并就这些问题寻找文化成因。也就是说，是什么样的文化认同或观念影响了留学生对交际对方的行为做出了不良反应，影响了他们的跨文化适应。但是，访谈根据当时的情况，也有第一次访谈中就涉及观念层次的文化差异。

二 资料收集方法

本研究收集资料的方法主要是半开放型深入访谈和参与型观察，并辅以非正式交谈（仅有一次访谈，两个日本留学生同时参加）。

（一）访谈

访谈开始于 2012 年的 4—6 月，但是访谈主要集中在 2012 年 9 月到 2013 年 6 月。访谈地点均选在便于交谈的咖啡馆。每次访谈在征得研究者的同意后进行录音。笔者对 2 名美国留学生进行了一次访谈，对 6 名美国留学生进行了两次访谈。在完成对 16 名日本留学生的第一次访谈后，对 11 名日本留学生进行了第二次访谈，对其中的 1 名日本留学生进行了第三次访谈。对美国留学生的访谈共计 14 人次；对日本留学生的访谈共计 28 人次。对美、日留学生，每次访谈时间都在 40 分钟到两个小时。大多数的访谈持续 1 个半小时。因为研究者不会使用日语，所以日本部分的访谈除了 1 名留学生的访谈在日语翻译的帮助下完成，其余的访谈都使用中文。美国留学生的访谈则使用英语。美国部分的访谈字数共计 109173 字（英文）；日本部分总共209546 字（中文）。

除此之外，笔者参加了 4 次中日交流会。两次是以语言学习为主题的交流会，会上日本留学生被问及中日跨文化人际交流的印象，相当于较为隐秘的访谈。另两次是以课程形式出现的中日交流。研究期间，笔者和部分日本留学生同时有网上交流和现实生活中的交流。现实生活中的交流形式主要是吃饭、看电影和散步。另外，偶尔有与美国留学生的访谈外交流，主要是在学术的场合。

（二）观察

由于我的研究题目是关于中美和中日之间的跨文化交流，所以我和访谈对象的每一次互动既是研究行为，也是跨文化人际交往行为。换句话说，研究和互动是一致的。每一次的人际互动都提供了研究所需的资料，每一次的研究都在跨文化人际互动中展开。所以，在任何一种与美、日留学生的交流活动中，我作为参与者体验跨文化人际交往，作为研究者观察他们的交际行为。无论是在个别访谈、交流会还是在非正式交流中，我都一边访谈（或交谈），一边观察和体会跨文化交流带给我的"异样感"，回想他们的交际行为有什么特点，思考他们在与我的交际行为中渗透着怎样的文化观念，验证我从访谈中得出的结论是否正确。观察对我的研究与访谈一样重要。在访谈中，我听他们如何说，在观察中，我看到他们如何做。每次观察之后，我用录音笔或笔记录观察到的细节，访谈之外的对话，并记下访谈和观察得来的印象、心得和思考。在访谈和观察之外，我也记录了自己对美国和日本文化的领悟，作为备忘。

此外，为了扩大和日本文化的接触面，我看了一些日本电影和民间故事改编的动画系列。这些题材各异的日本电影，对于了解日本的文化和交际模式还是很有帮助的。

第六节　资料的整理、分析和成文的方式

一　资料的整理

我对上述各类资料进行了分类整理。资料的类别主要包括被研究对象和资料类型。被研究对象分为美国留学生和日本留学生；资料类型分为调查表（访谈提纲，基本情况调查表，邀请信），观察资料（观察记录，电影），反思资料和访谈资料。访谈资料是最重要的。每次访谈结束后，我为每个访谈对象建立档案系统。分别就每次录音进行转录和分析。因此，在每位访谈对象的档案中，都包括每次访谈的录音、访谈转录稿和访谈分析（见表2—1）。

表 2—1　　　　　　　　　　　资料的整理和统计

资料类型 \ 国别		美国留学生	日本留学生
调查表 （D1）	访谈提纲（D1-1）		
	基本情况调查表（D1-2）		
	邀请信（D1-3）		
观察资料 （D2）	观察记录（D2-1）		
	电影（D2-2）		
访谈资料 （D3）	录音（D3-1）	8 名（14 人次）	16 名（28 人次）
	转录稿（D3-2）	109173 字（英）	日本部分总共 209546 字（中）
	访谈分析（D3-3）		
反思资料（D4）			

二　资料的分析

访谈分析的过程是质性数据的分析过程。分析始终以发现、分辨和确定两种文化的分歧点为支点，并阐释在这个分歧点上的行为差异和观念差异为最终目的。

数据分析采用三级编码的方法将数据进行提升。对每个访谈对象的访谈材料进行开放式登录，根据分析单位的大小和抽象的程度，从下到上一级级提升。编码分为一级编码（开放式登录），二级编码（关联式登录）和三级编码（核心式登录）。具体分析方式见附录 6。这个过程随着访谈人次的增加会重复若干次，原先的码号和类属也会发生变化，如：新类别出现，旧的类别消失，小的类别不断地分化。但是随着访谈人次的增加，一些类别开始出现稳定的态势，主题也逐渐鲜明，基本的文化差异开始浮现：种族和国别，社会公德，服务观念，时间观念，表达方式，人际距离，语言障碍和权力距离。但是在这些差异主题下面，由于美日留学生之间存在差异，各访谈对象之间也存在差异，所以在第一轮的分析中，研究并没有就上述文化差异下的各个次级主题进行整理。

当访谈结束，准备就上述各个主题进一步分析成文的时候，犯了文化客位（etic）的错误，站在自己的主观立场上去解读每个主题下的原始资料，而没有基于原始资料进行分析，结果与文化主位（emic）的分析方式出来的结果相差很大。① 面对不甚满意的分析结果，我开始意识到问题的原因在哪里，于是推翻了第一稿，对资料重新进行分析，再次从美、日留学生的视角去理解留学生。这次分析的错误令我意识到从"我"的视角看待他人的习惯是如此"自然"，从他人的视角理解他人的言行却是另外一番景象。于是我绷紧扎根资料这根弦，就上述各个主题下面的内容按照美、日留学生这两个类别放置。然后就每个主题下美、日留学生的访谈资料进行分析，从下到上进行提炼。首先，把原始资料转换成初级的概念。然后，把这些概念进行归类，用新词或短语概括这些概念群。最后，用更加上位的概念统领这些内容。在这样的分析方式下，每一个大的主题（文化差异）实现了分化，原始资料开始分门别类地找到相应的位置。原来的访谈资料基本分成了与两个研究子问题相对应的类别。研究论文主体每一章的结构开始呈现。

我觉得这个过程颇像美术基础课——素描的作业过程。把肉眼习惯的具象的头部、面部、五官等过渡圆滑的形体解析成大大小小的块面来表达。"宁方勿圆"其实就是概念的提升和表达。描绘的过程是观察、分析和提炼的过程。通过这个过程实现形体的块面解析和建构。所以最终描绘的头像属于分析综合后的整体造型——既忠实于实物，和实物相像；又和实物有一定的距离，带有简化和分析的特征。但是正是通过这个过程理解和解释了研究现象。

在对美国留学生的分析中，出现一级主题 8 个，二级主题 14 个。日本留学生部分一级主题 7 个，二级主题 13 个。然后，由二级主题进一步分解出三级主题，四级主题等。详见表 2—2、表 2—3 所示。

---

① 文化主位是从被研究者的视角出发去看研究问题；而文化客位是从被研究者的视角去看问题。见 Harris . M.（1976）. History and Significance of the Emic/Etic Distinction. *Annual Review of Anthropology*，Vol. 5，pp. 329 - 350.

表 2—2　　　　　　　　　　美国留学生类属分析表

一级主题＼二级主题		行为差异		观念差异		
种族和国别的差异（种族和国别先于个人）	体貌特征	非亚裔留学生："非常引人注目"		刻板印象	基于"外国人"的刻板印象	
		亚裔留学生："以为我是中国人"			基于"国别和种族"的刻板印象	
社会公德水平的高与低	公共场所适应主题	公共环境"吐痰""大声说话"		美国留学生："有强烈的公平感"		
		公共秩序"不排队""闯红灯"				
		公共领域人际交往"宰我"				
服务观念的有和无	服务效能	可靠性		语言因素		
		便捷性		美式服务特点	高效，尊重顾客	
		所需知识				
		沟通能力				
		满足需求程度			回应和满足他人的需求	
	服务态度	礼貌程度				
		反应快慢				
时间观念的差异	计划的重要性					
	时间的精确性					
	计划的可变性					
	约会时间的早晚					
表达方式的直接和间接	表达方式差异："直接"与"不直接"			人情面子和就事论事	中国人："面子"和"人情"	
	适应主题	自己无面子观念，过于直接			美国人："诚实"和"真实"	冲突情境
		对方碍于面子	不直接			非冲突情境
			不说不知道			

一级主题 ＼ 二级主题	行为差异		观念差异
人际距离的远和近	体距		个体空间
			结交速度
	人际接触的密切程度		禁忌观念
			交换观念
			隐私观念
权力距离的高与低	被限制的学生自主权	自主能力被质疑："把我们当小孩"	
		自主权力被干涉："自上而下"	
	不加限制的教师权力	对学生不尊重："好像你很差劲"	
		对学生评分："没有标准"	
语言障碍	汉语普通话适应："互相听不懂"		语言能力
	汉语副语言适应："好像很生气"		（来华时间长短）
	汉语变体—方言适应："很难听懂"		语言适应意识

表2—3　　　　　　　日本留学生类属分析表

一级主题 ＼ 二级主题	行为差异		观念差异			
种族和国别的差异（国际关系阴影下的跨文化人际交往）	适应主题		背景	策略和认同		
	反日言行	历史问题		政治和人际交往分开	需要历史知识	反对抗日剧
社会公德水平的高与低	适应主题	公共环境"吐痰""大声说话"	"公共场所不能做不好的事情"	"礼貌"		
				耻感约束的集体主义		
		公共秩序"不排队""闯红灯"		单面镜："不礼貌"		

续表

一级主题 ＼ 二级主题	行为差异		观念差异	
服务观念的有和无	服务效能	可靠性	语言因素	
		便捷性	日式管理和服务特点	行政管理人员和学生：有等级的互动
		所需知识		
		沟通能力		
		满足需求程度		日式服务特点："礼貌"，正式
	服务态度	礼貌程度		
		反应快慢		
时间观念的差异	计划的重要性			
	时间的精确性			
	计划的可变性			
	约会时间的早晚			
表达方式的直接和间接	"直接"和"不表示"，"模糊"	表达方式："直白"与"暧昧"	情感和礼貌的差异	和谐关系的情感标准：高与低
				礼貌标准的差异
		表达量："直露"与"克制"	表达方式跨文化适应："不礼貌"，"欠考虑"	
人际距离的远和近	体距		个体空间距离	
			结交速度	
	人际接触的密切程度		个体观念	
			隐私观念	
			回报观念	
			结交观念	
			礼貌观念	
语言障碍	汉语普通话适应："互相听不懂"		语言能力	
	汉语副语言适应："好像很生气"		来华时间长短	
	汉语变体—方言适应："很难听懂"		语言适应意识	

三 成文的方式

在上述类属分析的基础上成文。就整篇论文来看，研究发现的 8 个一级主题依次成为第三章到第十章的题目。在第十一章，也就是论文的最后一章，对研究结果进行了总结和提炼，探讨了研究结果对留学生跨文化管理和跨文化教育的启示。最后，对研究的创新、局限和未来的研究方向进行了说明。

就每一章节来说，从纵向看，每一章的基本写作思路为：引言、行为差异、观念差异、适应策略讨论和一章小结。从横向上看，在每一章的行为差异、观念差异和适应策略部分，在就美、日留学生的异同进行比较后，适当合并；但是在总体上，由于美、日的文化本身存在差异，所以在写作上基本采取美、日留学生并置的论述方式。

在就美、日留学生各个部分进行论述的过程中，按照上述的类属分析框架确定各级主题的标题，然后结合访谈内容进行论述。在访谈内容的选取上，我尽量避免重复使用一样的访谈材料，一是为了使内容更加丰富；二是为了说明佐证材料的充足性。

在每一章的行为差异和观念差异部分，我采用了文化主位和文化客位的论述方式：先从美、日留学生的视角观察行为层次和观念层次的文化差异，然后采取了文化客位的论述方式表达对研究结果的理解。尽管在研究设计上，没有从有经验的留学生管理者的视角来看待美、日留学生有关文化差异的看法；但是我结合已有的文献和凭借着自身作为中国人对中国文化的了解，对美、日留学生呈现的内容进行了批判性思考。如：日本留学生认为中国人的言行"不礼貌"具有文化的相对性。在日本人看来是不礼貌的行为，如果以中国人的文化标准来衡量，得出的印象和结论并不相同。这些从文化客位的角度进行的批判性思考和分析直接影响了跨文化教育和培训的内容与策略。

有关研究结果的报告形式，我使用了一些表达规范。在双引号之内的引文是留学生的原话。非双引号之内的引文是经过编辑的访谈文本。编辑主要是删除重复部分，加入连接词、代词等。尽管日本留学生说的汉语和中国人说的汉语有一定的差距，但是在编辑过程中，尽可能保留资料原来的样子，所以，不少有关日本留学生的访谈片段听起来可爱又"别扭"。

第七节 研究的效度

信度和效度是研究者对研究质量做出评价时而采用的两个标准。在定量研究范式下的信度指的是：研究的方法、条件和结果是否可以重复，研究是否有前后一致性和稳定性。效度关注的是研究能否回答问题，回答问题的准确性如何。定量研究遵循的是实证主义的范式，这种范式认为客观真实是存在的，利用一定的研究工具，恒定的真实是可以被发现的。因此在这种范式下，研究信度和效度被同时用来评测和检验研究结果。

质性研究遵循的是建构主义的范式，其背后的哲学信念是，客观的真实并不存在，真实是互动的双方在一定的社会情境下，就某一问题进行的意义建构。真实并不独立于人而存在客观世界中，是经由建构双方此时此刻的视域融合而达成的一致性。经由这种方法得出的真实会随着不同的情境，不同的人，不同的时间地点等而有可能发生变化。因此，定量研究中的信度概念在质的研究中并不适用。在效度的问题上，两种研究范式有着不同的定义。在定量研究中，效度指的是研究方法对于发现客观真实的有效性。在质性研究中，效度意味着观察或理解的准确性、一致性，离不开情境、研究互动双方、研究方法、研究问题等各研究要素的综合协调一致和彼此的相容性。

质的研究效度有哪些类型呢？根据马克斯威尔的分类，质的研究的效度分为：描述型、解释型、理论型、推论型和评估型。[①] 描述型的效度指的是一项质性研究对于可以观察到的事物描绘的准确性。解释性效度指的是研究者对于被研究者的意义建构的理解的准确性。理论型效度是质性研究得出的结果能够解释和说明特定现象和事实。评估型效度是研究者对于研究结果的判断是否确切，本人的前设有没有影响对于研究结果的客观的解读。由此，我们可以发现研究效度的威胁存在于研究的各个环节之中。

在收集资料时涉及的是描述性效度。为了确保准确的记录访谈的内容，每次访谈都在被访者允许的前提下录音，访谈结束后写备忘录。在访谈中，尽量避免模糊不清的地方，如有不明白的，或是出现空白的地方，

---

① 陈向明：《质的研究方法与社会科学研究》，教育科学出版社 2000 年版，第 392 页。

要通过多次访谈明晰被访者的意思，填补相关资料的空缺。如果资料记录准确、详尽，那么描述性效度就基本没有问题。在参与性观察的过程中，也勤于做观察记录。在没有准备的情况下，则通过录音笔录下当时的情形和说话人的内容，以便回去整理。但是，在资料分析的过程中，还是有资料分布不均的情况，在某些主题下，收集的资料详尽而充实，在某些主题下，资料相对欠缺。在资料收集的过程中，由于第六节中所列的类属分析表还没有出现，因此难免在资料收集上有疏漏和偏重的现象。

在分析资料时，需要被关注的是解释型效度和评估型效度。在理论生成阶段，理论型效度不容忽视。我采用了下列的方法进行效度检验：第一种是研究对象是否认同研究者的解释和结果；同行是否认同研究者的解释和判断。举例来说，本研究涉及日本留学生的文化。发现从文化和交际的视角得出的结论得到留学生本人的认同，与其他学者对于日本文化的理解相一致。第二种检验的方法是在各种研究方法之间互相检验，如：访谈和观察得出的结论是否一致？我研究的是交际和文化，在这个过程中，我既是研究者，也是他们的交往对象。因此，我在研究的过程中，慢慢通过交往领会了他们话语中的意义，也更深刻地理解了我从分析中得出的结论。第三种检验的方法是通过对原始资料反复地阅读来检验最初的假设。在第一轮的分析中，我犯了文化客位的错误，结果分析的主观色彩浓厚。在第二轮的分析中，我回到文化主位的视角。在分析过程中，做到不凭借自己的主观印象得出结论，而是扎根于文本，以免曲解留学生本人的意思。第四种方法是各章研究结论之间的一致性。虽然研究的结果以类别呈现，但是各个类别之间并不是彼此孤立的单元，而是相互联系、相互嵌套的整体。我在资料分析的过程中，也体会到了这一点。整篇论文的分析结果没有出现相互矛盾的情况，而是彼此呼应和吻合。

研究效度中的推论型效度试图回答研究结果能在多大程度上得到推广。研究结果是否具备推广性最后取决于读者的主观感受和认同，对此，目前还无从判断。

第八节　道德伦理问题

在本研究中，我根据以下的基本原则处理研究中的伦理道德问题。第一，研究对象是否参与或退出本研究完全取决于被研究者本人的意愿。最初，我通过某学校的行政人员进入现场，那样的情形容易引起留学生的误解，因为他们可能觉得这是学校的要求。但是即使在这种对我有利，有可能引起留学生误解的情况下，我也和他们说明参加研究与否完全看个人的意愿。第二，在研究中，尊重研究对象。如在每次研究录音前，先得到被访者的同意。在时间和地点的选择上，以被研究者的便利和舒适为前提。在每次和研究者的互动中，公平、礼貌的对待被研究者，考虑和尊重被研究者的文化习惯、访谈当时的身心状态等。第三，对研究对象的个人信息和访谈透露的信息予以保密。有些留学生来自同一所学校，彼此之间也认识。但是遵循保密的原则，我尽量避免在某访谈对象面前谈论另一名访谈对象。在论文中，访谈对象的姓名都采用虚构的人名，他们提到的大学也隐去真实的学校名称。第四，采取公平回报的原则。在访谈过程中发生的费用都由我承担。在第二次访谈中，我给他们赠送了礼物。在访谈外的活动中，在金钱上，我也尽量多付出，对他们的无私帮助表示感谢。另外，我也为访谈对象提供一些服务，如：陪同他们去医院；为他们提供有关信息，等等。所有这些举动都是为了表示我多次麻烦他们的歉意和感谢。

第三章
种族与国别的差异

种族与国别属于人口统计的范畴，似乎与文化因素有一定的距离。但是，根据美、日留学生的跨文化体验，人口统计因素中的种族、国别因素对跨文化人际交流产生了不可忽视的影响。令美国留学生感到不满的是中国人在交流中总是关注他们的种族和国别背景，而不是个人；中日跨文化人际交流则由于历史上的战争和领土的纷争而被蒙上阴影。

第一节　美国留学生跨文化人际适应
问题:种族和国别先于个人

美国留学生认为中国人在跨文化人际交往的过程中，置种族和国别在个人之上，忽视了跨文化交流中的个体存在。美国留学生的种族和国别属性分别影响了中国人的感觉和认知。一方面，种族人群所特有的体貌特征在人际交往中有可能因为对感官的刺激太强烈而成为压倒性的影响因素，破坏正常社会人际交流的规范。美国留学生因此而觉得尴尬或者由此引发他们特有的种族敏感性。另一方面，有关种族和国别的刻板印象影响了跨文化人际交流的发生和跨文化交流的质量。种族和国别成为美国留学生群体被优待和被"亏待"的原因。美国留学生因为自我没有得到尊重而对跨文化人际交往感到不适应。

一　体貌特征

（一）非亚裔留学生:"非常引人注目"

美国是个多种族的国家，研究样本中既包括白人留学生、亚裔留学生，也包括黑人留学生。由于白人留学生和黑人留学生来自不同的种族，他们的体貌特征明显有别于中国人，如皮肤、发色和眼睛，等等。用美国留学生苏姗的话说："我明摆着是外国人。"美国留学生的体貌特征自然引起了见惯黑头发和黑眼睛的中国人的关注。美国留学生不仅对中国人过度关注的言行感到"无奈"和"尴尬"，也因为交流中存在的误解而感到"被冒犯"。

珍珠是非裔美国留学生，她一身黑皮肤，头发打着天然的细密小卷，体型和身材也和东方人有明显的差异。在来北京留学前，曾在郑州的一所学校做英语教师。她的体貌特征给她带来了很多意想不到的遭遇。中国人对于体貌特征的好奇举动和不符合正常社会礼节的关注使她有了无法回归社会正常人的无奈。

我：你有感到被冒犯的时候吗？

珍珠：有，你看我，和人家不一样。有时候，我的头发非常引人注目。我一般用头套或假发。这样我出去的时候，我的头发就不会引起太多的关注。北京还好，因为外国人比较多。但是在郑州，有人会上来摸我的头发、我的胸部和臀部，还有我的皮肤。

我：他们是谁？

珍珠：不认识。

我：你在哪儿呢？

珍珠：在公交车上，商店里，还有在学校办公室的时候，有个女人上来，她十有八九是某个校长的老婆，她觉得她可以那样做，她上来拍我屁股，好像我是个展览。（笑）

我：你有什么反应吗？

珍珠：（笑）我喜欢她这样做？不！我只有笑，不想把事情闹大了。请她别那样，或者我也摸她的头发和皮肤，让她知道这样做是不正常的。（笑）但我没有过分到去拍别人。在郑州，我有一个极为尴尬的经历。我在主题公园等着坐过山车。队伍排得很长，也等了很久。这时候，有个小孩，两岁的样子，闲着无聊，在地上跑着玩儿。我真是尴尬极了，那时我站在长长的队伍里，大家在拍照，看着我，好像我是那个队伍里唯一的人，结果有个小孩上来，开始"打鼓"（敲打臀部）。天哪，我笑了，真是太尴尬了，我又不能离开队伍，已经排了近1个小时，总算到中间了，真是糟透了。那可能是我最感到难为情的时候了。

　　因为对上述的情况无能为力，有时候她只好待在房间里不出去。但是珍珠表示在北京的情况要比在郑州好很多，因为北京的外国人多，没有再遭遇上述的"文化休克"，行动也更为自由。大多数的人只是"盯着看看，然后就走了，好多了"，但是时不时，在她和来自农村的人打交道的时候，她的体貌特征还是会掀起一片哗然。珍珠认为他们的行为是"不正常"的，她也试图让对方明白自己一样是人，对方的所作所为是极其不合适的。但是她没有办法控制他人的反应，在大多数情况下，只能以笑来缓解内心尴尬的情绪。弗里德曼（Freedman）等认为在与来自其他文化群体的人们接触时，通常进入人们大脑被感知的刺激有 3 种：对方的体貌特征、行为特征与当前的环境和场合。① 体貌特征给人的视觉冲击如此强烈，给人的印象如此深刻，体貌特征好似成为一种障碍或是分散注意力的刺激源，使得个体之间的交往无法按照常规的方式展开。珍珠可能在尴尬之余也明白自己的外表给中国人的刺激太强烈了。所以，在访谈过程中，她更多地表示尴尬和无奈而不是愤怒。

　　但是，中国人有关体貌特征的言语却引起了美国留学生的误解，从而令他们感到生气和不满。美国留学生似乎总是从皮肤的话题中听出和种族有关的弦外之音。杰克是美国白人留学生，他发现中国同学时不时会夸赞自己的皮肤。我作为中国人看他近乎完美的皮肤，很能理解中国学生为什么会对他的皮肤有所感慨。不幸的是，杰克和其他非亚裔留学生对中国人的关注做出了如下的反应：

　　　　中国人对我说：你的皮肤很好。他们是什么意思？我的皮肤好，是因为它是白的还是因为很光滑？还是因为别的原因？我没有看到她和我的皮肤有什么区别，为什么我的皮肤比你的好呢？所以，听起来很是奇怪。上次我们说过种族那些事情，这些评论听起来很有种族歧视的味道，太直接了。（杰克）

　　　　中国人很鲁莽，对我们有歧视，我走在路上经常有人看我，有一次一个中国人问我为什么我的皮肤是黑色的，我觉得他是故意这么说的，难道他不知道世界上的人种吗？我很生气，当时我真的很想问他，为什么你们中国人的皮肤不是黑色而是黄色的呢？

　　① 张红玲：《跨文化外语教学》，上海外语教育出版社 2007 年版，第 143 页。

（摘自周源《在华留学生人际交往分析》）[1]

　　中国人在关注美国留学生的皮肤时，大概没有想到自己出于好奇和不可思议的言语会被说成种族意识；而美国留学生大概想到不同种族不同肤色再正常不过了，如果不是从种族意识出发来解释，还有什么可能呢？误解的原因在于中美两国社会文化背景的差异。美国是个多元种族、多元文化的异质化社会。他们对于不同种族的面孔已经司空见惯。中国虽然也是个多民族国家，但在留学生就读和活动的区域，基本是汉族聚居区，相比较而言，是单一种族的同质化社会。[2] 虽然知道世界上有不同的种族，但是真在现实中看到其他种族（黄种人以外）的外国人，还是会对他们"特别"的肤色感到惊讶不已。此外，美国留学生就肤色和种族之间引发的联想也令中国人始料未及。

　　（二）亚裔留学生："以为我是中国人"

　　美国留学生发现中国人对于黑人和白人等其他种族的美国留学生有过度关注的现象；但是对于乍一看去是黑眼睛、黑头发、黄皮肤的亚裔留学生，则容易把他们误认为是中国人。这些"误会"有可能成为跨文化交往的有利因素，也有可能成为交往的不利因素。下面的例子说明了有利的一面。

　　　　我：日本留学生也有告诉我这回事情（商贩抬高价格）。
　　　　苏姗：我觉得美国留学生的情况比日本留学生更糟。

　　珍珠谈到自己和韩国留学生一起乘车，大家都语言不通，难以理解北京的公交车按照里程计价的规定，但是他和韩国留学生的遭遇完全不同。

　　　　他们就不额外计价，只收我4毛钱。但是我和其他看上去是亚洲人的外国人一起乘车的时候，像我的韩国朋友，她也不会说汉语，但

---

　　① 周源：《在华留学生人际交往分析——以华南理工大学留学生为例》，硕士学位论文，华南理工大学，2009年，第25页。

　　② 这句话中的种族概念，以布鲁门·佛里德里希·马赫（Johann Friedrich Blumenbach）的界定为准，他把人类划分为五大人种：高加索人种（白种）、蒙古人种（黄种）、非洲人种（黑种）、美洲人种（红种）、马来人种（棕种）。

是他们看着她，好像说你是中国人，为什么你不知道，但是他们包容我。

日韩留学生和美国留学生同是外国人，但是体貌特征直接影响了跨文化人际交往的方式。贝蒂是亚裔美国留学生，父母是台湾人的她在长相和外表上与中国人无异，但是他和其他美国留学生一样，在美国长大，在文化和身份上是地道的美国留学生。在一次和中国人发生冲突的过程中，她不幸被误认为是中国人，成为冲突中唯一的问责对象。冲突的起因是她和同行的西方留学生在饭馆就餐的时候，发现茄子里有虫子，于是他们在商议后只支付了饮料的钱就走了。

当我们要走的时候，他们跑了出来，见我在推车就说：别走，付钱再走，他们以为我是中国人。我说：别碰我。老板娘和服务员抓住我，我的朋友就在那儿看。结果情况愈演愈烈，我和他们打起来了。还有很多人出来，抓住我的头发，闹大了。我的眼镜也掉了。开始只是我和一个女孩（在打架），后来出来了两个男生，他们很强壮，我开始感到害怕。到那时，我朋友说给钱，我们给了钱才走了。

贝蒂从这件事上发现"中国人对西方人更加宽容，对自己人却并不宽容"，当我问贝蒂在和中国人交流的过程中有什么感到后悔的，她提起了这个"饭馆事件"：

我们应该去警察局。我应该改变我的做法，他们不知道我不是中国人，我应该立马告诉他们我不是中国人，这样他们会用另外的方式对待我。我们应该在饭馆解决问题，而不是走人。

贝蒂的悲剧不仅在于她有着中国人的长相和面孔，让对方误认为是中国人。还在于中国人内外有别的文化特点。如果饭店的员工秉着从事实出发解决问题，不论对方是中国人还是外国人，在事实面前人人平等，贝蒂也不会成为冲突中唯一的问责对象。孙隆基用比较批判的眼光看待中国人如何对待外国人和自己人。他认为中国人对外客尊而不亲，对自己人亲而不尊。① 如果自己的孩子和别人吵架，现在的父母可能倾向于尊重或偏袒

---

① 孙隆基：《中国文化的深层结构》，广西师范大学出版社 2004 年版，第 62 页。

自己的孩子，传统文化描绘的父母却有这样的倾向：不论对错，先打自己的孩子，不管正义在何方。背后的逻辑是：宁可委屈自己的孩子也不能因为孩子之间的纷争破坏两家的关系。虽然例子中的老板娘不是出于和谐的考虑，更多的是从自己的利益出发，但是为什么唯"中国人"是问呢？其中有语言的因素在，但是贝蒂在访谈中反复强调的原因是自己被误认为是中国人，而不是自己会说汉语。所以，这和内外有别的文化传统应该有一定的联系。

在这一节中，我们看到种族是影响体貌特征的最重要的因素，同是美国留学生，但是不同种族的美国留学生在中国的遭遇却有所不同。对于非亚裔留学生来说，如何应付他人对自己的关注产生的困扰，如何消解因此产生的误会是跨文化人际适应的一个难点；对于亚裔留学生来说，如何在中美跨文化人际交往中应对"被误认为是中国人"是一个难题。对于中国人来说，一方面需要熟悉和适应非亚裔美国留学生"引人注目"的体貌特征；另一方面又要把长相和外貌与自己无异的亚裔美国留学生分开，不"以为他们是中国人"，公平对待来自各个种族的留学生。

二　刻板印象

刻板印象也被称为定型观念，是一个群体及群体成员对另一个群体及群体成员的简单化看法和固定的印象。定型观念有如下的特点：对社会成员过分简单化的分类方式，在同一社会文化和群体中，刻板印象具有相当的一致性，多与事实不符合，甚至是错误的。[①] 尽管刻板印象便于在一个信息纷繁的世界里把握认知对象，节省认知能量；但是错误的定型观念导致对某一群体形成偏见并产生不公正的行为。美国留学生发现中国人基于他们的"外国人"身份、国别或种族形成了各种定型观念，这些定型观念影响了中国人对待美国留学生的态度和行为。

（一）基于"外国人"的刻板印象

美国留学生在跨文化人际适应中，认为中国人对外国人有些固定的看法。最典型的刻板印象是认为外国人有钱。还有的刻板印象是外国人对中

---

① 连淑芳：《内隐社会认知：刻板印象的理论和实验研究》，博士学位论文，华东师范大学，2003年，第3页。

国的情况不够了解。由于刻板印象对人际交往行为很有影响力，因此，美国留学生一致抱怨中国的商贩见了像他们这样的"外国人"总是想要抬高价格。

> 他们认为长得像我这样的，我显然是个外国人（笑），我一开口，我就明摆着是说英语的。他们一见，心想，这个人有钱，诸如此类的。但是这很有可能不是真的。大多数的时候，是错误的（笑）。所以，我去露天市场，我得讨价还价。他们理所当然地认为要开出我完全不知道的，最高的价格，因为认为我有钱。但是事实并非如此。（笑）（苏姗）

> 至于负面的印象，没有什么，唯一不好的是：有时候，街边的小贩看到我是个外国人，可能觉得我很有钱之类的，所以，我买那个糖葫芦，第一次要了我20元。我想：好吧，真酷。后来我和语伴一起，我不想买了，20元太贵了。语伴问我：想要来一串吗？我说吃是好吃，但是太贵了。她说不贵，她买一串，俩人分。她掏出钱，我看她只给了五元，还有找钱。我说，等等，你付了多少。她说一直是三块。可是他们要了我20元。我到其他一些地方，他们看着我，就会要上两倍、三倍或四倍于中国人的价钱。（琼）

除了认为外国人有钱之外，美国留学生认为中国人觉得外国人很多东西不懂，政治就是其中之一。

> 我们有这种印象中国人不指望我们谈论（政治）。每次我想要发言，他们的态度好像在说：你不知道是怎么回事。因为你没有在这儿生活，你不是中国人，所以，我就不再谈论这样的话题。（杰克）

留学生玛丽也遭遇了中国人认为外国人不懂中国政治的刻板印象。但是玛丽对此深感冒犯，因为她认为中国人这些基于刻板印象的举动有些轻率，没有考虑到美国留学生的个人处境和自尊。

> 我：你在和中国人交往的过程中，有没有什么感到失望的吗？
> 玛丽：哦，等等，我有一个例子。我真觉得自己被冒犯了，非常

生气。有电视节目组直接走向我和我的朋友，问：你们是外国人吗？我们说：是的。突然间，我们面前出现了摄像机和麦克风。他们问：谁是中国的主席？我说：我不知道。他们问北京的外国人同样的问题，然后在网上发布，好让这些外国人看上去多愚蠢。他们把它放在互联网上，有 50 亿人在 u-Tube 和 u2 上可以看到。

我：他们什么目的？

玛丽：让外国人看起来很愚蠢。我们住在中国，但是我们不知道中国的主席是谁。我一个在加拿大的朋友看到了，给我发了邮件，说我在视频上看到你。天哪，我真觉得被冒犯了，太坏了。我来到中国，尽量学汉语，但是说一句"我要喝水"都很难。我在学习，但是我不学中国的主席是谁。说不出他的名字，不知道。但是他们就问你，然后把视频放到网上去，真是粗鲁。

我：我觉得他们也许想要让你们看起来愚蠢，但是我认为，中国人想要开心。他们并无恶意，他们只是想，这很有趣，他们没有恶意。

玛丽：嗯，我真觉得冒犯，觉得很是冒犯。因为我在这里没有几个月，我在努力学习，但是我并不知道所有的事情，我不知道名字，现在也不知道，他们问我，我觉得这并不重要，而不是非要努力学习不可，我真生气了，我不在乎，我也不需要知道他的名字是什么。

玛丽显然是生气了，媒体的问题令她在全世界面前暴露了自己的"无知"。

而且她也不觉得非要知道中华人民共和国的主席是谁，因此她对如此"粗鲁"的举动感到非常的生气。我看过这段视频，有被访的外国人在镜头之下尽量委婉地反问记者："我们应该知道这些，是吗？"语气里又是受伤，又是不满，又是愤怒，又是忍耐。他们只当是中国人纯粹想要他们难堪。但是他们不知道中国人行为背后的幽默感。外国人常被戏称为"老外"，在这个称谓里，既有认为他们总也无法成为中国人的无知和格格不入，但与此同时又觉得他们可爱。节目组也许只是想着外国人的"无知"比较有趣而做这样的节目，但是并没有想到它有可能令外国人感到如此被冒犯。我在访谈中试图和玛丽说明这一点，但是换作我是玛丽，可能也难以理解中国人言行之外的全部意义。

（二）基于国别或（和）种族的刻板印象："你是哪个国家的？"

美国白人留学生杰克在和中国人交流的过程中，认为中国人对于种族和国别的好奇心总是胜过对于个人的关心。这样的交流倾向使得杰克联想起美国人所谓的"racial profiling"——以种族背景判断个人，而不是客观地看待他人。这是他在跨文化人际交往的过程中感到最"不愉快"的经历。

> 我：你在和中国人的交往中，有没有注意到什么文化的差别吗？
>
> 杰克：最明显的差别是他们开始谈话的方式。他们见到你，一张口就问：你是哪个国家的？第一个问题总是如此。接下来他们问：你来这里几年了？每次都是这个模式。我想他们是出于好奇，但是问得我筋疲力尽。我发现这样的谈话至少每天 5 次。如果你到美国，和不同的人说话，他们会问你不同的问题。但是中国人总是一样的问题。
>
> 我：和美国人第一次见面，他们问什么？
>
> 杰克：可能是多大了？学什么？但是在中国，总是带有种族的意识。他们总是想问你从哪里来，而不是你在做什么。有时候很是冒犯，他们见到你，问出第一个问题表明他们首先意识到的是你是外国人。在美国和英国，这样问是令人很感冒的。
>
> 我：因为他们首先意识到你是外国人。
>
> 杰克：是的，但是我知道他们并不是这样，他们只是好奇。作为外国人本身并不让人感到冒犯，问题是他们一见到你，首先意识到的是外国人，然后开始说这个话题。特别是大学生，他们走上来，直接对你说英语，但是如果我是俄罗斯人呢，是罗马尼亚人呢？我想，英语虽然是国际性的语言，但是如果你想提升文化的包容度，加深文化的理解……
>
> 我：你不该判断，是吗？
>
> 杰克：是的，不要马上下判断。如果你认识那个人了，那你可以问。你从哪里来，你对什么感兴趣，在中国多久了。但是中国人总是先问这个。

留学生杰克虽然理解中国人对话中总是倾向于先问对方的国籍，是出于对外国人的好奇，并没有强烈的种族意识。但是以他的文化背景看来，这种问题预示着种族偏见。如果这是在他们头脑中出现的第一个问题，他们有可能在这个问题的基础上形成判断，从而影响今后全部的跨文化人际交往。在种族意识的屏障下，个人再也看不见其他的个人特质，这对于文化的包容和理解都没有好处。他感到不满意的是：中国人对种族的好奇心胜过对个体本人的关心。在他看来，正确的顺序应该是把种族归属作为个人的一部分，而不是个人被种族特征所掩盖。他因为中国人过于明显的"种族意识"而感到冒犯，尽管他理解中国人的初衷并非如此。

杰克只是对中国人的谈话过于"种族化"而感到不满，并没有提到现实中的国别偏见和种族偏见。但是根据其他美国留学生的观察，中国人对于不同国别和种族的外国人存在偏见。苏姗认为自己作为"说英语的美国人"而特别受到中国学生的欢迎。

> 我去什么地方，（中国人想）哦，她说英语的，我们去和她说话，从而冷落我身边会流利地说中文、英文和广东话的新加坡朋友，他们只是想和我说话。有时候好，有时候不好。不管如何，我想，好吧，继续说，但是我并不想说。（苏姗）

> 我不知道其他美国人是否会同意我的观点，有时候，作为一个会说英语的外国人有好处，但是有时候，中国人觉得，你的英语这么好，就对我们格外的好。有时候，我希望有人能够告诉他们这没有必要，我并不比英国人、新加坡人或印度人更好。我希望不要对我特别的好。（苏姗）

其他的美国留学生也发现自己在中国格外受欢迎。

> 我们谈到，这儿的很多西方人，觉得（中国人）对我们特别的好。我们显而易见是从西方来的，无论怎么看，也不是中国人，对我们非常好。（约翰）

> 中国人很友好，他们很好，想要知道你的名字，你从哪里来。因为我来自美国，我在英国一所很好的大学上的学，我感觉很多中国人对我太兴奋。他们是这样的兴奋，你美国来的，你是英国××大学毕业的。哇哦，太不可思议了。你知道，我在英国大学碰到的中国朋友，

我告诉他们我要去中国。他们说：那儿大家都会喜欢你的。你到中国
去他们会很高兴。我的意思是他们很好，很喜欢我在这里。此外，班
上一些中国同学，想要认识我，和我说话，成为我的朋友。（玛丽）

我想说的是，中国人，如果我错的话，请告诉我。很多中国人喜
欢交外国朋友，因为（他们认为）这很酷，很特别，有这样的想法。
（杰克）

但是并非所有的留学生都感到自己在中国是受欢迎的人。根据美国留
学生的观察，中国人对黑人有偏见，有歧视黑人的现象。琼是美国白人留
学生，珍珠是黑人留学生。以下是她俩的跨文化经历。

琼：我有很多次，设法乘坐出租车，但是出租车不停，尤其是我
和黑人在一起等车的时候，他们不停。
我：特别是你和黑人在一起的时候，出租车不太会停，是吗？
琼：他们不停，他们看我和黑人在一起，他们不会停。
我：那不和黑人在一起呢？
琼：那坐上出租车的可能性更大。
——有时候，他们不愿意停下来载你，绝对差劲。（珍珠）

我们从美国留学生的眼中看到，中国人对来自不同种族和国别的留学
生有不同的喜好，他们似乎更加青睐美国（西方）白人留学生。不管怎
么说，从访谈资料看来，美国留学生认为中国人对不同种族和不同国别留
学生的态度是不一样的。中国人的想法和行为在亚洲人中间不是没有普遍
性。根据日本学者的调查研究，日本学生也有这样的态度和行为倾向。日
本学生在国外一般与亚洲学生为伍，尤其是韩国人，或者是那些出现在欧
洲人面前的亚洲人。但是在国内，他们渴望与说英语的白人学生交往，忽
视校园里的亚洲学生和看似非洲人的留学生。也就是说，一旦日本学生回
到单一文化的国内，他们追随西方的渴望又开始复苏。①

① Yoko Kobayashi（2009）. Discriminitory Attitudes toward Intercultural Communication in Do-
mestic and Overseas contexts. Retrieved March 16, from http://link. springer. com/content/pdf/
10. 1007%2Fs10734 - 009 - 9250 - 9. pdf#page - 1.

刻板印象的生成和大众传媒的影响不无关系。当今强势的西方文化通过大众传媒等影响人们的观念。比如：西方影视在全球范围内都有广泛的影响。福柯在《话语的秩序》中认为话语不是一个透明的中性的要素，而是行使性和政治等力量的重要场所之一。在权力话语的影响下，人们自然在观念上接受了训导，认为西方是好的，形成了亲西方的态度。但是在大多数情况下，人们并不知道这些观念在多大程度上和实际情况相符合。

三 改进美国留学生人际适应的讨论

综上所述，美国留学生认为种族和国别的差异给中美跨文化人际交流造成了影响。中国人对于体貌特征的感知和已有的刻板印象是影响跨文化人际交流的两大重要因素。这两大因素不仅影响了跨文化人际交流的发生，如歧视行为；也严重影响了跨文化交流的质量，如误解、冲突、交往失范，等等。如果要改变跨文化人际交往的现状，就要对这两个因素进行干预，减少或者消除刻板印象，控制体貌特征对跨文化人际交流的影响。不少研究表明，留学生的社会适应不仅和个人的人际适应水平相关，也和东道国人民的支持相关。因此，有关适应策略的讨论应该从双向适应的视角出发。采取双向适应的另一个原因是美国留学生和中国人对留学生的跨文化适应现状都发挥了作用，都有能力改变目前的状况。

（一）美国留学生

对美国留学生而言，第一，应该从理论的角度说明人们对于体貌特征的关注和刻板印象的生成是正常的心理现象，也是跨文化人际交流中不可避免的现象。刻板印象的生成主要取决于两个因素："一是信息量。二是成员属性的特殊性。"[①] 由于跨文化交流的共享性差，人们关于某文化群体的信息越少，刻板印象发挥影响力的空间就越大。如：美国人在来中国之前，也有很多根据大众传媒形成的关于中国人的刻板印象。

第二，归因理论认为人们在交往中，都有对自己和他人的行为进行归因的倾向。由于在跨文化交流中容易造成归因的偏差，如访谈案例中，杰克和黑人留学生在自己的皮肤被他人关注的时候，想到的是种族意识。玛丽无法理解中国人的幽默感，只想到中国人采访他们的目的是为了愚弄。

---

① 关世杰：《跨文化交流学》，北京大学出版社1995年版，第185页。

可见，文化背景作为归因的参考框架，对归因有重要的影响。如果要改变美国留学生的归因方式，帮助他们了解中美国情和社会背景的差异有助于建立跨文化的参考框架，形成新的归因方式。中国虽然是个多民族的国家，但是在留学生经常活动的汉族居住区，所见到的基本上是以黄种人为主。美国却是以多种族和多元文化的国家而闻名世界。虽然中国在近代史上有"被动"的对外开放，但是对于和留学生有过接触的大多数的中国人来说，新中国开始接纳不同人种的外国人的历史是在改革开放以后，而中国对外开放的历史才30多年，因此大量接纳外国人的历史还不长；此外，国际流动也受到一定的限制，所以外国人以及不同种族和文化群体的体貌特征和文化依然是新鲜事物，难免引起大家的好奇心；对外国人群体的有限"信息量"也难免导致刻板印象的生成。意识到这一点，可以控制美国留学生对于种族问题的敏感性，对中国人在交往中的动机和意图做出较为正确的解释。

（二）中国人

对中国人而言，改进美国留学生的跨文化适应主要有两点。一是理解对体貌特征的关注给美国留学生或者其他种族的留学生带来的困扰，适当控制对他们的关注，理解关注有可能引发留学生的种族式反应。二是对刻板印象进行干预。从美国部分的分析结果看来，除了体貌特征之外，刻板印象主要分为两类：基于外国人的刻板印象，基于种族或国别的刻板印象。由此可见，中国人视美国留学生为外国人，有我和他的对立；就美国留学生和其他留学生以种族和国别分类，有他和他的对立。在这个过程中，有失公正。消除基于外国人的刻板印象要求公正和平等地对待自己和他人，消除基于种族或国别的刻板印象要求公正的对待各种族群体和各国留学生。心理学已经就刻板印象提出不少干预的方法。其中无偏见信念策略（chronic egalitarian goal）旨在"鼓励个体持有一种长期公正的目标，从而激发个体持有一种长期一致的消除偏见的内部动机。当个体的行为表现和他的目标行为表现不一样的时候，它就会发挥自我调节的作用，从而改变自身的外显态度"①。如果要改变当前的状况，就要强调树立公正对待各种族、各国文化群体的信念的必要性。由于宏观的无偏见信念策略根

---

① 庞小佳、张大均、王鑫强、王金良：《刻板印象干预策略研究述评》，载《心理科学进展》2011年第19卷第2期，第243—248页。

植于个体内部的信念系统，所以对于抵制刻板印象有长期性和根源性的作用。不仅仅是美国留学生，其他国家和种族的留学生也可受益于这样的信念。

从分析结果看来，无论是体貌特征，还是刻板印象，都是因为种族或（和）国别因素导致留学生的外在形象给人的印象过于强烈而使得交往中的中国人忽视了个体的感受，或是对某一个群体的认识过于简单而忽略了个体被尊重的社会需求。所以，改变目前的状况需要控制和扭转个人和种族国别因素对交际者造成的影响。熟悉性策略是刻板印象干预策略中的一种。熟悉性策略强调把个人化的信息而非把类别化的信息置于意识的最顶端。如果把个人化的信息放在意识的第一位，刻板印象就能减弱。相反，如果把类别化的信息置于意识的最前端，刻板印象就会增强。所以，应该强调从个体出发进行交流，以免与种族和国别有关的概念先入为主，影响跨文化人际交流的质量。

第二节　日本留学生：国际关系阴影下的跨文化人际适应

中日虽然存在国别的差异，但是因为日本人是亚洲人，在种族上与中国人同属于黄种人，在体貌特征上和中国人相近。所以日本留学生的跨文化人际适应和美国留学生有较大的差异。首先，他们没有因为体貌特征而被过多的关注。有研究对德、日留学生的跨文化社会适应进行对比，结果发现 76.47% 的德国留学生在"在外面经常被人盯着看"这条上感到适应困难，相比之下，日本在这方面有困扰的学生只有 4.76%。① 如同前面所说，由于中国人对黄皮肤和黑眼睛的黄种人自然有"认同"的倾向，所以日本留学生在社会交往中，作为外国人而被抬高价格的可能性也比美国留学生要小得多。受访的日本留学生比美国留学生多出近一倍，但是仅有个别的日本留学生谈到这样的遭遇，而大多数的美国留学生都叙述了这样的遭遇。正如美国留学生苏姗所说："日本留学生比我们好多了。"

日本留学生在跨文化人际交往中不是没有体会到刻板印象，中国人在

---

① 张婷：《德日在华留学生跨文化适应对比》，硕士学位论文，浙江大学，2011 年，第 14 页。

和日本留学生交往的过程中也不是没有亲日行为。但是所有美国留学生遭遇的人际交往问题在日本留学生面临的中日国际关系问题面前似乎都显得无足轻重。日本留学生在日本的教育环境中长大，对于影响中日国际关系问题有不同的看法。他们来到中国以后，虽然发现中国人并非国内舆论中描绘的对"日本人不好"的中国人，但是中日国际关系的阴影始终挥之不去，影响了他们在中国的跨文化人际交往。下面，我们先来了解日本留学生对中日历史和领土问题的基本态度和看法。因为他们正是抱着这样的态度和认识和中国人展开交流的。

一　背景：对历史和领土问题："不感兴趣"，"不重视"，"不知道"

由于日本留学生和中国人的教育背景不同，因此对横亘于中日国际关系中的战争和领土问题形成了截然不同的态度。与中国人较为热衷和在乎的态度相比，日本留学生对这些问题显得淡漠，他们认为日本人对这些问题"不感兴趣"，因为这属于"政治"的，非"现实"的，是"国家政府"之间的关系，和一般人没有什么关系。

> 我觉得现在关于钓鱼岛，没有什么兴趣。因为岛对于我来说，没有什么，所以很多年轻人都觉得这样的。有些人很关心，但是，有的日本人不太感兴趣。（小野）
> 很多很多日本人不感兴趣日本和中国的战争。（佐藤）
> 这样的事情不是现实的，对政治不感兴趣。然后对领土或者日本和外国的外交关系无所谓。（佐佐木）
> 在日本的教我汉语的老师，他对日中关系的历史很熟悉。我来北京留学前有个面试，那时候老师问我，你觉得中日关系怎么样，我说不出来（笑），我被批评了。我觉得历史，现在的什么岛，这样的问题，我觉得和一般的人民没有关系，是国家政府的关系。（铃木）

日本留学生的教育背景决定了他们对历史问题的重视、熟识和理解的程度。他们认为日本对中日战争的历史"不重视"。留学生松本认为日本的教科书对战争的描述很"简单"，而且没有"对不对之间的判断"。

> 我：那你们知道战争的历史吗？

松本：知道是知道，但是，他们没有那么重视这个部分。

我：在日本的话，你们在日本讲这段历史的话，是怎么说的呢？

松本：比如说，一九几几年发生了什么事情，很简单的说明。

我：它是说侵略了中国，还是说，有没有倾向，对还是不对？

松本：没有。

我：就是说在什么时候有对中国的战争？

松本：对不对之间的判断没有。

从日本留学生的访谈中，我们不难发现中日历史教育产生的效果完全不同。影响历史教育最重要的恐怕是教科书。中国学生在"勿忘国耻"的劝诫中长大，在中国历史教科书中，有对日本侵华战争的记载，中国学生对日军在战争中犯下的罪行印象深刻。但是日本的历史教科书在20世纪50年代以后，历经了三次大的斗争，在这个过程中，日本的右翼势力企图淡化、否定战争的侵略性质。这对教科书的内容产生了影响。日本留学生吉田以局内人的视角说道："在日本国内，对于教科书有三种意见，右翼、左翼和不感兴趣的人。文部省不得不考虑这三方面的意见，所以需要淡化。"结果，日本在教科书审定中存在改恶现象。如：把侵略换成"进出"，质疑南京大屠杀、细菌战和慰安妇等战争罪行。

中国和日本对于历史问题的认识是完全不同的，这种认识影响了中日学生对于历史问题的重视程度、印象、态度和看法。在日本淡化侵略历史的教育影响下，日本留学生普遍反映对中日的历史"不知道"，也"不理解"。对领土问题的认识则遵从日本的教育和舆论。

可能很多人也不知道战争的历史。但是在电视上说，中国说的都是错。所以很多人觉得最好的就是自己国家的意见，所以觉得中国不太好。可能很多人不知道钓鱼岛的真正的历史，但是我们还是看电视，感觉这个问题都是中国的错。（小林）

小野：现在的日本的年轻人不太理解中国和日本的战争问题，包括我也是不太理解。

我：为什么不理解呢？

小野：不学习。

　　我：就是在读书的时候？

　　小野：学习，但是我也是都忘了。小学的时候学过，我觉得日本也应该学习一些问题。

　　在下面的章节中，我们将看到中日两国在历史教育上的差异影响了日本留学生和中国人在中日国际关系问题上的跨文化人际交流。

二　日本留学生跨文化人际适应问题

　　中日国际关系对跨文化人际交流的影响主要有以下两种情形。在一般社会交往中，当日本留学生的交往对象为在公共场合遇到的商店售货员、出租车司机、火车上的乘客以及饭馆的服务员等萍水相逢的中国人时，日本留学生容易由于日本人身份而遭遇反日言行或者受到冷遇。第二种情形是在提到令人敏感的国际关系以及对国际关系有着重要影响的领土和战争问题时，这些问题在双方心中投下的阴影影响了正常的人际互动，往往令人际关系紧张。与此同时，日本留学生对国际关系阴影下的中日跨文化人际互动表达了自己的观点和看法。

　　（一）令人"失望"的反日言行

　　由于众所周知的日本侵华战争和最近的领土纷争，中日国际关系一直不好。日本留学生作为日本人在公共场合遭遇了歧视性态度、言语和行为。因为访谈恰逢 2012 年 9 月，因为钓鱼岛的领土纷争而掀起的反日高潮，所以日本留学生对反日言行的体会比较深刻。他们对反日言行感到"失望"、"不愉快"、"吃惊"和"不舒服"。

　　失望的？这个也是反对日本的活动，我跟一些外国人一起去吃饭，好像当地人也吃的，一顿饭大概 5 块钱、10 块钱左右的地方。我不说日语，但他们看我的脸，好像觉得我是日本人，然后他一直说：Japanese，Japanese，日本人，小日本，这样的。那时候，我觉得很多中国人，但我觉得有的中国人是不懂我们的心情，这样的。（小野）

　　我是日本人，所以我，中国和日本国家关系比较紧张的时候，比如以前我去食堂吃饭的时候，有一个在食堂工作的女孩子，对我说，你是日本人还是韩国人。我骗她，我是韩国人。她说，那可以，要是你是日本人的话，我不可以卖饭。有时候，我觉得不好的印

象。（松本）

在日本留学生的观念中，有各种各样的中国人：有"政治和一般人际交往能够分开的人"、"能够理解的人"、"中国的老师"、"中国的朋友"、"年轻的中国人"，与之相对的是"政治和一般的交往不能分开的人"、"不能够理解人"、"没有受过很好的教育的人"、"老人"以及从事社会服务业的人。后者可能是出租车司机、食堂的服务人员、在吃饭"五块钱十块钱的地方"出现的人。日本留学生对和前者的交流感到比较满意，因为他们较少有反日言行，对日本留学生比较友好；对于后者，他们则认为对日本人不是很友好，令他们在交流中感到不愉快。

（二）"难以沟通"的历史问题

日本留学生无论在和陌生人交往的过程中，还是在和同学朋友的交往过程中，都难免谈论起与中日历史有关的问题。不少留学生认为历史问题最难沟通。难以沟通的原因之一是知识的欠缺。由于日本留学生不了解中国人的立场。他们对中国人的反日行为感到难以理解。

> 我：还有你和中国人交往的时候，有没有这种没有办法沟通的情况。他不理解你，你不理解他？
>
> 松本：对，怎么说，中国人的领土问题，想法大概不太一样。发生这样的事情，突然很生气，日本人有时候不太理解中国人这样的情况。
>
> 我：日本人不理解什么？
>
> 松本：中国人的行为，常常举行示威、游行。
>
> 我：中国人游行，日本人为什么不理解呢？
>
> 松本：对日本人来说，钓鱼岛。日本（建国）已经买了钓鱼岛，对我们来说，大概是持有者。……日本政府买了，对我们来说是持有者，这样的情况和看法。

因为日本人对中日国际关系问题知之甚少，对于中国人的批评，日本留学生感到"真不舒服"，但是又无力反驳。

> 我：在和中国人沟通中，什么是最难的？

　　小野：年轻人还可以，但是和老人，比如"打的"的时候，司机说：你是哪国人？我说日本人，他就开始说岛的事情，有的人说没关系，这样的，我喜欢日本人；但有的人说，日本人是不好的，我觉得真的不舒服。还有，我对以前的事情不够学习，我不知道战争，或者岛的事情，所以我也不能说什么事，所以我以后应该学的。

　　上面小野的例子已经暗示了领土和历史问题对于人际交流的影响不仅仅在于知识的有无，还在于这些问题容易激发中日的民族情绪，一谈起这个问题，朋友和同学的身份立马转变为中国人和日本人的身份。谈论的问题很快就会转变成孰是孰非，中国人作为战争受害的一方对日本感到愤愤不平，而日本留学生也不会轻易承担罪责。孰是孰非的背后是民族自尊心的较量，而这种较量是不会相互妥协的。国家意识教育往往通过学校教育的途径进行，教科书是国家意识教育的有效途径。国家意识教育重在从智力和心灵两方面培养人们对自己国家的认同感和归属感。在日本修改教科书的历史上，虽然战后初期的日本对战前历史教育为政治目的所左右的弊端有深刻的认识并对教科书进行了较为彻底的改革，但是 20 世纪 50 年代后日本的三次教科书事件都是在试图通过历史教科书进行"爱国心"教育的目的下进行的。[①] 他们认为侵略战争的事实将影响建立日本人的爱国心，所以要对教科书进行修改。在这样的教育背景下长大的日本留学生，对历史的认识自然和中国人不同，爱国心却没有什么两样。在这种相持不下的心理定式下，本来正常的人际关系，一遇到中日历史问题，气氛就骤然紧张。在某些特定的情形下，由于敌对的情绪如此强烈，甚至能够感到来自身心的威胁。即便是同学朋友，也难以摆脱中日国际关系的阴影。

　　上个星期天，我和中国朋友一起去玩，去了一个和中日战争有关的地方。然后我们看到一个牌子说，说日本军什么的，所以他也比较紧张，说快走啊，不看了。（山口）
　　有一次我和日本朋友、几个中国人一起玩的时候，是去年的九月，在北京，有反日游行。我的朋友问中国人，你觉得钓鱼岛是中国的还是日本的。我那个时候很害怕，为什么你问那样的问题，但是一

---

① 臧佩红：《战后日本的教科书问题》，载《日本学刊》2005 年第 5 期，第 135—150 页。

个中国人说，他看起来兴奋一点，他对我们反问，你们觉得怎么样。
我说我不知道，但是他说是日本的。我很害怕，但是别的中国人说：
没事没事。以后没有什么特别的不舒服的。（佐藤）

　　伊藤：我和中国人打交道的时候，常常感到失望的是：中国政府
和日本政府的关系不好，不是国民和国民的交流。
　　我：是中日的历史？
　　伊藤：中日的历史，还有领土的意识。
　　我：怎么感到失望？
　　伊藤：呵呵，是因为我们，我提到中日的关系的时候，他们，那
个人和我的关系很好。我一提到，他的态度一下子变了。

我在访谈过程中，也感到有关中日关系的谈话最棘手，最敏感。谈到
中日关系，马上感到我和留学生之间作为中国人和日本人之间的对立，日
本留学生在这个话题上的防御心理最强。虽然被访留学生一般认为领土问
题"各有各的说法"，对于战争，他们倾向于认为是"日本的错误"，但
这并不意味着日本留学生愿意为历史承担错误而接受指责。对于中日国际
关系阴影下的跨文化人际交往，他们抱有自己的看法和想法。

三　日本留学生的认同与策略

从日本留学生就国际关系问题上的认同来看，他们希望中国人和自己
一样能够分清国际关系和人际交往；希望自己具备历史的知识以便能够和
中国人进行交流；希望中国人少看国产抗日电视剧，减轻对日本的仇恨
情绪。

（一）把"政治和一般的人际交往分开"

日本留学生不满中国人的反日言行，对这种现象，他们提出了自己的
看法：把政治和一般人之间的交往分开。

　　我：中国人和日本人在战争和领土问题上很难沟通，你对这个问
题怎么看？
　　山口：我觉得这个是国家和国家的问题，不是个人的问题，不应
该影响到个人和个人之间的关系。

　　伊藤：比如说，这个钓鱼岛的问题，是政府和政府的问题，不是经济的问题。他们不买日本的车，日本的电视，日本的（商品）。

　　我：然后你怎么想？

　　伊藤：我想的是应该分别政府和经济的关系。

　　日本留学生赞同能够分清"国家和人的事情"的老师、年轻人和朋友；不赞同分不开"政治"和"人际关系"的"老人"、"服务员"等。在下面的例子中，日本留学生小野和高桥分别表示了他们喜欢和不喜欢什么样的中国人。

　　　　我刚刚来北京的时候，有个反对日本的活动。那时候，他们非常关心我们身体的安全。他说你们别玩，好像日本大使馆的地方等等的。我们老师都懂日本和中国的事情。很多中国人知道，国家和人的事情是不一样的。（小野）

　　　　9月的游行，他和北师大日语系的中国朋友到王府井观光，商店里的一个服务员，他和中国朋友用日语来交谈会话的时候，一家商店的服务员指着他们说：日本人日本人。他觉得中国人有两种人，政治上和一般的人际交往能够分开的人，另外一种是分不开，把政治的问题放在人和人之间的交往。他认为后者是没有办法改变他们的想法。日本的老师也担心，不能改变想法，所以也说不要在意。他和那个朋友，那个朋友告诉他：别在意，那样的人，那样的人对中国人也做不好的事情。所以，中国也有两种人，能够理解和不能够理解的人。去餐馆的时候，也遇到有人想要打他，这种人是没有办法的。我们在中国生活的日本人，没有做什么坏事。但对在中国的日本人做那样的事情，没有办法，不能改变他们的行为，我喜欢中国人，但不能喜欢那种分不开政治和人际交往的中国人。（高桥的访谈录音是现场日语翻译的口译记录）

　　日本留学生可能确实有这样的观念，政治和个人生活没有太大的关系，对政治问题不感兴趣，不是很热衷。我在和日本学生的非正式交流中，他们提到中国人比较喜欢谈论"钱"和"政治"，而日本年轻人谈论的话题和生活更加密切。在前面的背景部分，日本留学生也明确表示对国际关系不感兴趣，因为国际关系和现实生活无关。但是日本留学生对于国际关系的淡漠更多的和他们的教育背景有关。由于日本的教育不重视这段历史，因此，对于中国人来说是屈辱和惨痛的历史却没有在他们的心中留下印痕。在这样的前提下，把国际关系和人的交往分开更为容易。事实上，完全分开国际关系和人际交往在某种程度上很不容易。因为民族自尊心是个人自尊的一部分。日本留学生在访谈中的防御心理就证明了这一点。中国人确实有过激的反日言行，日本留学生也确实没有做过什么坏事，但是如果日本留学生了解中日历史的话，可能也更理解现在中国人的"心情"。

（二）"我需要中日历史的知识"

由于中日两国对历史重视的程度不一样，日本留学生在和中国人触及历史问题的时候，中国人一触即发，滔滔不绝；相比之下，日本留学生对历史知之甚少，不知从何说起。在这样不平衡的情况下，无论是出于沟通本身的需要，还是出于捍卫民族自尊心的需要，日本留学生都感到学习历史的必要性。

我：如果日本留学生和中国人交往，日本人应该知道什么，明白什么？

铃木：应该学习历史吧。我觉得中国的年轻人比日本的年轻人对日本的历史的了解更深，日本的年轻人对历史有兴趣的比较少。可能知道历史，就更加容易沟通吧。

我：日本的年轻人对历史不关注吗？

铃木：没有兴趣的人比较多。可是中国的年轻人比较多，有兴趣的。

小林：然后中日关系的时候，我其实不太有中日历史的知识。有时候，我感到我需要中日历史的知识，以前去哈尔滨旅游的时候，我坐出租汽车，司机问我，钓鱼岛是中国的还是日本的，那时候，我不会说好的回答，这个是我最大的后悔。

我：什么是好的回答？

小林：我想说是日本的，但是没有好的知识、根据和内容。

我：那时候，你怎么说的呢？

小林：我说是日本的，但是司机说是中国的，然后说以前那里怎么的，然后我没有办法说。

我：为什么感到后悔呢？

小林：因为我来到中国后，中国人把我当作日本人看，如果我说不多的话，他们觉得日本人想得很差，想得很少，没有自己的意见。所以我代表日本人，应该要有很多的意见。

日本留学生感到学习历史知识的需要，并非出于想要了解历史真相的好奇心，而是出于沟通和交流的需要。了解历史，以免在这个问题上说不上话或者无法捍卫自己的民族自尊心而感到后悔。

（三）抗日影视：增加"对日本人的反感"

在中国学习和生活的日本留学生有机会看到不少以抗日为题材的电影和电视。对此，他们表示此类电影电视"太多"，他们"不同意"抗日剧中塑造的日本人形象，不赞同中国人看太多这样的电影，因为"对年轻人不好"，会增加他们对日本人的反感。

我看电视的时候，有很多播放日本和中国的战争的电影，我觉得太多，所以如果中国人看那个电影的时候，肯定不喜欢日本。（小野）

有的日本人对中国有反感。比如说晚上，在电视上，有战争的电视剧，那些在日本完全没有。中国人看那个长大，有日本人是敌人的感觉。在日本，如果我们去借 DVD 的地方，当然有战争的节目，但是一般我们不看那样的。中国人看那个增加对日本人的反感。（千叶）

我不同意中国的抗日电视剧。那个电视剧的日本军人不是日本人。（伊藤）

铃木：电视上有很多和日本有关的电影。

我：是抗日战争时候的？

铃木：对对。

我：你觉得那些电影怎样？

铃木：我不喜欢看那样的电影，所以没有看过，我觉得对年轻人不好。

日本留学生认为没有办法改变当前的国际关系，但是就国际关系问题提出了自己的看法和策略。他们希望中国人把"政治和人际交往分开"，少看抗日题材的电视剧，才能促进中日民间的跨文化交流。希望自己知道更多的历史知识以便和中国人就历史问题交换意见或进行辩论。但是对于中国人来说，抗日电视剧虽然有可能有失客观，但抗日影视也是"牢记历史，勿忘国耻"的一种鞭策。如果日本留学生从自身反对抗日剧的体验来看中、韩两国对日本历史教科书改恶的态度，抗日剧的问题会显得微不足道。虽然反日言行对于在中国"没有做过什么坏事"的留学生而言过于激烈，"政治和人际交往分开"也不是没有道理，但是民族自尊心上自我认同的一部分，作为战争受害国的民族心理难以平复。所以，中国人和日本留学生的共识也许在于日本留学生应该学习更多的历史知识，反省中日对待历史的不同态度，理解中国人和日本人在战争和领土问题上截然不同的立场和心情。

日本留学生来中国学习，不仅仅是寻求知识，还有一个更加重要的目的是促进国际理解。其实，日本留学生已经在国际理解上发生了作用，在来中国之前，日本留学生对中国抱有成见，这些成见多半形成于日本媒体。日本媒体传播的中国形象是"中国人不好，中国人对日本人不好"，但是日本留学生来到中国以后，这类刻板印象迅速消解，很多日本留学生认为中国人"很热情"，很"好"，原来从国内媒体中获得的中国形象是一种"误会"，不是"真正"的。如果日本留学生在难以沟通的中日历史问题上有进一步的了解，中日国际理解或许能够再往前迈进一步。

第三节　本章小结

国别和种族的差异是影响美、日来华留学生跨文化人际适应的一个重要因素。但是美国留学生和日本留学生在国别和种族差异上遭遇的跨文化人际交往问题却有所不同。

对于美国留学生来说，首先是种族差别引起的体貌特征差异对中美跨文化人际交流形成的困扰。亚裔和非亚裔留学生在体貌特征上遇到的跨文化人际交往问题也存在差异。前者需要应对体貌特征而引起的过多的关注；后者则有可能被误认为是中国人而遭遇冲突。刻板印象是美国留学生在华人际适应的一个难点。中国人对美国留学生的刻板印象可以分为两类：基于"外国人"的刻板印象，基于种族和（或）国别的刻板印象。刻板印象给美国留学生造成的困扰主要是个体被刻板印象所遮蔽，"外国人"身份和某国某种族的身份优先个体而存在。刻板印象的具体困扰体现为：各种族和国别的留学生没有被公平对待，个体没有得到尊重，引起交流中的误解。针对影响美国留学生适应的体貌特征和刻板印象，提出了双向适应的策略。对于美国留学生而言，应该理解对于体貌特征的关注和刻板印象的生成是正常的心理现象。另外，美国留学生对于中国文化背景的了解有助于他们理解中国人的各种好奇，以便对于交往中的言行形成正确的归因和解释。对于中国人而言，应该理解体貌特征引起的关注对美国留学生造成的困扰，适当控制关注言行。对于刻板印象的消解，则主要采取熟悉性策略和无偏见策略进行干预。熟悉性策略把个人化信息置于交往的前端，把类别化信息置于后端，抑制刻板印象的作用。无偏见策略强调公正地对待各留学生群体，抑制因为对于不同国别和种族的偏见导致的不公正行为。

日本留学生在跨文化人际交往上，较少由于体貌特征造成跨文化人际交往的不适应。他们的问题主要是中日由于战争和领土问题而恶化的国际关系对跨文化人际交往造成的影响。中日两国对于战争和领土问题的态度和立场完全不同，结果日本留学生和中国人对于战争的了解程度，对于领土问题采取的立场大不相同。彼此之间存在的分歧对日本留学生在中国的跨文化人际适应主要有两方面的影响：遭遇中国人的反日言行；感到国际关系问题难以沟通。为此，日本留学生提出中国人应该分清国家政治和人际交往才能促进中日交流；不赞成反日题材的影片，因为这类题材的影片增加日本人对中国人的反感；认为自己应该学习更多的历史知识，才能和中国人更好地交流并捍卫自己的民族自尊心。笔者认为鉴于目前的国际形势，中日之间比较能够在日本留学生应该多学习历史这一点上达成共识。

第四章
社会公德水平的高与低

　　留学生在社会公共领域的人际交往是留学生社会生活人际适应的重要组成部分。公共领域的人际交往贯穿留学生留学始末。在这里，公共领域定义为："日常生活中的公共领域，即个人与公共财产或无特定关系人所构成的公共场域，这个场域包括两个部分：其一是公共使用的空间，其二是个人行为对私人关系圈外所能造成影响的范围。"[①] 在中国的近代社会，梁启超提出公德和私德的概念，"公德者何？人群之所以为群，国家之所以为国，赖以德焉以成立者"[②]。意即公共生活的伦理。在当代社会中，社会公德一般被认为是社会生活中最基本、最一般的行为准则，是全体公民在社会生活中应该共同遵守的准则。对于这些普遍的行为准则以及相应的行为，在各个国家和各个文化中却存在差异。这也造成了美、日留学生在公共领域的跨文化人际适应问题。

第一节　美、日留学生公共领域的
跨文化人际适应主题

　　我国在 2001 年 9 月颁布的《公民道德实施纲要》指出：社会公德涵盖了"人与人、人与社会、人与自然之间的关系"[③]。社会公德的主要内容是"文明礼貌，助人为乐，爱护公物，保护环境，遵纪守法"[④]。与上述三组关系相应的公德规范有：保护环境的公德规范，包括不乱扔垃圾，不随地吐痰等；协调人和团体关系的公德规范，包括遵守交通规则，爱护

[①]　陈星：《公民社会公德研究——以企业公民为视角》，硕士学位论文，上海外国语大学，2013 年，第 7 页。

[②]　李华兴、吴嘉勋：《梁启超选集》，上海人民出版社 1984 年版，第 211 页。

[③]　《公民道德建设实施纲要》，中发〔2001〕15 号。

[④]　同上。

公共财物，遵守公共秩序等；调节人和人之间的公德规范，要求文明礼貌，诚实守信，助人为乐等。研究发现，留学生在上述三个方面均存在适应问题。他们的适应情况基本一致，但又有区别。在人和自然的这个维度，他们同时对破坏公共环境的行为感到难以习惯，具体体现在卫生环境和声环境两方面。在人和社会的这个维度，他们对于有违公共秩序的行为感到无所适从，具体体现为不排队，不遵守交通秩序。在人和人之间的关系这个维度，美国留学生和日本留学生的不同之处在于：美国留学生遭遇欺诈的情况更多。

一　公共环境："吐痰"，"大声说话"

卫生环境和声环境是公共物理环境的两大基本构成。美、日留学生来到中国就感到了公共场所由于文化的不同而造成了不同的卫生环境和声环境。首先，美、日留学生对破坏公共环境卫生的行为感到难以习惯，如"吐痰"，"擤鼻涕"，随地大小便，厕所不干净，等等。他们认为在日本和美国"这样的事情没有"，或者"一般不会"，社会大众会自觉保持公共环境卫生。所以"普通的中国人"堂而皇之随时随地吐痰的行为，在留学生看来，是"不正常"的。日本留学生对这些破坏公共环境卫生的行为感到"惊讶"、"奇怪"、"难以习惯"、"难以接受"。

　　我觉得中国的环境不太习惯，因为那个，中国的母亲，让孩子随便小便。这个是可以改变的。（小野）

　　我：那你觉得，在和中国人交往的时候，有什么让你觉得惊讶的？
　　高桥：刚来北京的时候，最吃惊的事情是，去麦当劳，然后看中国人对地面（吐痰），那个地方不适合做那样的事情。在日本的话，在商店和餐馆里做那样的事情没有。

　　我：有些文化差异还可以接受，会不会有些让你很难接受的？
　　加藤：很难接受的就是：在外面吐痰。
　　山本：擤鼻涕。但是我觉得他们的技术很好。从前面往那边风刮过来。刮风的时候，他们就是，怎么说呢，随着风擤鼻涕。

日本或许恰好又是特别喜欢干净的国家。留学生认为日本人对洁净有"强迫感"，"日本的洗手间都很干净，这是习惯，公共场所干净"。中日公共卫生环境的反差令日本留学生感到不适应。美国留学生也看到同样的行为，尽管他们认为在美国也不是没有人吐痰，但是相比于中国人旁若无人地破坏公共环境卫生的"公开的"、"粗鲁"的行为，他们觉得美国人为了礼貌还是有所克制，或有一定的理由，如因为抽烟、生病而吐痰。

> 我知道在美国，男生会吐痰，但是不会在女性面前吐。在纽约，人们可能会到处吐，开车的时候，抽烟的时候，把窗户摇下往外吐痰。我们也吐，有时候吐。但是走在街上，随便吐，我觉得吐在泥土里，草里还好，在人行道或在他人汽车前吐痰不好。还有，在中国，有些小孩，直接在马路上上厕所，在美国不会，从来不会。（杰克）
>
> 人们不常吐痰，如果吐了，一般是病了，或者是抽烟。（?）
>
> 如果我感冒，我会吐痰。但是这不是正常的情况。很多抽烟的穆斯林也会吐痰，但是这不是很糟糕。你知道，一般吐痰要吐在大家不走的地方，街上或者垃圾筒，草丛和其他别人看不见的地方。（茉莉）

> 琼：我遇到过不好的事情，有人把痰吐到我包上，在地铁里。就在我包上，很糟糕。
>
> 我：你对他说什么了吗？
>
> 琼：我站起来，看着他，真是恶心。另一个妇女和他说：不要吐了。因为他一直往窗外吐痰，很粗鲁，很脏。

除了吐痰之外，留学生也很快感到公共场所的声环境的差异。中国人给他们留下了"大声说话"的印象。声音大的印象不仅仅是汉语的副语言特征，还因为留学生认为中国人违反了在公共场所自觉保持安静的社会准则。他们对此感到不满，难以习惯。

> 大部分的中国人说话声音大，但是可能在中国的话，一般，但是在日本的话，很大。可能我们的声音比较小，而且特别是公共场合。

所以那样的时候，我们觉得中国人不介意别人看怎么样的。不想融入到社会。（山口）

最近遇到一些不文明的事情，我去看电影，看电影的时候，有人突然接了电话，没有把电话关上。（中村）

佐佐木：同学，中国朋友应该没有，但是在外面的人，在公共的地方，大声说话。

我：你感觉这种行为怎么样？

佐佐木：没有礼貌。

我：为什么？

佐佐木：因为在公共的地方的话，对我来说安静是一般的事。然后不习惯。

美、日留学生都认为应该自觉维护公共场所的干净和安静，较之美国留学生，日本留学生对自己和他人的要求都更加严格。但是从中国人的言行上看，他们对于是否维护公共场所的安静和整洁有很强的随意性，似乎不受什么规则的约束。

二 公共秩序："不排队"，"闯红灯"

公共秩序既包括以文化规范的形式约定俗成的秩序，如：买东西要排队；也有以法律规范的形式明文规定的社会秩序，如：遵守交通规则。但是无论在哪个方面，美国和日本留学生都发现中国人的习惯有所不同——不遵守公共秩序。如果说对有违公共环境卫生的行为感到"难以习惯"和"难以接受"，对不遵守公共秩序的行为，尤其是对于"排队"和"插队"，他们觉得"很生气"，被"冒犯"和难以理喻。"我明明在排队"，中国人却若无其事地插在自己前面。

我：在人际交往上，有没有让你觉得生气的？

佐佐木：排队？插队？

我：和中国人交流的时候，有没有被冒犯的时候？

松本：中国人口很多，他们不排队的时候，从后面来的人，从后面说，我要一杯咖啡，实际上我还没有买。

中村：还有去厕所排队的时候，被插队了。我明明站在那边排队。

有时候，我觉得生气，但这通常是和我不认识的中国人在一起。我们排队等候上厕所，令我感到非常生气的是有个中国女人径直走到你前面。我明明在排队，但是她就进来了。我没有和她说话，所以可能我不知道，我想是她的样子让我很生气，她似乎对于自己插了我的队而全然不觉，但是我不知道（她的想法）。（玛丽）

留学生对于不遵守交通规则的行为，如乱穿马路，无视红绿灯的行为，虽然也不认可，但是从适应的角度来说，更容易。他们或者容忍这样的行为，或者同化于乱穿马路的人群中。

我：感觉到哪些文化差异？

高桥：交通规则，红绿灯。红灯的时候，有些汽车进去，如果在日本生活的话，很生气。

但是在中国生活的话，能够允许那些生活的差异。

加藤：有时候排很长的队，我的朋友也插队，就不排队。那个，我……不太习惯。

山本：我来北京以后，已经习惯了插队，还有闯红灯。

我：闯红灯，都学会了？

山本：比较方便。

美、日留学生眼中的中国人无视公共秩序，在社会公共领域的陌生人之前比较自私，随意。宁可满足自己的愿望，也不愿考虑他人的感受。美、日留学生从小就内化了的社会规则，对中国人却比较淡漠。公共秩序的规则对于美、日留学生是必须遵守的，对于中国人却可有可无。用美国留学生茉莉的话说："不排队，在中国社会是正常的。"

三　公共领域人际交往："宰我"

前两个主题基本是留学生对他人的言行做出的心理反应，这个主题是留学生和他人直接进行语言和非语言的交流。研究发现：与日本留学生不同的是，也许由于美国留学生显而易见的西方人外表加上中国人认为外国人富有的刻板印象，美国留学生在公共领域遭遇欺诈可能性更高。中国的商贩和出租车司机缺乏诚信，乱涨价、虚报价格或者绕远收取高价。但是这种缺乏诚信互动的原因更在于美国留学生是"外国人"——不了解中国的情况。部分服务业从业人员因此想"利用他们"。美国留学生不得不适应于这种令人感到"糟糕"和"特别受挫"的社会人际交往。

> 杰克：糟糕的事情？没有，就是购物出行的时候，会碰到很多出租车司机。遇到钱的问题，大家就很紧张。还有一些人，见你是外国人，他们就想占你的便宜。你知道，你不是所有的事情都明白。所以，他们会告诉你不同的价格，那种事情。
> 我：你怎么知道他告诉了你不同的价格？
> 杰克：因为我看了里程表。他们说的价格完全不一样。
> 我：你通常什么反应？
> 杰克：我说不，这是价格。他们说，哦，当然。
> 我：这样的司机遇到过几回？
> 杰克：十来次。

珍珠觉得出租车司机是令人感到"超级受挫"的群体，她不得不与那些待人不诚的出租车司机斗智斗勇。

> 我：有没有什么令你失望的事情？
> 珍珠：出租车司机。当我知道我被宰的时候，因为我在北京玩过，所以，当你发现坐了一段时间，当情况不妙，他们总是这个模式，他们开始看你，我就意识到，好了开始了。那时候总是感到很失望，因为他们又决定开始做坏事。你得想办法。
> 我：你说什么呢？
> 珍珠：我说"你好"，为什么，我指着里程表，说：你去哪儿？如果司机不理我，（尽管）他们会说英语，但是当他们想要宰我的时候，他们不说英语。你不认识北京，所以我打电话给我的会说中文的朋友。大多数的时候，我带笔记本电脑。我（打算）把司机的驾驶

执照拍下。我不会大声说话，保持平静。通常等我到达目的地，我拍下照片，告诉他这样做不对。我通常和他讨价还价，要一个合理的价格。有个司机在雍和宫把我接上，把我带回来。一般在凌晨两点没有车，不会超出 20 元，但是要价 40 元。这不可能，所以我拍下照片。他说：你为什么拍照，这时候他说英语了。我说因为你骗我。你如果要我付 40 元，我就告你。他说：把照片删了。我到宿舍了，我听他说话，打开车门说：如果你降价，我就删，因为这个价格不地道。我先把照片删了，付了 20 元，另一个中国人想要上车，我告诉他：别上，他不地道。

与出租车司机一样频繁虚假报价的是商贩。美国留学生在公共领域的跨文化人际适应始终充斥着这种缺乏诚信的情况。想要"骗"我们，想要"利用"我们，是美国留学生对这部分商贩和社会服务从业人员内在动机的基本看法。美、日的公共领域的人际关系是受规则约束的，无论这些规则是内隐还是外显。陌生人之间也有规则和礼节。相比之下，中国人在公共领域是个人欲望和规则的混合体，出现哪番情形还得看具体的情境。

公德的缺乏似乎不是最近才发生的事情，近代中国的文人学士和来华的外国人，对中国人缺乏公德的现象早有诟病。"我国民所最缺者，公德为一端也。"① "在公共场合，再没有比中国人更缺乏礼节的了。"② 不知前人这样的评论对现在的中国人是否有失偏颇。但是在美、日留学生看来，中日和中美之间在上述的公共环境、公共秩序和人际交往方面的言行差异很大。

第二节　影响美、日留学生公共领域
人际适应的文化成因

在这里首先要说明的是，从访谈资料来看，就美、日留学生的跨文化

---

① 梁启超：《十种德性相反相成》，载沙莲香《中国民族性》，中国人民大学出版社 2012 年版，第 58 页。

② ［英］库克：《诱人的课题——中国国民性》，载沙莲香《中国民族性》，中国人民大学出版社 2012 年版，第 11 页。

人际适应而言，日本留学生对不排队和吐痰的行为印象深刻，而美国留学生印象最为深刻的是抬高价格，虚报价格这样的现象，其次是不排队的现象。美国留学生的公平感和日本留学生的耻感意识是造成中美和中日公共领域行为表现的文化成因。换句话说，本节想要从留学生的观念层面回答这个问题：为什么美、日留学生能够自觉遵守公共规则，对陌生人以礼相待？

一　美国留学生："有强烈的公平感"

在美国留学生的观念中，公平首先意味着自己和他人处于平等的地位，应该尊重别人，重视他人的存在；其次大家应该通过遵守社会规则实现人和人之间的公平。因为公平的观念如此深入人心，所以美国留学生对于公共场合的自私自利，破坏公共秩序的行为会"非常生气"，并会出面自觉地维护排队的秩序。相反，他们认为中国人在公共场合的表现比较"自私"、"不礼貌"、"不尊重人"，无视社会规则，"我得到的就是我的"。

> 这很自私，对别人不尊重。我已经排了三个小时的队伍等着上车去长城，刚排到前面，一群排在我后面的中国人挤到我前面先上了车，还有的是并非排在我后面的中国人。但是我已经等了三个小时，非常不尊重人。他们的想法是：我无论如何也要先到那儿，很自私……我们的教育是，如果你排队，你得等着轮到自己。（琼）
>
> 插队是不礼貌的。美国人有强烈的公平感，但是在中国，人们好像是：我得到的就是我的。我们对于插队的人是非常愤怒的。（茉莉）
>
> 美国人不会允许插队的人得逞。有人会说：你，站回去。（约翰）

对于抬高价格，虚报价格，美国留学生琼认为和公平及诚信的观念有关。

> 举例来说，我是商人，我卖肥皂，我卖得很贵。在美国，你想要别人怎么对待你，你也怎么对待别人的想法众所周知。我诚实地对待你，所以也希望你诚实地对待我。（琼）

法制也是实现社会公平的一种手段。

　　如果你去买蔬菜，通常各处的价格是一样的。商店里卖多少钱，就会卖多少钱，他们不会说：我卖这个人多少，因为他从这个地方来。这是诈骗，会被逮捕。会有阻止这类事情发生的办法……（琼）

　　值得一提的是，在写作期间，刚好在电视上看到美国纽约警察执法过度，一名84岁的华裔老人在乱穿马路时，被警察开传票并因此发生冲突。[①] 此新闻引起国内媒体的一片哗然，原因之一不能不说和被罚者的年龄有关。在中国，老人违反交通法则多少也应该予以宽容的想法；但是在这个案例中的美国警察却不这样想。这个例子虽然和留学生没有多少关系，但是法制观念在某种程度上也体现了人际公平——无论年龄、性别和种族背景，都要遵守公共秩序。

　　中美为何在公共领域有这么大的文化差异？如果单从文化的角度来说，美国留学生在公共领域体会到的文化差异可以追溯到中西方文化传统的差异。梁漱溟认为中西文化的分水岭在于宗教问题。西方以宗教为中心，转向大团体生活，而"家庭以轻，家族以裂"。中国以非宗教的周孔教化为中心，转向伦理本位，"家族和家庭生活而延续于后"[②]。由此，两种文化对于个人、家庭和团体这三者的重视程度不同。在西方社会，团体和个人是两个实体，家庭较不重要；在中国，家庭是实体，而团体和个人的比重较轻。[③] 因此，在中国，以家庭主义为本位形成了差序格局，西方形成的是团体格局。团体格局以个人为本位，每个人在人格上是相互平等的关系。差序格局则"以己为中心，像石子一般投入水中，和别人所联系成的社会关系，不像团体中的分子一般，大家立在一个平面上的，而是像水的波纹一般，一圈圈推出去，越推越远，越推越薄"[④]。因此，中国人的为人处世的态度和行为会随着人的亲疏远近的改变而改变，奉行"爱有差等"的原则，在公共领域的陌生人类似于最外面的那圈水波纹，也是在人际关系上比较不在乎的一般他人。对于美国留学生来说，美国以

---

　　① 《华裔老人闯灯被警察打伤，登上头条，非美媒同情华人》，中国新闻网，http：//www.chinanews.com/hr/2014/01－24/5774783.shtml，2014－01－24/2014－03－17。
　　② 梁漱溟：《中国文化要义》，上海人民出版社2011年版，第51页。
　　③ 同上书，第77页。
　　④ 费孝通：《乡土中国》，北京出版社2004年版，第34页。

个人为本位，崇尚大家同在一个水平面上，公平对待每个人，奉行的是
"平等博爱"的原则。因为有这样的文化差异，所以美国留学生在公共领
域期待的公平现象，在中国则会出现不遵守规则，较为自私的现象。与此
同时，我们也认识到：单从文化原型来认识留学生在跨文化交往中看到的
文化差异是不够的，其中也包含着教育的问题和法制的问题。但是文化不
会没有影响。

二　日本留学生："在公共场所不能做不好的事情"

（一）"礼貌"：公共领域的人际规范

我在采访日本留学生的时候，感觉他们对"礼貌"一词的使用比我
原来想象的要广泛。对于礼貌，我原来的理解一般限于让座，向老师问好
之类的对他人表示敬意的言行。但是日本留学生对于所有上述不在乎公共
环境卫生，不遵守公共秩序的行为，都认为是"不礼貌"的行为。

> 我：你说的基本礼貌是什么？
> 山本：不要吐痰，欺负别人，浪费食物啊。
> 我：如果把公共场所弄脏，比如：扔纸，还有其他的。这些是不
> 礼貌的行为吗？
> 山口：不礼貌，没有礼貌。

在日本留学生的观念中，礼貌意味着什么？为什么对于上述的行为，
他们不认为是没有公德，而是认为没有礼貌呢？在中国和日本的观念上，
存在什么样的差异呢？分析发现，礼貌首先意味着是站在他人的立场，为
对方考虑。留学生山田初来乍到时，有个文化现象令她感到惊讶："旁边
的人"没有礼貌，而"中国的老师"则很有礼貌。原因是老师会倾听
"他们的想法"；而"旁边的人"自私自利。

> 山田：中国老师和旁边的人不一样，很不一样，他们习惯外国
> 人，有マナー（礼貌）。我的老师是中国人，他们教外国人汉语，他
> 们知道マナー。我觉得旁边的中国人没有礼貌。
> 我：你为什么觉得中国老师有礼貌，旁边的人没有？
> 山田：比日本人，东京人，有的人没有礼貌，没有说谢谢，没有

说不好意思。坐公共汽车的时候，在日本，人们一个人一个人，坐成一排。可是中国人很多人一起坐，我不能坐，我的书包掉在地上，然后分开了。

我：在哪些方面，看中国老师有礼貌？

山田：他们听我们的想法和意见，我们（来自）很多国家，有的人英国，有的人意大利，有的韩国人，我们的想法不同，老师的想法也不一样。

我：重视你们的想法。

山田：对对对。

对于公共领域的行为表现，中国人倾向于从是否有"公德"的角度来评论，重点在于一个人是否具备这种利群的素质；而日本人从"礼貌"角度来看，重点在于一个人的行为对他人有什么样的影响。日本的个人具有关系体的特征，即个人在公共场合就不应该表现真实的自己，而是公共关系中的个体，要以社会人的面貌出现，否则难以融入社会。因此人际关系中的日本人总是从他人的视角考虑自己应该怎样行为才是合适的。这也是中国以公德论，日本以礼貌论的差别。中国人从个体的道德的角度出发来考虑自己是否有利群的素质，而日本从他人的视角出发，来看待自己是一个怎样的人。

（日本人考虑）做一件事情会不会影响别人，比如说在地铁里打电话，别人会感到怎么样。或者会不会影响别人。所以不敢做。不过，在中国的话，不太要考虑别人，比较我行我素。（千叶）

礼貌除了为他人着想这个前提条件之外，衡量礼貌的标准是什么？日本留学生不仅常常用礼貌这个词，也常常用"麻烦"这个词。从下面的例子中，我们可以看出，礼貌的行为是让他人感到"舒服"的行为，而麻烦是令人觉得"不高兴"、"感觉不好"、"不愉快"的言行。礼貌言行的最低标准是不令人感到"麻烦"，否则就是不礼貌。因此，日本留学生看到公共场合不干净，不遵守公共秩序的令人不舒服的行为，他们都认为是"不礼貌"，因为让人感到"麻烦"。可以说，礼貌是以他人的感觉来衡量的。对于认为"麻烦别人是最不好的事情"的日本人来说，在公共场合应该尽量避免令人感到不舒服的行为。

因为我觉得中国人随便吐痰，一边走路一边抽烟。很大的声音聊天，好像觉得不礼貌，我来北京的时候，觉得不习惯。在日本，必须所有的人都舒服地生活是好的。有的人喜欢抽烟，但是有的人不喜欢抽烟的那个味儿。（小野）

比如说，坐地铁的时候，虽然东京的地铁也很拥挤。没有人站在门口的前面。中国人很多人站在门口。是我们日本人会觉得站在门口是让别人麻烦。（伊藤）

我：怎样才是礼貌呢？

山口：比如说，在公共场合，不要给别人麻烦，让别人不舒服。

我：如果把公共场所弄脏，比如：扔纸，还有其他的。这些是不礼貌的行为吗？

山口：不礼貌，没有礼貌。给别人添麻烦啊。所以说做社会人，应该遵守社会的规矩规定。

公共领域的礼貌反映了日本"以和为贵"的文化，以情为本位的和谐文化。虽然大家都不认识，但是尽量不麻烦别人，不让人感到心情不愉快。而遵守公共秩序和讲究公共环境的清洁等社会规范是实现公共领域人际和谐的根本途径。但是日本人所做的努力远远不止于此，"他们犹如舞厅里战战兢兢的舞者，竭力避免踩了别人的脚。他们在交往中罄尽一切手段，将情感的调门尽量保持为最弱音。这就部分的解释了为什么外国游客乘坐拥挤的地铁旅行，或在日本拥挤的大街上穿行时，能够感到安全、轻松，如入无人之境。显然，重中之重是和谐、适宜、细心地调整自己、悉心照顾对方"①。

（二）耻感约束之下的集体主义："在公共场所不能做不好的事"

礼貌为一个社会人的言行举止设定了规范。日本留学生在公共场合也不能放弃礼貌的原因和他们社会大于个人的集体主义精神密切相关。如上

① ［英］艾伦·麦克法兰：《日本镜中行》，管可秾译，上海三联书店2010年版，第163页。

所述，他们认为在公共领域应该遵守社会的规定，保持礼貌的举止，在家庭和私人生活中，才可以随心所欲。原因是如果在公共场所随心所欲，会令别人感到不愉快，不舒服。

　　我：在日本是公共场所的干净更重要还是家里的干净更加重要？

　　小林：我觉得是公共（场合），因为不干净的话不舒服。在家里的话，只有我，所以没有问题。

　　铃木：那应该公共场所的干净比较重要，我自己觉得公共场所脏的话，我自己觉得不愉快，所以别人也觉得不愉快。

　　留学生山田在中国体会到的中日之间最大的文化差异是"公共场所的事情不一样"。她讲述了小时候妈妈对她进行的教育：在家里表现不好可以，但是在"公共场所不能做不好的事情"。这是她觉得日本和中国"不一样"的地方。她认为中国人在公共场所表现不好是"因为这不是我的地方"。

　　我：你从9月份来留学，到现在，有好几个月了，你对中国人有什么好的印象和不好的印象？

　　山田：不好的印象是，觉得公共场所的事情不一样。日本人是在家庭不好，我的妈妈说，在家里，做不好也可以，但是在公共场所不能做不好的事。

　　我：什么是不好的事情？

　　山田：比如说，孩子一定要安静。

　　我：不能吵闹，是吗？

　　山田：对，不能吵闹。还有大声的说话，不行。应该一定不要，不是跑步，我们一定要坐，让别人，一定不要让别人麻烦。

　　我：一定不要麻烦别人。你觉得你妈妈为什么这么说？

　　山田：为什么，是日本的教育方式？日本是在家庭，放东西乱放，这是不好的事情，但是在家庭还可以；但是在公共场所乱放东西，真的不好。这样教育。但是我觉得在中国，在家庭，我不知道，但是在公共场所，是比较不太干净。是因为这不是我的场所，对吗？对我们日本人，不是我们的场所，一定要干净。

　　我：不是自己家里，一定要干净。

　　山田：对对。为了别人。但是在中国，没有这样的文化。对吗？这是我觉得中国的不好的地方。但是我在中国，过了很多时间。

　　日本留学生已经体会到了中日之间的文化差异。对于日本人来说，在公共领域个人的表现就不是自己一个人的事，而是关系到周围的人，尤其关系到周围的人是否感觉愉快和舒服。因为考虑到周围的人的心情和感受，所以在公共场合一定要好好表现。在集体主义和个体主义这个文化维度中，日本和中国都被认为是集体主义的国家。但是中国式的集体主义被认为是家族式的集体主义，而日本式的集体主义被认为是集团式的集体主义。这两者的区别在于两种文化对于血缘、地缘和业缘等的重视程度不同。日本的集体主义以地域共同体的形式表现出来，并不重视血缘，共同体意识和共同体利益反而凌驾于个人利益和家庭利益之上。但是中国式的集体主义重视血缘，以亲族主义的形式表现出来，重视同姓家族和异姓亲属之间的关系。①集体主义原型对公共领域的人际交往产生了影响。对于日本人，公共领域是一个更广大的意义上的共同体，尽管这个共同体的人际关系由陌生人组成。在公共领域中，占支配地位的是个人和社会的观念，社会大于个人，因此在社会中要遵守社会规则，相互礼让。日本以集团为本位的集体主义扩大到公共领域之后体现为相互关照。对于中国人来说，人伦差序由血缘决定，社会是差序格局的形式。公共领域的一般他人是内圈子以外的人，而对待内圈子和外圈子的人的态度是不同的。中国以家庭为本位的集体主义在公共领域鞭长莫及，出现较多不礼貌的现象，并缺乏公共的意识。由此可见，在公共领域，从文化的意义上来说，日本人的表现和中国人的表现呈现相反的态势。这也就是山田所说的中日文化差异：对中国人来说，不是我的地方可以不干净；但是对于日本人来说，不是我的地方一定要干净。

　　但是在公共领域，日本人这样做不全是来自于内生型的公共精神的自律，而是和耻辱的观念密切相关：如果一个人在公共场合麻烦别人，他会被别人认为不好并因此蒙羞。山田在下面的访谈中说到了在外面要表现好

---

①　郭庆科：《中日集体主义的传统跨文化心理分析》，载《山东师范大学学报》1999年第3期，第81页。

的理由：表现不好会给自己和妈妈带来耻辱。

如果在日本，公共场所，孩子乱跑的话，大人，不是所有的，一部分的大人感觉麻烦，所以妈妈害羞。大人觉得妈妈和孩子没有礼貌。

其他留学生也表达了这样的观念：

> 很多日本人介意别的人觉得我是怎么样的人。所以，我们应该是认真，礼貌。所以我们的生活都不太轻松。比如说，在日本，红绿灯红的时候都不过去，但是没有别的人的话，日本人也过去。但是在中国，很多人过去。（伊藤）
>
> 我：你觉得保持公共场所的干净重要，还是家里的干净重要？
>
> 小野：保持公共场所（的干净）。在公共场所大家都看到我变得这么脏，这么不好。在家里，家里人知道我这样。我在家里的时候，常把东西（乱放），但是不那么严重，常常受到妈妈的批评。在外面的话，公共场所是大家的，要保持干净的状态。

别人如何看我，"觉得我是什么样的人"对于日本人来说非常重要。"日本人喜欢在外面呈现完美的自己。"① 他们之所以这样是害怕被人说"不好"，感到自我价值失落的耻辱。本尼迪克特在《菊与刀》中指明日本重视的是什么："与其说他们重视罪，毋宁说他们更重视耻。"罪感文化的社会提倡建立道德标准并依靠它发展自己的良心，依靠罪恶感在内心的反应来做善行，而真正的耻感文化依靠外部的力量来做善行。② 在这种"有他人在场"的外律机制下，由于日本留学生注重自身的公众形象，所以他们在公共场合表现得很有礼貌。即使素不相识，也以礼相待。相比之下，耻感对于中国人没有这样的约束力，所以对于素不相识的人，有可能选择满足自己的欲望和利益而不顾及他人的需要和感受，因此出现不排队、插队等不符合社会规范的行为。

（三）单面境："不礼貌"

日本留学生对中国人在公共场合最普遍的印象是"不礼貌"。中国人

---

① 我在一次学术会议上，听一位日本学者这样评价日本人。

② ［美］鲁思·本尼迪克特：《菊与刀》，品万和、熊达云、王智新译，商务印书馆2007年版，第154页。

有可能认同日本留学生的说法，也有可能不认同。不认同的原因有两个：一是日本留学生以自身的文化标准判断中国文化。二是日本留学生对中国的文化产生误读。

首先，中国和日本对于公共场合应该如何表现才能被社会认可的标准不同。日本留学生所说的不礼貌行为在中国社会有可能被认可，也有可能不被认可。在下面的例子中，留学生佐佐木所说的行为在中国人看来确实是有失"公德"的行为，但是留学生伊藤和山口所说的行为在中国社会是可以被接受的行为，或者说中国社会对于这些行为比较宽容，认为正常，不会以"不礼貌"来加以判断。

我：在日本哪些礼貌，在中国没有？
佐佐木：我们日本人，比方说，过马路的时候，红绿灯，遵守。然后，中国人常常吐唾沫，然后，（日本）比中国更干净，我觉得。
伊藤：还有在地铁里打电话，我们认为也是不礼貌的。
山口：大部分的中国人说话（声音）大，但是可能在中国的话，一般，但是在日本的话，很大。可能我们的声音比较小，而且特别是公共场合。所以那样的时候，我们觉得中国人不介意别人看怎么样的，不想融入社会。

上述伊藤的例子说明日本留学生透过日本的文化视境看到的中国人和中国人如何看自己并不相同。但是更令人意想不到的是文化的误读。日本留学生从日本的文化模式出发，看到中国人不符合社会规范的行为，从而误认为所有的中国人从里到外都是不礼貌的。误读的原因就在于第一节提到日本人和中国人在公共领域的行为表现成相反的态势。

我：你觉得日本人和中国人在人际交往上，最大的区别在那里？
山田：……家庭和公共场所，日本人觉得，他们来中国，觉得中国人真的不太一样，不干净。公共场所不干净，对我们来说，公共场所干净是有礼貌，所以我们第一次感觉是中国人公共场所不干净，所以没有礼貌。我们的看法是这样。现在不是这样，是吗？明白了吗？实际上不是这样。因为我的朋友不是没有礼貌的人，是吗？
我：那日本人来到中国，发现中国的公共场所不干净，是觉得谁没有礼貌呢？

　　山田：所有的人，真的，真的，真的。是因为在日本，公共场所不干净等于人没有礼貌。

　　我：很奇怪。为什么这样想呢？

　　山田：是习惯。在日本，日本人不太多去外面。最近我知道的，错觉。但是我和中国朋友的关系越来越好，那个时候我们终于知道，不是这样子，是因为家庭教育不一样，这个发生了文化的区别。

　　日本人是在公共领域更要在乎自己的言行是否礼貌，而不能随心所欲。所以在公共领域的表现，一般说来，要比在私人领域或者家庭领域的表现更好。日本留学生以这样的文化思维方式看到中国人在公共场所不礼貌的表现，以为中国人全都没有礼貌。他们没有想中国人也是内外有别，中国人在公共领域的行为表现可能和在其他领域的表现有较大的差异。如果我们把社会的一层比作糖衣，日本是甜在外面；而中国是甜在里面，外面的一层比较粗糙。但是留学生来到中国初期，可能存在和山田一样的误解——外面一层不甜，里面的一层更不会甜。

第三节　关于改进美、日留学生公共领域跨文化人际适应的讨论

　　美、日留学生在中国社会公共领域的跨文化印象既有客观的一面，也有主观的一面。客观的一面是指他们所看到的公共环境不整洁，秩序混乱，抬高价格等都是客观存在的情况。主观的一面是他们的跨文化人际适应中的部分问题来自文化的误读。对于前者，很难改变，外国人看中国人缺乏社会公德不是一时一地的事情，至少已经持续了近百年。改变中国传统文化的弊病任重道远，不是留学生管理力所能及的事情。对于后者，则可以通过跨文化教育和培训改变他们的想法，促进国际理解。

　　第一，让留学生意识到文化传统的不同，或者是基本文化模式的差异。留学生如果知道中国以家庭为本位的差序格局的观念将比较容易理解社会公德不尽如人意的现象，减少文化误读。通过讲述中国以差序格局为主要特征的文化特点，留学生不仅可以认识到文化有所不同，树立文化相对论的观点，从而对他们不满意的社会现状也能予以接受，而且可以纠正

他们的错觉和可能因此形成的偏见：中国人并非在所有的领域都如此表现，并不是可以推断出所有的中国人都会这样表现。有的留学生是短期留学生，这些留学生在中国停留的时间很短，几个星期，或几个月，最多半年的时间。因此，很可能带着这些偏见回国，这对于世界人民心目中的中国形象是不利的。

第二，让留学生意识到在公共领域，中国和其他国家的社会规范有所不同。特别是声环境的适应。在美国留学生和日本留学生看来，轻声说话，不大声喧哗是一种基本的社会礼仪，但是在中国人看来，用旁人听得见的声音说话是可以被认可和接受的社会行为。在日本留学生看来，站在地铁门口挡住了他人的路，给别人造成麻烦是不礼貌的行为，但是在中国并没有如此要求自己和别人。所以，在中国，还是要理解中国人。如果是中国人到日本，那又另当别论。

第三，让留学生意识到中国是发展中国家，中国城市人口的教育水平参差不齐。人口的公共素质不均衡现象应该是存在的。事实上，留学生日后也会意识到人口素质不均衡的现象。在不少留学生的观念中，他们把中国人划分为不同的类别，有所谓的"普通的中国人"、"外面的人"、"一般的中国人"和"旁边的人"这些不太礼貌的人，也有与之相对的"中国的老师"、"学校里的人"、"大学生"这些他们认为和前面那个群体的公共行为表现完全不同的中国人。但是等留学生意识到这些区别的时候，他们可能在中国留学已经有一段时间了。所以，跨文化教育在跨文化适应中能够起到的作用是促进适应的进程，缩短适应的时间。意识到中国是发展中国家的意义还在于中国尚未成为一个文化意义上的公民社会。尽管在物质基础上，已经具备公民社会的条件，但是文化积习深厚，一时难以在社会生活中形成公平和公正的观念。

第四，由于部分留学生会采取同化的策略适应社会公共领域的人际交往，如：留学生在访谈中提到，来到中国一段时间后，他们也开始学中国人乱穿马路。因此在跨文化教育中有必要强调：在中国，虽然社会公德的水平没有达到令人满意的标准，但是这些行为不是令人尊重的行为。知晓这个观念能够让留学生在公共领域的人际交往中给自己进行合适的定位而不盲从于一些无视公共规则的人。

具体跨文化培训的方法可采用第一章提到的归因培训和事实导向的培训。归因培训旨在帮助受训者从东道国文化观念来理解各种交往行为。"这类培训的目标是帮助受训者内化东道国的价值和标准，借此在归因上和他们趋同。"① 事实导向的培训，顾名思义就是以各种形式在受训者前面呈现有关东道国及其文化的知识。针对以上的四条建议，前两条建议可采用归因培训，因为它涉及文化成因和价值，对留学生跨文化人际适应的问题予以解释。建议三可采用事实导向的培训，因为它较多地涉及文化背景知识。

第四节　本章小结

本章针对美国和日本留学生在公共领域的跨文化人际适应现状，提炼了三个影响跨文化人际适应的主题：公共环境、公共秩序和公共领域的人际关系。公共环境的适应难点在于说话大声和以吐痰为主的有害公共环境卫生的习惯；公共秩序的适应难题是"不排队"、乱穿马路等不守公共秩序的行为；公共领域人际交往的适应主题主要是商贩抬高价格、出租车绕道等缺乏诚信的行为。本章进而分析了美国留学生和日本留学生对上述各种问题的感知及其文化成因。虽然这些因素同时对美、日学生的跨文化人际适应发生影响，但是美、日学生的感知各有特色，由此可见，他们背后占主导地位的文化观念是不一样的。对于美国留学生来说，清洁观念和公正的观念是影响跨文化人际适应的主要因素。对于日本留学生来说，耻感文化是主要的影响因素。他们首先从这些观念出发看待公共场合跨文化人际交往的各种情形并形成了各自的反应。他们的跨文化人际适应部分是由于客观因素造成，部分是由于主观因素造成。主观因素影响下的跨文化人际适应问题主要是因为各自从不同的文化模式和文化标准出发，对中国人形成了偏见和误解。在本章最后，根据上述的适应主题和文化感知以及成因，形成了跨文化教育和培训的四条对策，分别是：①讲述文化传统的不同，主要是中美和中日文化模式之间的对比。②中国在公共领域的文化规则和其他的国家有所不同。③中国作为发展中国家的社会文化背景。④中国人如何看待缺乏社会公德的行为。文章最后建议归因培训方法和事实导向的培训方法在跨文化教育和培训中的应用。

---

① Grove, C. & Torbiorn, I. (1993). A New Conceptualization of Intercultural Adjustment and the Goals of Training, In Page, R. M. (Eds.). *Education for the Intercultural Experience*. Yarmouth：Intercultural Express. 88.

第五章
服务观念的有和无

服务是个难以简单概括的名词。服务可以是服务员向顾客提供的有形产品和无形产品上的活动。在这个意义上，留学生眼中的服务主要是指商店售货员、食堂工作人员、宿管科服务人员所提供的各种活动。服务也可以指为别人、为集体的利益而工作或为某种事业而工作。在这个意义上，政府机关、医院和学校向留学生提供的活动也是一种服务。因此，在本章中，服务分狭义的服务和广义的服务。狭义的服务仅仅是服务员的工作。广义的服务既包括服务员的工作，也包括学校、医院、银行等事业单位的行政人员的工作。

第一节　美、日留学生服务适应：令人"懊恼"的中国式服务

美、日留学生在和服务员、行政人员的接触过程中发现，中美和中日之间在服务文化上存在较大差异。他们普遍对中国式服务感到难以适应。美、日留学生认为中国式服务存在种种弊端。在这里，我们可以把中美、中日留学生所说的种种弊端归结为两类——服务的效能和服务的态度。在本节中，服务为广义的服务。

一　服务的效能

美、日留学生抱怨中国的服务不可靠、知识欠缺、不便捷、沟通困难以及需求得不到满足。

（一）服务的可靠性："纸上写什么，并不会兑现"

美、日留学生发现中国的服务有时候是不可信的。原先承诺的服务内容不一定会实现。在下面的例子中，美国留学生约翰和日本留学生千叶均有这方面的体验。约翰按照自己的文化习惯，认为变成文字的服务内容是

可信的，但是在中国却不一定。

在美国，有小册子或类似的什么东西，或者是在网上，或是发什么东西到手里，告诉大家什么东西已经包含在价格之内。美国的会按照上面的去做。如果做不到，他们会赔偿。在这里，纸上写有什么，并不会兑现。美国的情况类似于商业的服务。在这里（他们）说，我们会照顾你，即使他们说我们会供应早餐，你去了，付了钱后发现，没有早餐。但是在小册子，在网上，他们说有早餐供应。我不是唯一这么想的美国人，我们都在说这事儿，顾客服务的事儿。

日本留学生千叶在旅行前已经做好了中国的服务不能和日本相比的心理准备，但是亲身体验中国旅行社的服务后，她和她的留学生同学还是感到失望。旅行社不仅不"清楚"，而且承诺的服务也没有兑现。

> 千叶：我提前知道中国的旅行社不能和日本的旅行社相比。我不能期待那么多。我们去的旅行，真的有很多不好的事儿，所以我又感觉到日本的旅行社先仔细地做安排。几点在哪儿，几点在哪儿，在哪儿吃饭。没有不知道的事儿。不过我去内蒙古的时候，有很多，呵呵。
>
> 我：不知道下一步怎么办了，是吗？
>
> 千叶：然后一直坐巴士找餐厅。晚上打算吃的，不太清楚在哪儿。然后，真的很多，比如说我们在某大学申请了旅游。有的 800元，有的 1700 元，1700 元包括全部的费用，不用再交钱。但是我们一会儿发现我们的旅游内容是完全一样的，因为我们是一起吃一样的东西。我们去沙漠，要上高速公路，我们要一个证书。因为一个月前有事故。但是旅行社不知道，所以他们打算通过下面的路。最后我们也不能去沙漠，因为开车的司机也超过了那个时间。几个留学生开始很生气，警察来发现司机没有休息，要司机休息，所以我们在巴士里睡觉。到第二天，也不能去沙漠，要回北京。最后他们还给我们大概半价。所以钱没有问题，不过比我想象的要更（差）。

行政人员的管理工作有时候也让留学生感到"混乱"而不可靠。

> 我刚到这儿不久，留学生办公室把我的银行卡、身份证和保险卡

所有的东西全丢了，我觉得他们的管理很乱。（茉莉）

服务的可靠性是一个多维的概念，它关系到服务提供者是否诚信，是否有足够的知识，是否对顾客抱有良好的意图。但是只有当顾客信赖对方能够说到做到的时候，才能说服务是可信的。但是，美、日留学生在跨文化体验中看到了中日和中美的服务在可靠性方面的反差。

（二）服务所需的知识："不清楚"、"不知道"

服务能力是关于是否有知识和能力解决在服务过程中出现的问题。根据美、日留学生的经验，有时候，学校里的行政人员和服务人员都没有能够提供他们所需要的信息，或是他们对同一个问题提供的信息不一样。在下面的例子中，美、日留学生对前台服务人员或办公室人员口径不一致的错误答案感到"懊恼"和"麻烦"。

> 贝蒂：你知道，刚到中国的时候，你有很多问题需要问的。你不知道怎么办。所以你问很多人应该怎么办。我感到懊恼的是，他们不说自己不知道，他们说：可能是这样，或者说，不行，你不能这样做。事实上，他们说得不对。他们不会直接告诉你他们不知道，他们给你错误的信息。这令我很恼火，因为，如果他们不知道，我问其他人。（贝蒂）

> 没有统一的标准。前台问这个人，问那个人不一样。为什么同一个公司不一样。我朋友说，问这个人，说可以（住）另外的房间；问另外一个人说，不行，就这几个房间选一个。（田中）

另一种情况是美、日留学生发现行政人员和服务人员不能提供他们需要的信息。

> 我：你在老师，行政人员办公室有什么不愉快的？
> 伊藤：我感到办公室有点儿不清楚。比如说，这个周末，5月1号是劳动节，我问办公室，前两天（29日、30日）是不是休息，还是要上课。然后他回答，现在不确定。呵呵，我也不清楚。
> 我：和行政部门的交往如何？
> 琼：我的意思是，我知道他们有些事情不知道，但我为什么要因

此而沮丧呢。如果他们没有答案，我生气也不能解决问题。所以，我说，好吧，应该找谁去？如果他们知道，他们告诉我，如果他们不知道，我说，好吧，告诉我，如果知道的话。

我：交往中有什么不愉快的吗？

苏姗：哎，好吧，真不想再说了。我想要有个计划，我想知道我在做什么，什么时候在哪里。所以我前去问，但是我得不到明确的答案。我得到的是：可能下个礼拜，这么说，真是烦死我了。（笑）

在情况变动的时候，"宿舍的，前台的人说我们不太清楚"的情况更多。情急之下，美国留学生不避冲突的直白性格也令服务人员尴尬不已。

我们想要制订计划，但是前台的人说他们不知道什么时候开始上课，什么时候结束上课。他们什么也不知道，一些美国学生感到很沮丧，说：你们应该知道，因为你们负责告诉我们相关的信息。但是那些给我们日程表的人不知道什么时候开始上课，什么时候结束。（琼）

服务知识欠缺有很多的原因。第一，可能和服务人员的态度有关，他们不想对留学生做出过多的解释。第二，也可能是沟通途径的问题。尤其在事情突然变动之后，有关部门可能未能及时通知前台服务人员最新消息。第三，也可能是管理本身比较混乱，不够规范，因此不同的人有不同的说法。第四，有可能岗位职责不够明确，本来不应该回答特定问题的人也给出答案，所以造成了留学生的无所适从。

（三）服务的便捷性："总是让我去找别人"

美国留学生茉莉在留学期间有了不少和银行、医院等事业单位接触的机会。在和这些部门的工作人员接触的过程中，对中国式服务深有体会。

我来到银行，得去这个办公室，那个办公室，每去一个地方我不知道怎么说，所以感到非常懊恼，他们总是让我去找别人，找别人。

去医院是很困难的，如果你需要看病是很困难的，如果我去看医生，我得去这里，去那里。我得到医生那里，然后再到别处，回到医生那里，再到另一个地方，然后在那里，他们再让我去别的办公室。

也许是外国人的身份，令茉莉在中国上银行和去医院的经历备感曲折，完全不是他在美国体验到的"高效率"。"我就是觉得不应该如此，特别是当你体验过好的运作体制后，再来体验不好的，令人很懊恼。"

野泽是我在预研究阶段采访过的日本留学生。她谈道"怕出门"。

> 怕出去，出去办不了事情。觉得很累。去邮局，去银行，都有不行的。什么没带，啥的。效率不高。

美、日留学生在中国办事，总是觉得障碍重重，频频受挫，效率不高。这和他们原先预想的去了就能办事的预期相差较远。

（四）服务沟通的能力："听不懂他们说的话"

美、日留学生有时发现自己和校内的服务员和行政人员难以沟通，因为对方的语言能力和他们想象的不一样。特别是前台的服务人员和留学生办公室工作人员的语言能力不足以应对留学生的语言水平。在下面例子中，日本留学生佐藤认为服务人员的汉语太"模糊"，和标准的普通话有距离，因而产生了沟通的困难。

> 我觉得这个宿舍的服务人员，汉语说得很模糊。他们从南方来北京，他们的汉语是普通话，但是不是老师说的普通话，很难听懂。（佐藤）

美国留学生珍珠不怎么会说中文，但是留学生办公室的工作人员没有足够的语言能力和珍珠进行沟通。

> 我：在和你办公室行政人员沟通过程中，有没有什么不愉快的吗？
> 珍珠：留学生办公室如果雇用一个外国人或者是英语说得很好的人，对他们的工作有好处。看你找谁，有种感觉他们认为你不说中文，他们不想和你讲话，他们忽视你。这样一点也不专业，大家容易对办公室的人形成不好的印象。
> 我：那儿有人会说英语吗？

珍珠：有时有，有个女孩在那儿，或者会说英语的什么人。

我：但是他们中很多人不会说英语？

珍珠：我不知道他们会不会。他们看起来对我们不感兴趣，他们似乎觉得留学生会给他们带来很多麻烦，他们得花力气对付我们，知道我们需要什么，等等。

我：你是从他们的态度得出这个判断的？

珍珠：是的。

我：你认为什么样的态度和行为才是对的？

珍珠：因为他们在留学生办公室，他们不应该让留学生感到沮丧。因为我们被告知这是我们可以去的地方。我们一无所知，冒昧在校园里走来走去。不会说中文是令人头疼的。如果在图书馆里，想要找点什么，真是万分沮丧。所以，我们需要一个可以去的地方。一个欢迎我们去的地方。这是我的一个建议。他们真需要改进一下，但是我的经历只限于留学生办公室。我们学院的办公室是很友善的，非常乐于助人。留学生办公室，看情况，有时候会帮人，有时候不是，如果有什么电话来了，我站在他们办公室，我的朋友告诉我你应该做这个，做那个，但是为什么不是他们告诉我这些？这种事情常常发生的。

留学生的汉语语言水平参差不齐，大多数的留学生是语言生，但是也有的留学生是学历生。这说明汉语语言水平并非是所有留学生入学资格的一部分。留学生的汉语语言水平从不会到流利之间有很多不同的层次。如果这些负责留学生事务关键岗位的工作人员的语言能力没有达到一定的水准，将难以保证工作的效能和服务的质量。前台服务人员和留学生办公室的行政人员是和留学生接触最多的工作人员，而且具备一定的岗位工作素质和能力。如果他们的普通话水平和外语水平尚不足以应付留学生的语言能力不足的情况，那就更不用说校外一般的服务业从业人员了。

（五）服务满足需求的程度："对外国人没有考虑"

美、日留学生抱怨服务不佳的情况还包括他们认为自己的合理需求得不到满足。校外，如出租车司机拒载、在饭店没人照顾；在校内，留学生认为有关部门没有考虑到留学生的需要，因此在服务上存在"没有想到"、"对外国人没有考虑"和服务滞后的情况。

你到饭店吃饭，点好菜后，然后他们上菜。他们就不回来了，除非你叫他们。（苏姗）

坐出租车的时候，经常会觉得懊恼。有的时候，他们不让我们坐，还有我们说什么，他们啊啊，这样的态度。（山口）

在校内，留学生对服务的不满主要不是发生在人际交往过程当中，而是他们的经验告诉他们，学校管理部门没有考虑到留学生的合理需求。因为部门和留学生之间的交流通过网络实现，所以这类服务需求得不到满足的情况常常和网络相关（尽管在下面只通过两个例子说明）。如果说约翰的例子可以被认为服务可有可无，因为没有相应的服务，正常的管理工作也能完成；但是留学生吉田的例子说明他所需要的"考虑"是必不可少的，因为如果没有这样的"考虑"，就会影响留学生正常的学习。先看约翰认为中国式管理没有"服务观念"的例子。

服务很差劲。我举个例子：2012—2013 学年的校历还没有在网上出现。这是一个，还有网上没有地方可以看到整个学年的计划。2010—2011 学年的（校历）在网上，但是今年的看不到。是太麻烦吗？（约翰）

约翰：在学校的注册的过程简直是一个玩笑。糟透了，我们所有的西方学生觉得难以置信。

我：怎么糟透了？

约翰：我们需要做一个体检，但是我们不知道要花上几乎一天的时间。我们排队，但是没有人告诉你排哪个队，接下来他们就不管了。

我：你是说，没有人引导你们？如果你在美国，你们会得到怎样的指导？有人亲自带领，还是有小册子说明？

约翰：会更加有秩序，行政人员或者是什么人会带你到你该去的地方，就像英国大使馆给签证盖章一样，告诉你排一个长队才能办这件事情。但是我们没有想到的是还有人插队，就插在我前面的位置。前面后面都有，但是没有人监控和管理。

我：有什么反应？

约翰：懊恼，我一点办法也没有。

如果有人考虑到留学生的需要，把校历及时发到网上；考虑到留学生对体检的过程不熟悉而加以指点，约翰可能不会这么懊恼。所以，在约翰的例子中，良好的服务照顾了实际需要和心理需求。在下面吉田的例子中，没有满足留学生的需求是一种制度上的缺陷。因为，如果不通过制度的改变解决问题，这个问题始终存在，影响留学生学习。

我在心理学院的时候，我的卡是留学生的卡，但我是心理学院的博士生，应该有博士生的卡。开始还可以，但过了一段时间，需要使用心理学院的电脑的时候，要读卡，但是我的卡是留学生的卡，其他的同学有硕士生和博士生的卡，但我一个人不能使用电脑了。那是不公平吧。我告诉同学，我不能使用电脑，怎么办？那个同学说：借给你。你想使用电脑，就告诉我。我感觉不是那个问题，其他的同学能够使用，我也交学费。我不能使用电脑，那不公平吧。学校如果给我博士生的卡，或者电脑管理系统（有一点改变）。我的同学告诉我的导师，我的导师打电话，他们说那是学校的规定，不能更改。导师没有办法，导师告诉心理学院管理电脑的老师。我每次打电话，然后临时解除。管理的事情，我感觉是很简单的事情。那是学校的问题，下面的学生和老师拼命地解决问题。但是基本上问题还是在，如果（其他）留学生在心理学院，可能发生同样的事情吧。下面努力解决问题不一定能彻底地解决问题。还是有和日本人不一样的想法。（吉田）

二　服务的态度

尽管留学生对于服务的效能有这样和那样的抱怨，但是就我访谈的印象来看，留学生更不满意的似乎是服务的态度，主要包括服务反应的快慢以及服务的礼貌程度。

（一）服务反应的快慢："慢慢做别的事情"

留学生在和服务人员和行政人员接触的过程中，发现行政人员对来办事的人有种目中无人的怠慢。日本留学生千叶发现行政人员即使知道有人在等，也慢慢做别的事情。按照自己的步调先做自己的事情，而不是考虑他人正在期待他的帮助。百货商店的服务员则爱理不理。

　　　　我：有没有觉得懊恼的时候？
　　　　千叶：主楼的一个办公室，我们汉语水平考试的时候，要到那里注册，一个女人的态度，不是老师，态度不好。……她知道我们等，但是她慢慢做别的事情。不是看不起我们，但是态度好像不是和别人说话。
　　　　我：在和中国人交往的时候，什么是你作为日本人难以适应的？
　　　　千叶：在百货商店，我问什么在哪儿，他们好像不高兴，没有我给你解释一下的感觉。

　　美国留学生贝蒂对行政人员的工作态度印象比较深刻。和她想象的相反，行政人员不会急人所急，帮人解决问题；而是无视他人的需要，自己想怎么样就怎么样。贝蒂原先想象的美式的友善助人的服务形象，在中国变成了居高临下的形象。

　　　　我觉得他们的态度是这样：你去问什么事情，我们想说不就可以说不，他们不是我们在这里帮助你，让你办事更加容易的态度，他们的态度是：差不多到午饭时间了，我们不想做这件事情了。（贝蒂）
　　　　公务员的态度好像是他们不一定非得帮助你，你是来求他们帮忙的。但是帮助别人是他们的工作。我的意思是，他们在那个位置上就是为了帮助别人。但是我在北京没有这样的感觉。（贝蒂）

　　在日、美留学生的观念中，他们认为自己的需求应该得到及时的关照，但是中国的行政人员的表现说明他们有自己的安排，按照自己的安排行事，来办事的人得顺从，而不是留学生想象的应该及时满足他人的需要。中国式的办事方式不是自下而上的"服务"，而是自上而下地认为来办事的人应该"服从"。

（二）服务的礼貌程度："差劲"

　　因为人都有被尊重、被赞赏的需求，所以在一般交往中，礼貌是满足这些基本人性需求的，为促进良好的人际关系而形成的基本的行为规范。

礼貌的内涵和标准虽然在各种文化中有所区别，但是礼貌也有一些普遍的特性。如：敬意、正式、慷慨、赞誉、同情、尊重和赏识等。

在美、日留学生和中国人的跨文化交往中，服务员的礼貌是个很大的问题。他们不是感到自己如同上述礼貌规则所说的被尊重、被喜欢、被赞美、被同情，而是感到自己在服务员和工作人员的眼中是个不受欢迎的、可以视而不见的人；会撒谎的、不被信任的人；是带给人麻烦的、令人讨厌的人；是可以随便打发的，不被尊重的人；等等。美国和日本留学生都认为中美、中日之间在服务态度上截然相反。美、日留学生都认为美国和日本的服务很友善，很礼貌。

> 我觉得主要的差异在于服务人员的态度和待人的方式。服务员、前台、司机，在美国，他们很友善，但这儿不是，他们很差劲。脾气不好。这儿的人很好，但是在大多数饭店，他们对你视而不见，也没有笑容，他们也不会陪在你身边，他们也不回答你的问题，诸如此类的事情。但是在美国，刚好相反。（茉莉）

> （在银行）他们不关心，他们只是想要你走开，不要再烦他们。但是在美国，会说：对不起，我帮不了你，你得去找这个人，祝你好运，但是在中国，就想要你走开。（茉莉）

不仅学校外面如此，在校内，留学生也觉得行政人员和服务员不够礼貌。

> 上个月的奖学金，一般，月末，银行打到账户里。我去办公室问老师，为什么没有。老师说，这个月比较特别，16号才打奖学金，我问他为什么，他说这样吧，没有为什么。就是那个办公室的老师，那个说法我觉得不愉快，没有什么，随便。所以我觉得不愉快……对，态度。（佐藤）

在沟通过程中，留学生和服务员也缺乏相互的信任，致使交流的过程不是一个彼此尊重、彼此信任、相互合作的过程，而是一个彼此怀疑、类似"吵架"的过程。

我：你和中国人在一起的时候，有没有失望的时候？

佐藤：比如说，我住在 17 号楼，服务员帮我们打扫得很好。但是前台不太好。比如说洗衣机坏了，那个洗衣币投进去不动，所以我去和服务员说，然后她上来，然后另一个洗衣币投进去，动了。但是以前我投进去的时候，不动。我说还给我洗衣币。但是现在都动吧。那样的事情。

我：她还给你了吗？

佐藤：还给我了。但是好像吵架。

我：态度不太好？

佐藤：对。

我：她说什么了？

佐藤：她说洗衣机动，你说坏了，我不相信那样的事情。我觉得不坏。

美国留学生贝蒂也遇上了类似的情况，但是她对此感到很不理解：

为什么不认同我说的话？为什么觉得我在撒谎？我就在想为什么认为我要撒谎？（贝蒂）

美、日留学生对中国式的服务感到诸多不满，但是服务的礼貌程度无疑是他们感到难以适应的最主要的原因之一。

第二节　影响美、日留学生服务适应的主要因素

一　语言能力："你不说中文，他们不想和你说话"

访谈发现，留学生认为自身的语言能力是影响服务适应的一个重要因素。因为受限于语言能力，不能和服务人员达成有效的沟通，所以服务人员拒绝提供服务；此外，因为服务员或行政人员对留学生的语言能力感到不适应，从而影响了服务和工作的心情，或者服务人员没有意识到留学生语言能力的不足而没有采取相应的适应策略以至于沟通陷入僵局。上述各种情况都决定了美、日留学生不能感受到在没有语言障碍的情况下所能感受到的服务质量。

下面例子中的山田由于语言能力问题而遭到出租车司机的拒绝，这在留学生的跨文化经历中较为常见。

> 我：有没有让你觉得很生气的，很不高兴的？
> 山田：很多很多。如出租车，我发音不好，我不能坐出租车。

留学生也认为语言是影响行政人员工作的态度的重要原因。

> 我：你和学校的行政部门，如和办公室的人交往，有什么问题？
> 小野：有些办公室的员工的态度不太好。
> 我：在日本会这样吗？
> 小野：可能没有。我也不知道，日本的员工对我们很好是因为我是日本人，很容易沟通，所以才是这样。我不知道。
> 佐藤：我觉得前台的服务员，有些人的态度不好。
> 我：很冷淡，是吗？
> 佐藤：我听不懂他们的话，大学生一般再说一遍，或者是慢一点。但是他们一笑，然后放弃，好像别的餐馆的服务员一样。

留学生语言能力的不足往往成为交往中的一大障碍。在留学生的语言能力达到一定的水准之前，跨语言交流都是一个跨越障碍的过程，想到其中的疲惫和紧张令不少行政人员和服务人员避之唯恐不及，不想和留学生说话。从而影响了留学生眼中的服务质量。

二　跨文化视角下美国和日本的服务特点

中式服务固然有很多难以令人满意的地方。作为中国人，也许会和美、日留学生一样，对当前的服务感到不满。但是，不可否认的是美、日留学生在国内所习惯的服务和中国的服务之间存在的反差是他们对中国的服务感到难以适应的一个重要原因，正如美国留学生茉莉所说："我就是觉得（中国的服务）不应该这样，特别是当你体验过更好的体制后，再来经历不好的，是一件非常令人懊恼的事情。可能对于中国人来说，他们从小见惯了，觉得很正常。"那么，美、日留学生对美国和日本的服务体会如何呢？

（一）美国部分

1. 服务性质：回应和满足他人的需求

美国留学生认为行政人员和服务员的工作性质是"帮助"别人。行政人员帮助别人解决问题；服务员帮助满足顾客的需求。行政人员和服务人员虽然有不同的职责，但是在回应他人的需求这一工作性质上是共同的。

> 如果你去饭馆用餐。在中国，你点菜之后，他们上菜后，就不回来了，除非你叫他们。但是在美国，相反。你进去坐下，点好菜。他们会回来问你，有什么需要的，味道好不好，你知道，他们关注你的感受和需求。（苏姗）

以下从贝蒂和约翰对中式服务的抱怨中也可以看到美国留学生对行政人员和服务人员的定位是：回应顾客的需求。

> 我想说的是，我感到失望的是那些服务业从业人员，或是那些在帮助他人的岗位工作的人。但是他们真不想帮你，他们不帮人。（?）他们的工作是回答我们的问题，如果他们不喜欢这个工作，为什么还要在这儿呢？（贝蒂）

> 我：你觉得什么是最难适应的？
> 约翰：和（一般）中国人我们没有什么问题，和街上的人有问题。最困难的是，你到什么地方，你想要买什么，他们不是尽量找我需要的东西，或者是慢慢说上几个字。他们就是赶你走。没有。没有意味着走开。

此外，约翰在前面所讲的新生体检无人看管的例子和珍珠讲的留学生办公室缺少说外语的人等例子，都反映了美国留学生和中国的行政人员在服务观念上的差异。一方觉得自己的需求应该得到关照，但是另一方觉得没有必要照顾这些需求。而美国留学生论及的服务人员既有一般商店饭馆的服务员，也有事业单位的工作人员；既有校内的也有校外的服务人员。虽然服务群体不一样，但是中美两国的社会背景和文化差异却影响了彼此的服务观念和服务实践。

美国以基督教立国，在基督教文化中，谦卑是一种美德。"凡自高的，必降为卑；自卑的，必升为高。"①约翰福音记载耶稣基督为门徒洗脚，并鼓励门徒相互洗脚。洗脚原是仆人服侍主人应该做的，卑贱的工作。但是在耶稣基督的教导中，降己为卑，为他人服务，是灵性提升，人格高尚的表现。在中国，尽管也宣扬劳动模范为人民服务的精神，但是，在对中国文化有重要影响的经典中，似乎并没有这样的说法和做法。留学生在大多数情况下抱怨服务员不礼貌，但是他们觉得中国人对服务员也未必礼貌。日本留学生中村觉得在中国，"叫服务员来个碗、来个盘都可以。这样服务员也不舒服"。文化的不同会影响国民如何看待服务，对服务者有怎样的态度，以及是否自愿为他人服务。

从商业的意义上来说，中国的情形和美国的不同。服务作为商业的重要组成部分，如何通过提高服务质量吸引顾客，扩大市场份额，增加企业竞争力早已被业界人士关注和实践。在计划经济向市场经济转型之前，服务员的前身是国有企业的员工，在自我认同上是物资的给予和发放者，心理上有一定的优越感。从这样的文化背景向以满足顾客需求为己任，顾客至上的服务范式转变需要一段时间。其实，有留学生也注意到了中国各地的服务差异，认为广州等地的服务比较好，但是在北京没有这样的感觉。

和中国家国同构的等级集体主义的文化相比，西方文化深信个人民主与自由。以政府为例，政府的权力来自被统治者的认可。政府成立的目的是集结公共意志，为大家办事，所以政府是"民治、民有和民享"的政府。可以说，政府和人民之间的关系是服务和被服务的关系。这种文化观念颠覆了政治权威的合法性，削弱了服务者和被服务者之间的等级距离。政府和各类行政机构相应的向服务型政府和机构转变，奉行服务型管理的思想，以满足民众或客户的需求为己任，而不是以管理者的姿态自居，致使管理行政化和官僚化。这种文化差异影响了高校的管理模式，从而影响了美国留学生的服务体验。在高等教育的语境中，服务型行政管理指的是"高校行政部门以师生员工等相关利益者的需求为导向，以提供优质服务为首要职能，通过完善的服务制度和服务体系为师生员工及其他相关利益

---

① 路加福音 14：11。

者提供高质量服务的一种管理模式"①。在服务型行政管理中，管理者和被管理者之间的人际等级距离较小。管理者认同的是岗位职责，而较少有行政的色彩。

在下面的例子中，美国留学生苏姗和琼分别谈到美国的被管理者——学生是如何向管理者——行政服务人员争取自身需求和利益的满足。在中国，苏姗向高校的行政人员询问信息未果，考虑到这里的文化特点，只好作罢。但是她说起自己在美国会怎么做：

> 如果我在美国，我会在几个月之前就要求得到这些信息，比如说：哪里可以得到信息，我们需要这些信息。现在，我在一个多月之前要求得到这些信息，很耐心地询问这些信息。当他们告诉我：哦，我们会收集这些信息的。我等啊等，但是一直没有。在美国，我们（会说）我们需要这些信息，给我们信息，会一直不断地要求直到他们给我们为止。但是在这里，他们会认为我这样做是不礼貌，冒犯人的。所以我没有这样。（苏姗）

> 我们很多时候需要照顾我们自己，但不必如此照顾别人。所以，我如果需要什么，我现在就要，就需要。我会这样做。但是，这是笼统地说，不是100%如此，很多时候，美国人这样想：我需要这个，现在就需要，所以现在就要得到，（如果）我问你，我现在就期待你的回答。有时候，美国人会给你答案，但可能不是正确的答案，所以，他们不说：我不知道，我去找。他们就直接告诉你什么，因为你现在就想知道。（琼）

从苏姗和琼的叙述中，我们从留学生的一面看到需要被满足是应该的，所以他们很强势；而从行政人员的一面也看到，对方有需要就应该满足。我们很少在中国看到琼和苏姗所描述的学生和行政人员。从美国留学生的跨文化体验来看，中国高校的管理并未向服务型管理的模式转变。传统的行政化管理模式依然清晰可见，行政人员和学生之间不是如美国留学生所期待的满足需求和需求被满足的关系，行政人员依然是留

---

① 范丽娟、林祥柽：《高校服务型管理体系探析》，载《中国轻工教育》2009年第3期，第7—10页。

学生事务的主导者，和留学生大大小小的需求没有必然的联系。与其说留学生是被服务的角色，不如说留学生是服从的角色。因此，留学生对管理提出的额外的需求，在行政管理人员看来似乎是工作之外的麻烦事，而不是分内之事，因此表现出视而不见、不予理会的样子。所以，美国留学生在既定的管理中既感到服务的缺失，也感到行政人员的服务态度欠佳。中美在管理理念和实践上的差异是美国留学生服务适应的一个重要原因。

2. 美式服务特点："高效"，尊重顾客

美国留学生认为美国的服务和中国的服务"相反"，相反体现在各个方面。美式的服务在关注他人需求的基础上，倾向于以"高效"的解决问题来定义服务的质量，尤其在行政部门的办事效率上得到比较好的体现。在上述苏珊和琼的例子中，我们也已经看到了在个体的急切需求下，学校的行政人员也不会怠慢。

> 我：在美国，服务怎么样？
> 茉莉：相反。会很快，很有效率，通常他们能够在 5 分钟内解决你的问题。如果他们解决不了，他们会叫人来商讨如何为你解决问题。是啊，很好的。

贝蒂对中式服务的不满反映了令她感到满意的服务是需求以高效的方式得到满足。

> 我想我的问题在于他们的态度，他们没有如何帮助他人的想法，怎样更加有效，如何更加透明，满足我们的需要。（贝蒂）

美国人在服务中崇尚高效，他们对于高效率的喜欢或许和他们的时间观念有关。"对美国人来说，时间实在是金钱。在一个追求利润的社会里，时间是昂贵的稀有商品。时间流逝得很快，如同春天山间的溪流，如果你想要从时间的流逝中获得利益，你得跟上时间匆匆的脚步。"[1] 因此，美国人是厌恶无所事事的行动者，过去的时间不再回来，唯有当下的时间

---

[1]　Lewis, R. D.（1999）. *When Culture Collides.* Yarmouth：Intercultural Press. p. 53.

是可以被利用并创造价值。美国人的生存目标、对时间的看法和他们的行动文化或许能够解释他们为什么如此注重效率，为什么钟爱繁忙的生活，对步调缓慢的"闲荡"生活感到惭愧。

此外，美国留学生认为与中国"相反"的美式服务还体现在对客户的尊重和友善上。在下面的例子中，贝蒂认为中国的服务员和顾客不是相互信任的关系，而美国的服务员和顾客会相互信任，彼此尊重，看重事实，共同解决问题。但是中国的服务员和美国的服务员在解决问题的过程中遵循不同的方式。在下面的例子中，服务员在不知情的情况下误拿了一名留学生的私人床单，但是当会说汉语的贝蒂和服务员说起这件事情的时候，服务员的反应令贝蒂感到不满。

> 贝蒂：服务员立马就觉得她是在撒谎。她为什么要撒谎，她为什么要指责别人拿了自己的床单。我们这么忙，为何非要抽出时间找她的麻烦。我说，她一直都有那条床单，如果她自己换掉的，她知道，但是服务员说是我们自己换掉的。
> 我：这种情况在美国会如何？
> 贝蒂：嗯，我不知道。他们可能会更加客观。问你是什么床单，看起来如何，什么时候发现没有的？然后去找。

例子中的美国服务员不会质疑对方的诚信度，但是中国的服务员首先怀疑对方是否在说谎，相互间缺乏基本的信任，因此也说不上尊重了。在下面的例子中，留学生苏姗认为美国的服务员虽然会主动提供帮助，但是会尊重客户的选择和喜好而不是强人所难。

> 如果我去什么地方买什么东西，卖的人会紧紧跟随我：试试这个，试试那个，很迫切的。你知道，就那回事情。如果你进一家美国的商店，他们会问：需要我帮忙吗？如果你说：不，就看看，大部分时间，他们就会让你一个人待着。所以不一样。（苏姗）

同样，留学生认为在行政部门的工作人员也很"礼貌"。不会对客户采取"视而不见"、"不回答你的问题"、"对你的问题漠不关心"等服务"差劲"的情况。

　　我：在美国，你在和饭店的服务员，行政机关工作人员交往的时候，一样吗？

　　茉莉：是的，和你不认识的人在一起，我们更加礼貌，和你的朋友在一起，倒是随便一些。所以，（和中国）不一样。

　　服务员和行政人员是留学生在社会生活中，由于衣食住行或办事的需要而不得不接触的社会群体。从人际距离的意义上来说，他们属于远距离群体，和留学生没有形成一定的人际关系。他们可能仅仅是偶尔接触的陌生人，也可能是接触较少的办公人员和服务人员。美国留学生对国内此类群体的评价基本是正面的，但是对中国此类群体的评价却较为负面。美国西方文化中的博爱平等和乡土中国的差序格局影响了服务和被服务者的关系。美国留学生期待的是友善和乐于助人的服务者形象。但是在中国，在差序格局之下，友善和互助不是这种远距离人际关系的特点。这类群体对中国人来说，是熟人和朋友以外的陌生人。和大街上的陌生人一样，他们属于以己为中心的层层人际圈的外围人物。这类群体的在人际关系上是"脆弱"的，因为在人际关系上缺乏应有的规范来加以调整，或者规范对于这类人际关系不起作用。在第四章的社会公德部分，美国留学生认为公共领域的人际关系存在欺诈的情况。这种公共领域陌生人之间难以互信的情况也在上述的服务和被服务的关系中体现出来。中国的服务员对于留学生的要求抱以怀疑的态度，但是美国留学生对质疑感到难以理解。所以，留学生在中国体会到的不被信任和不被尊重的情况和中美两国博爱平等和爱有等差的区别是有联系的。

　　（二）日本部分

　　在美国留学生看来，行政人员和服务人员在工作性质和衡量标准上没有什么差别。但是，在日本留学生的眼中，行政人员和服务员属于两个不同的群体。日本留学生对于国内学校的行政人员和服务员的印象完全不同。

　　1. 行政管理人员与学生：有等级的互动

　　和中国类似的是，在日本的纵式社会中，行政人员的工作不是服务，服务员的工作才是服务。日本留学生尽管对中国高校的行政部门的工作感到不满意，但是他们对于日本国内行政人员的工作，尤其是态度方面，也是感觉不尽如人意。原因是行政人员和学生之间不是类似于美国的服务和被服务的关系，而是类似上级和下级的关系。

> 我：和行政管理人员的交往有什么问题吗？
> 山口：（中国）办公室管考试的人不灵活。他们说话很强，他们比较在高的地方。（笑）
> 我：就是态度和你不平等，是吗？
> 山口：但是那个可能每个国家也一样的。日本的大学的办公室的人也是这样。没有办法。

> 我：（在日本），如果你有什么问题，去找学校的管理人员，他们会怎样？
> 佐藤：有的人热情的态度，有的人不是。

> 我：在日本，如果你们有问题去找学校的管理人员，向他们去咨询，他们会怎么对待你们？
> 小林：我们大学的，很多人讨厌这个，因为他们的态度很骄傲，我们学校。
> 我：和中国差不多？
> 小林：对，差不多。可能他们觉得我们是学生，我们觉得他们应该像店里一样，把我们当作顾客。

　　日本留学生和行政人员之间的关系和中国有类似之处，尽管日本的管理在考虑学生的需求等方面，有可能更加可靠和周到，如在前面关于吉田作为留学生在中国上不了网的例子，但是他认为这"和日本不一样"。习惯站在对方立场考虑本身是日本人际文化的一个重要特色。日本留学生的跨文化不适应更多地集中在狭义服务的层面。

　　2. 日式服务的特点："礼貌"、"正式"

　　日本留学生认为中国的服务缺乏规范，日本的服务比较"正式"。他们所说的规范主要有两层意思。一是在言行上具备礼貌的规范。二是在人际关系上有恒定的距离。

　　首先，留学生一致认为日本的服务员"很有"礼貌。在第四章，我们解释过礼貌的含义，即"照顾他人的感受"。在这里，礼貌也是同样的意思，在言行上表现出对他人的敬意，服务员和顾客有良好的关系；为他人着想，适应对方的情况，帮助别人达成内心的愿望。留学生吉田认为中国的服务不礼貌，他用日本人特有的礼貌说道："日本服务人员过于礼貌。他们有服务的规则，有规矩。服务员和顾客不会有冲突。"在下面的两个例子中，服务员和顾客是相互礼让的态度。

> 我：上次你讲到，洗衣服的事情，你把洗衣币投进去，但是洗衣机不动，然后和服务员有点吵架的感觉，在日本的话会怎么样？
> 铃木：没有，日本服务员很有礼貌。
> 我：他会怎么说？
> 铃木：他会先道歉。应该道歉，然后一定不说你的错。（铃木）

> 中村：超市的，卖的时候的人，他们很着急。
> 我：在日本的话，超市店员会怎样？
> 中村：他们会很礼貌。
> 我：他们会说什么，怎么礼貌法？
> 中村：他们一定用敬语，他们对我们很尊敬。然后脸也，笑容，呵呵。态度。而且，服务员会尽量为顾客着想。

> 我觉得自己的经历，在中国的饭馆，所有地方的服务员，说话说的厉害，感到压力。他们说的话（有）压力。我们的发音不好，他们听不懂，常常说什么什么。在日本的话，所有的服务员，体贴地问我们。所以，他们很厉害，中国的服务员。在日本的话，知道他是外国人，慢慢说，有的人用英语，可是中国的（服务员），对外国人快快说。（佐佐木）

> 山田：我发音不好，我不能坐出租车……
> 我：如果你在日本，坐出租车，有什么不一样？
> 山田：在日本，他们会"丁宁"（"精心"和"礼貌"、"认真"）……他们有礼貌，他们如果知道我的目的地，他们会想着什么路近。

日本留学生认为在某种程度上，日本服务的礼貌程度和中国相反。中国的服务员有可能和顾客吵架，发生冲突；对顾客感到不耐烦，拒绝提供服务等。但是日本的服务员在言行上彬彬有礼，在实际行动中则尽量为顾客考虑，满足顾客的要求。用吉田的话说："日本的服务员有规矩，和顾客不会吵架。"和美国留学生一样，日本留学生对本国的服务有较高的满意度。

其次，日本留学生认为日本的服务员和顾客的距离始终是恒定的工作距离。但是中国的服务员"不正式"，他们和顾客之间的距离会随着亲疏而改变，在服务工作中掺杂着个人的喜好和意见。在下面的例子中，小野发现中国的服务员会和熟悉的顾客越来越好。

> 小野：好像中国人，刚来的时候，有点冷淡的印象。但是现在这样的想法没有。因为我现在知道他们对我很好。但是，比如，怎么说呢。我有一个常常去的地方，卖糖葫芦的地方，那个商店的阿姨，刚刚来的时候，好像一般的服务员，但是我去好多次，然后她对我非常好，你拿这个东西吧，这样的。我觉得和中国人越来越关系好，越亲密，越更好，这样的印象。

留学生吉田因为和服务员熟识，对方会降价把东西卖给他，但是在他的印象中，"日本的连锁店不降价"。留学生山田认为中国的服务员很"热情"，对顾客好像"朋友和家人"，但是日本的服务员即使在和中国的服务员做同样的事情，还是服务员的样子，始终感觉到顾客和服务员之间存在不变的心理距离。

> 我：你觉得中国人的热情表现在什么地方？
> 山田：在日本的时候，服务员都正式的，所以他们日常说话和工作的说话不一样。所以不太热情，热情但是不是好像朋友，好像家人。但是中国的服务员都好像不是正式的服务员。我（在）下雪的（时候遇到的）服务员，我买豆浆。我买的时候，我倒了，那个时候（衣服都湿了，都是豆浆），服务员出来，把我擦干净。然后给我一个新的豆浆，真的我哭了，谢谢。

　　我：日本的话，会怎么样？

　　山田：日本的话，也这样。但是她对我，那时候对我，好像妈妈。但是在日本的时候，服务员是服务员，她们擦干净，做新的，但是她是服务员。好像是服务员。明白吗？

　　我：你觉得中国人做那个事情的时候，好像妈妈一样，但是在日本的话，也会像中国人一样做同样的事情，但是你觉得她那个态度还是服务员的样子。

　　山田：对对。

　　这可能是日本留学生体会到的中国式服务令人感动的一面。辜鸿铭对于日本和中国的礼貌有一番独到的见解："那么真正的礼貌的本质是什么呢？就是考虑别人的感受。中国人有礼貌，是因为他们过着一种心灵生活，他们知道自己的感受，因而也容易考虑别人的感受。中国人的礼貌，虽然没有日本人的礼貌那样周全，却让人舒服，因为它是，正如法国人完美表达的那样，是'心灵的礼貌'。相反，日本人的礼貌虽然周全，却不那么让人舒服，我已经听到一些外国朋友说讨厌它，因为它可以说是一种排练过的礼貌——类似于戏剧作品中用心学习的礼貌。这与直接来自心灵的、自发的礼貌不同。事实上，日本的礼貌好像没有芳香的花朵，而真正礼貌的中国人的礼貌有一种芳香，来自心灵的名贵油膏的香味。"[1] 但是，在日本留学生的经历中，中国服务员的"不正式"既有好的一面，也有不好的一面。正式意味着规矩，不正式意味着没有规矩而有可能出现好的，"热情"的一面，也有可能出现不好的，冷淡和"干涉"的一面。

　　前天，我和朋友坐汽车，那个时候，我们和师傅聊天，有的时候，他说的我听不懂，有的听懂，有的听不懂，那个时候，师傅，我和我的朋友在一起。他说：她的汉语比你的汉语好一点儿，她都听得懂，但是你听不懂。真的，真的，我伤心了。因为，他是刚来北京的日本人，我是半年前过来，所以，我不喜欢，我真的不喜欢。……和师傅聊天我一方面喜欢，好像朋友和家人，但是另一方面，他干涉我。……他对我来说是别人，所以别说我的汉语不好。不是我的朋

---

　　① 辜鸿铭：《中国人的精神》，陕西师范大学出版社 2007 年版，第 3 页。

友，日本人的看法，他一定不要说我的汉语不好。（山田）

日本留学生跨文化自我观照中的服务员是一本正经、彬彬有礼的形象。无论是礼貌还是人际距离都是一种规范，与个人的真实情感与喜好的关系不是很大。但是这些规范和规矩保证了服务的质量。中式服务因为缺乏这些规范而显得不稳定，有时候令顾客感到亲情般的关照，似乎有日本服务中没有的特质；有时候又会发生冲突，令人担心。

在美国，服务质量的内律机制是通过服务员的职能认同，尊重和满足他人的需要来保证服务的质量。在外部，是通过被服务者争取个人利益得到满足来促使有关服务工作人员改进服务的质量。在日本，服务质量的内律机制是服务人员要通过一本正经、彬彬有礼的文化规范来提供令顾客满意的服务，比美国更重视形式；在外部，顾客的满意度是决定他们是否再来光顾的重要条件。换句话说，顾客重视服务质量，如果服务不好，顾客的反应是"下次不会来了"。

> 还有那个，我们去新开的游乐园和海族馆，在日本的话，全部都完成后开，在中国，比如那个海族馆开了，但是餐厅街还没有做餐厅，还在（施工）。……（如果）他们去的印象不太好，不会再来。（千叶）
>
> 在日本的话，进入参观和饭店，会说欢迎光临。在中国的话，没有欢迎的态度，有上面看下面的感觉。服务员的态度比较那样吧。如果在日本的话会很生气，但在中国的话，如果那个餐馆的菜比较好的话，会再来，无所谓服务员的态度。（高桥）

在日本文化中，不能为大家接受，被大家认为不好，是最糟糕的惩罚了。所以，在日本的服务文化中，我们还是可以看到集体（或公众）对于个体（服务员）的约束力。留学生小野说道："日本人给别人带来的影响是最重要的。所以，他们，商店里的服务，开始的时候也很好，开始到（后来）都一样的（好）。"这个和第四章提到的促使大家遵守社会公德的耻感意识是一致的。日本社会的人我相看是社会行为最强有力的约束力。

第三节 关于改进美、日留学生服务适应策略的讨论

虽然美、日留学生的服务适应涉及公共领域的服务业从业人员，但是在下面所讨论的对策中，主要针对学校内的行政管理人员和服务人员。以下分别从留学生的视角和行政服务人员的视角探讨采取什么样的策略可以改进美、日留学生的跨文化服务适应，提高跨文化管理的能力。

一 校内行政人员和服务人员

（一）树立服务型管理的思想，考虑留学生需求

从美、日留学生的跨文化体验中，我们可以看出目前的留学生管理缺乏服务型管理的思想。传统的管理职能以组织、控制和领导等职能为主，为下属考虑的意识比较淡薄。服务型管理则"将服务他人作为主要管理的手段和目的，平等的对待他人，通过满足他人的利益和需求，促进他人的成长和发展，从而完成组织的目标和任务，实现组织和成员的共赢"[①]。由于服务型管理的缺乏，留学生管理存在的缺陷和漏洞得不到弥补，留学生的合理诉求和需要也没有得到应有的重视。在本章的第一节，我们分服务的效能和服务的态度对留学生印象中的中国式服务进行了分析。在本章的第二节，我们分别对比了中美和中日在服务观念上的差异，以及背后的文化成因。无论是美国还是日本，都注重考虑和满足学生的需求。只有在管理中注重留学生的反馈，听取留学生的需要，并在管理中进行必要的调整才能在管理和被管理者之间形成和谐互动，提升管理的效能和被管理者的满意度。

树立服务型管理的思想意味着现在的管理者在某种程度上改变传统的权力格局和等级关系，至少在管理中不能无视留学生群体的需求，一味要求听从和服从，而应为留学生着想，更多地鼓励平等对话。服务型管理也是跨文化管理得以实现的前提和基础。美、日留学生对中国式服务和管理的思想的最大抱怨是态度，管理人员和服务人员的态度表明了他们对留学生的重视和接纳程度。如果在管理中，不重视留学生，没有容纳这一多元文化群体的心胸，跨文化管理也无从实现。如果没有服务型管理的思想，

---

① 郑新、李静敏：《浅谈现代企业管理之服务型管理》，载《商场现代化》2012年第27期，第38—39页。

管理工作将很被动，有可能无法满足留学生正常的需求，管理的效能无法提升。因此管理型服务的思想有助于把管理者从自我为中心的管理模式中解放出来，实现平等沟通和互动，从而对留学生的文化加以包容，实现管理的自我革新，最终具备容纳多元文化群体的能力。

（二）加强岗位管理

美、日留学生和管理服务人员的互动不仅暴露了留学生自身的能力存在不足（如语言能力），也暴露了岗位管理中存在的问题。岗位管理是学校人事制度改革的基础，岗位管理的内容包括按需设岗、确定岗位工作职责和岗位任职标准。加强岗位管理是提升服务效能的必要手段。

在岗位任职标准方面，语言能力应该成为相关人员任职资格的条件之一。美、日留学生的语言能力无法通过短时间的集训达到和中国人一样的水平；汉语语言水平也不是所有留学生入学资格的一部分，所以语言障碍始终存在。而这些语言障碍依靠留学生单方面的力量无法突破。所以，在一些和留学生有密切接触的岗位上，如宿管科前台、留学生办公室等应该考虑工作人员的语言水平。从美、日留学生的跨文化体验来看，普通话水平和外语能力都比较重要。留学生办公室要聘用外语能力较强的人才能为留学生提供咨询服务。否则，留学生没有一个地方可以突破沟通中的语言障碍。在宿管科前台，适当的考虑服务人员的普通话水平也是促进有效交流的途径之一。

美、日留学生的服务适应也暴露了岗位工作职责不明确或者工作人员岗位职责履行中存在的问题。如：美、日留学生从正常的渠道往往得不到他们需要的信息。服务的能力还没能满足留学生的需求。也许在服务能力的背后，有很多的原因造成了服务能力的不足，如：管理的无序、工作人员的态度、管理的沟通和协调等。还有的典型例子是：服务人员不想服务就不服务，在工作中认同个人情绪，而不是工作职责；在职责的划分上不够明确，不同的人告知的消息不一样；或者因为不知道该怎么办而无法担当咨询的任务。如果在管理中明确岗位职责并要求认真履行相关的职责，这种服务能力不足的情况应该有所好转。

（三）加强礼貌规范

美、日留学生对中国式管理和服务的主要体验之一是行政人员态度不好，服务人员不礼貌。他们在美、日国内体验到的服务和中国式服务呈现相反的态势。这成为他们跨文化适应的难点之一。针对这样的情况，在跨文化管理中，虽然不要求达到日本式的彬彬有礼，但是确立基本的礼貌规范还是有一定的必要性，礼貌规范存在的必要性在于没有一定的礼貌，人际交往就不能顺利地进行。在没有礼貌规范约束的情况下，或许也能完成工作职责，但是会影响人际关系的和谐。因此，在工作中学会倾听，重视他人的意见、建议和情况反馈，满足他人被接受和认同的需要是基本的礼貌精神。没有对人的尊重，礼貌也无从谈起。

（四）了解无视跨文化管理的后果

跨文化管理的首要任务是承认各文化群体之间的文化差异，改善彼此之间的互动。跨文化管理的实施能够促使各文化群体相互合作，共同完成任务。在商业领域，跨文化管理之所以重要是因为跨文化管理的缺失会导致生意失败，造成经济损失。留学生的跨文化管理和商业领域的跨文化管理有所不同，似乎不会有如此严重的经济后果。但是，且不说留学生的跨文化管理有加强国际理解、人才培养、管理革新等目标，管理者应该为实现这些目标而奋斗。就是眼前的跨文化管理的失败就可以让管理者体会到后果。如美国留学生对于管理不满足自身需求时候的强势态度就会对管理人员和服务人员造成不小的压力。所以，尽管大多数时候，留学生也在适应和容忍，但是留学生的文化认同一时难以改变。所以相互适应，尊重留学生的文化认同，实行向跨文化管理的转变是有必要的。

上述针对留学生管理者和服务人员提出的三条建议，管理过程中，可以通过跨文化教育和培训的方式加以实施，如第一、第三和第四条。第二条建议则会涉及改变现有的管理制度。

二　美、日留学生

（一）行政人员和服务人员：中远距离的人际关系

如果美、日留学生意识到行政人员、服务人员除了因学习和生活的需要有一定接触之外，在人际关系的意义上和公共领域的一般陌生人没有什么很大的差别。他们就能够理解中国的服务员和行政机构的办事人员为什么常常会令他们感到不满意，甚至懊恼。在这个人际关系的外圈中，行政人员和服务人员的个人喜好或者特质在某种程度上决定了留学生所能感受到的服务质量。他们可能比美国和日本国内的服务人员更加有人情味，也可能连他们期待的基本礼貌也没有。行政人员也是如此。所以，如果美国留学生以个体为单位，无视内外有别的文化界限，认为在人际外围的关系也一定要诚信、尊重和友善，那么他们难免会对中国的服务感到"不可思议"和"懊恼"。日本留学生如果认为全社会是一个和谐至上的共同体，他们对于中国的服务人员和被服务人员不友善的关系会感到难以理解。总的来说，就是解释中国的差序格局，美国的个人主义和日本的集体主义之间的文化原型对于服务适应的影响。这个文化主题和社会公德一章没有什么区别，只不过在这一章涉及的人群是为大家工作和从事服务业的行政管理人员和服务人员。

（二）对服务的理解不同

对于美国留学生而言，他们认为行政人员和服务人员是帮助满足他人需求的工作人员，所以回应和满足顾客或学生的要求是他们的工作职责。但是从美国留学生的体验来看，这不一定是中国服务人员的观念。美国留学生体验到的文化差异可以追溯到中美在社会和政府权力分配上的差异。美国的"大社会"和"小政府"的格局注定政府是服务型的政府，为公共服务而存在。中国的权力格局和美国不同，行政机关、事业单位等机构位居社会"上位"，行政人员和服务人员认同他们所属的机构，更希望前来办事的客户或购买商品的顾客适应他们的办事节奏，听从他们的安排，而不是关注他们的需要，高效率的解决他们的问题。所以美国留学生在中式服务前存在心理落差，需要一个适应的过程。

习惯了一本正经、彬彬有礼的服务模式的日本留学生对于中国的服务感到不适应。但是如果他们明白中国的服务员在工作中比较容易流露真性情，中国的文化也允许服务员流露真性情，那么他们对服务员的"干涉"、服务员过于"厉害"、服务员"越来越亲近"的言行都能够理解。所以，服务不好的原因不仅仅是服务员和顾客之间的关系属于人际关系中的中远距离，这种距离给不礼貌留下了表现的空间。不礼貌的原因还在于中日之间的人际交往规范有所不同。

第四节　本章小结

本章首先描述了美、日留学生服务适应的各个侧度，其中包括：服务不可靠、反应慢、知识欠缺、不便捷、不礼貌、沟通困难、需求得不到满足等种种"弊端"。这些弊端可以归结为两个方面：服务的效能和服务的态度。其次，从美国留学生和日本留学生的跨文化视角分别对美国和日本的服务特点进行了分析和解释。美国留学生对于服务的理解是回应和满足他人的需求，行政服务人员应该尊重顾客或客户，并为他们提供友善和高效率的服务；在既定的规范下，日本留学生认为日本的服务礼貌又正式。美、日留学生都认为他们在本国体会到的服务和在中国体会到的服务呈"相反"的态势。

再次，提出了改进美、日留学生服务适应的策略。对中国方面负责留学生管理的行政人员和服务人员而言，通过树立服务型管理的思想、实行岗位管理、规范管理并告知无视跨文化管理的后果能够帮助改善当前的工作现状。服务型管理的思想要求更多的关注留学生的需求；岗位管理强调语言能力应该作为咨询岗位工作人员任职资格或作为任职资格的参考；岗位管理还意味着留学生管理人员应该明确岗位职责，提升服务能力。规范管理注重培养基本的礼貌规范。指出无视跨文化管理的后果，忽视文化会出现管理问题，造成管理的压力。对美、日留学生而言，最好理解行政服务人员和顾客之间这种中远距离的人际关系存在不稳定的情况，好的坏的关系都可能出现，个人的喜好是决定性的因素。最后，对美国留学生而言，要理解中国和美国的社会文化传统不同，中国人不是从满足他人需要的角度来理解和诠释服务的性质，而是更多地保留了自上而下的文化传统。对于日本留学生而言，中国的服务不如日本的那样"规范"，但是更加真实和自然。

第 六 章
时间观念的差异

研究发现，时间观念的差异也是影响跨文化人际交往的一个因素。它不仅影响了日常生活中的人际交往，也影响了教学管理。时间、时间表和计划是紧密相连的概念。时间表显示的是特定的事件在什么时候发生。计划是为了达到一定的目标，如何在一定的时间和空间内对物件进行安排。因此，计划包括整个执行过程的时间和空间信息，它包括什么时候发生什么事情，说明什么资源会出现在什么地方，以及人和机器的工作计划。①但是在本章中，计划的含义比较接近于时间表，意即有关在什么时候做什么样的安排。

第一节　美、日留学生时间观念适应问题

研究分析表明美、日留学生和中国方面在对于时间表和计划的看法上存在四个方面的文化差异，它们分别是：时间表在生活中的重要性、约定时间的精确性、计划变动的可能性以及计划制定的早晚。现实的人际交往由于双方的在上述四个方面的观念差异，引起了各种不适。由于美国和日本在时间观念上较为接近，所以在下面的章节中，不再就这两个群体分而论之。

一　计划的重要性：“喜欢知道我在做什么”
美、日留学生都重视计划和时间表的制定，他们的回答反映了这两个来自不同文化的留学生群体对时间表的依赖性。无论是个人的生活和学

---

① Wren, A. (1996). Scheduling, Timetabling and Rostering-A special Relationship? Retrived March 19, from http: //link. springer. com/content/pdf/10. 1007% 2F3 － 540 － 61794 － 9 ＿ 51. pdf. pp. 48 － 49.

习，时间表都在发挥着重要的作用。但是，中国的情况有所不同。美国留学生苏姗在和学校行政部门的交往中，得不到类似美国的学期计划和安排。

我：你在和中国人交往的过程中，有什么不愉快的吗？

苏姗：嗯，我都不想再说了。但是我想要一个计划，喜欢知道我在做什么，在什么地点什么时间，所以我问他们（行政部门）这个问题，但是我没有得到明确的答案。我知道的是：大概下个月的某个时候。会这样，真是很烦……

我：如果你在美国会怎样？

苏姗：每年都会发生同样的事情，已经有一个模式了。他们会告诉我在四月初你得做这个，在五月初做这个，学期开始，我就会有那样的时间表。在这里，不知道。

我：你感到很模糊？

苏姗：是的，我对这个感到很不适应。

苏姗无法从行政部门得到时间表的原因可能和他们缺乏服务管理的思想有关，因为留学生的时间表可能需要翻译，语言障碍使得管理部门一下子拿不出学期计划。中国学生一般不存在这样的问题，每学年的计划都通过校历告诉学生。还有一种可能是留学生管理碰到的新问题比较多，比较不稳定，这也可能是计划缺失的原因。但是，苏珊想要的计划显然比校历的内容更为详尽。因为她在访谈中谈到她需要的是论文上交的时间，而这些一般不会在校历中出现。我记得在和美国外教接触的过程中，开学的第一堂课，他就会把这门课的学期计划告诉我们。什么时候上什么内容，什么时候交作业等。口试的时候，会确定每个学生参加面试的时间，一直具体到几时几分。然后大家按照这个计划有序进行。

美国留学生琼这样描述美国人凡事喜欢按照步骤进行的习惯。

所有的事情都是一步一步来，就像有人告诉你做这个，我们希望得到步骤一、步骤二的指示，而不仅仅告诉我们你们要做这个，那我应该怎么办？你做这个，你做那个。（告诉我们步骤）而不是我们自己去想，去做。

日本留学生也重视时间表。用日本留学生吉田的话说是，"没有时间表我们不能生活"。我有一个在日本生活多年的师妹，无意中她提到了中日在这方面的差异。在日本学习和生活期间，她有一个日记本，上面记录着每个星期和每个月的具体安排。如果要和别人约时间，就会翻开日记本，看看什么时间有空。然后它每周的生活都按照既定的时间表展开。她说：你看日本人在玩，在干什么，其实他们已经有别的学习的时间，很会坚持。回到中国后，她说她的日记本开始不起作用了，上面的记录也没有了，开始想干什么就干什么。

中国和美、日留学生之间存在的差异可以归结为他们给予这个问题的答案有所不同。这个问题是：人们对计划的重视程度如何，对计划的依赖性如何？美、日留学生习惯先制订计划，确定在不同的时间内应该做什么样的事情，然后按计划行事。在这种文化习惯的背后，他们可能认为只有这样做，才能对工作和生活进行最好的规划，取得最佳的效率，对自己的生活和工作有更好的把握。相比之下，中国人可能对计划没有那么依赖。具体可能表现为计划不详尽。如：在学校的语境中，大致的计划可能会有，但是可能没有那么详细，步骤分明。在工作中，可能重视计划，在生活中，可能对计划的依赖性不那么明显。总之，相比之下，随意工作和生活的可能性更大，对计划不是很依赖。

二　时间的精确性："不遵守时间"

美、日留学生在跨文化交往的过程中，发现中国同学常常不守时。日本留学生认为：要遵守约定时间，不能迟到，到达时间就是钟表时间；而中国学生认为迟到十几分钟或者几十分钟是可以的，到达的时间一般是约定时间后面的一段时间。由于双方对实际到达时间的界定有所不同。日本留学生认为中国学生迟到，违反了大家约定的规则而"不礼貌"，应该向对方道歉。留学生吉田说："日本人聚会的时候，五分钟迟到也有很不好意思的感觉。拼命地道歉。"但是他们发现中国同学尽管迟到，但是有可能不道歉。因为在中国学生的观念里，已经默认实际到达的时间并非一定是钟表时间，可以滞后，所以并没有违反规则，也不用道歉。但是时间观念不同的日本留学生对此感到不满。

　　我：还有其他你感到喜欢和不喜欢的？

　　佐藤：但是，我有时候觉得中国人不遵守时间。我们 5 点见面，但是他们有时候 5 点 15 分。

　　我：中国的朋友和日本的朋友有什么不一样吗？

　　加藤：中国的朋友，有的时候他们知道我们约定的时间，但他们没有道歉，没说不好意思。

　　我：哦，就是说他迟到了？

　　加藤：迟到了 15 分钟，20 分钟。那个时候也不告诉我不好意思。

　　同样，美国留学生对中国同学不守时的习惯也经历了一个适应的过程。在留学生杰克的跨文化经历中，时间在约定的时候，就已经是一个模糊的时间段，而不是一个精确的点。

　　我：你有懊恼的时候吗？

　　杰克：我知道在中国和别人约会，和美国是不一样的。大多数我遇到的中国人，约会的时间不确切。上午，下午，好像是一段时间。约会所定的时间是一段时间。迟到很常见，似乎是被大家接受的。在美国，你在哪儿就在哪儿，什么时候到，你就得在那儿。我知道，这不一样。约会的时间不确切。

　　上述美、日留学生的例子说明他们和中国同学对约定时间和到达时间有不同的看法和实践。他们的文化差异在于他们对这个问题的答案有所不同：约定时间是精确的点还是模糊的时间段？在美、日留学生看来，约定时间是精确的点，见面的时间也是那个时间点。但是，中国同学倾向于一个模糊的时间段。由于文化差异的存在，美、日留学生常常发现中国同学迟到，不遵守时间。双方在时间观念上的差异引起了跨文化人际交流的不适应。

三　计划的可变性："突然改变"

美、日留学生发现，在中国，约会时间和计划变动的可能性更大。中国同学或管理人员会"突然"临时地告知计划变动或约会取消。对于管理层面的计划变动，他们感到很不适应，甚至发生冲突。不适应的原因不仅仅在于计划的变动来得太突然，更重要的是计划的变动影响了他们以后的安排，甚至造成不必要的经济损失。在下面留学生山田和田中的例子中，校历的信息会是"错的"，校历会突然改变，这不仅令她们感到"麻烦"，而且无法做出进一步的安排。相比之下，她们认为在日本"从来没有"，一般是"不会变"的。

　　我：你们怎么知道（校历）是错的呢？
　　山田：是有的人说这是不对，我们说为什么不对，问他们吧，真的不对。这是第一次开学，我们去年的开学也这样。今年也这样，所以真的麻烦，在日本的时候，从来没有，真的没有。
　　我：是日期改了，还是什么变了？
　　山田：是开学的事情，还有报名的，也变了。还有我们的那个毕业的活动，也是错了。
　　所以不能决定什么时候回国。书里说 6 月 12 日，别的书里说，6 月 7 日、8 日，办公室的人说 6 月 7 日、8 日。但是我们应该决定我们要坐什么飞机。我们不能决定的。
　　我：不能提前定。你们有好多书吗？这个书，那个书？
　　山田：一个是 guidebook，一个是 calendar。

　　我：有同学说学校的安排会改变？
　　田中：非常同意这个。开学典礼、考试、买教材，原来有学历的安排。但是突然改变，应该这样的安排不会改变的。每次想要知道的时候，到办公室问老师，才知道。有时候，不能相信发下来的通知的东西。突然改变了，不方便，而且每次去问确认，原来确定的安排就（应该）不需要（再）确认。这样比较麻烦。
　　我：常常会有吗？他们不通知吗？
　　田中：有是有，但是突然改变。寒假的时候，想要旅游，提前决定。在日本，安排的校历不会变。上次变的是开学典礼、分班介绍、买教材，什么时候回北京，这样。

日本留学生所经历的校历的突然改变，可能和留学生管理的特殊性有关，因为就中国学生的情况而言，好像校历变动的情况几乎没有。所以，在校历变动的背后存在留学生管理的问题。但是从时间观念的角度来说，在计划和现实状况这两者之间，计划更容易被改变而不是按照原先的计划及时调整现实的情况以适应原先的计划。这在某种程度上说明，中国的管理人员认为计划是可以变动的。当原先的计划不适应当下的情况，计划就可以改变。在下面例子中的美国留学生，也遇到了类似的问题：计划变动。他们到了中国后发现"一切都比他们知道的更晚"。

　　我：你们（原先）有计划安排吧？

　　琼：是的，但是我们感到困惑的是课程不会在7月结束，但是我们6月就走。所以我们有一个月的课不能上。所以，其他的美国留学生感到很不满。

　　我：你们已经定好了回去的飞机，来中国前还是来中国后？

　　琼：来中国前夕。他们告诉我们安排，但是信息不对。他们原先说：课程于2月开始，6月结束。但是开始的时间并不是真的开始的时间，结束的时间也不是。一切都比我们想得要晚。

　　我：可能对于美国人来说，他们相信原先的安排，你告诉我们什么时候开始，什么时候结束，就应该那样。

　　琼：是的。所以他们很沮丧。他们开始大声嚷嚷，引人围观。结果前台的人很尴尬。在我看来，前台的人很不舒服。你看得出来，他们的意思是：不要对我嚷嚷。但是美国留学生只是觉得很沮丧。我想，很多中国人比较随和，好吧，也没有必要那么沮丧。但是，美国人在很多事情上很容易不高兴。

　　我：他们沮丧是错过了一个月的课。

　　琼：如果错过了一个月的课，会影响我们的分数，因为没办法参加期末考试，这门课就通不过。

　　美国留学生倾向于认为学校的计划一旦发布，就不会轻易地改变，因此学校公布的计划是可以信任的。他们可以根据校历或者教学计划来安排今后的日程。例子中的美国留学生已经按照原来发布的计划，在来华之前就买好了返程的飞机票。但是令他们意想不到的是，计划会在他们没有准

备或者不知情的情况下突然改变，令他们感到无所适从，冲突也在所
难免。

上述美、日留学生的适应问题主要源于双方就计划是否可以变动的看
法的不同。换句话说，双方就这问题给出了不同的答案：计划支配人，还
是人支配计划？美、日留学生习惯于前者，计划一旦制订，就不会轻易改
变，哪怕在计划执行过程中发生意想不到的情况。中国方面的想法是现实
情况也很重要，计划和现实可以相互妥协，因此可以根据实际情况对计划
进行调整，大家在计划改变的基础上重新进行调适。但是，当中美和中日
文化相遇，就会因为时间观念的不同而造成不少适应问题。

四　约会时间的早晚："有点突然的感觉"

美、日留学生倾向于提前安排日程。如同在前面的例子中，他们提前
安排寒假的旅游，提前购买回国的飞机票，哪怕提前好几个月。在日常生
活中，他们也习惯于提前安排。尤其是日本留学生，他们发现中国同学的
约会习惯和自己有所不同。日本留学生倾向于提前一个星期约定见面的时
间，但是中国同学则更倾向于当天或临时决定。他们感觉比较"突然"。

> 见面出去玩的时候。中国人突然给我打电话，现在出去。去吧。
> 日本人的话。慢慢来。下周有时间吗？（田中）

> 我：你觉得在时间的安排上，中国人和日本人有什么不一样？
> 小林：我觉得日本人比中国人更快（制订）安排计划。中国的
> 话，突然说。今天早上，我的朋友突然说，今天晚上有空吗？

> 小野：我在日本的时候，互相学习的朋友，他说我们一起吃饭
> 吧，所以我去他家，吃饭后，他说我们一起去什么地方吧，那个地方
> 是比较远的，坐地铁要1个小时，有寺庙的地方。我觉得有点儿，不
> 是不想去的，但是有点儿突然的感觉。
> 我：为什么感到突然，是不是在日本人的观念里都要提前安排
> 好的？
> 小野：我觉得比较远的地方，好好安排，去那种地方，不是随便
> 的。但是他马上回中国，所以我和他一起去了。

与中国学生临场发挥，兴之所至的习惯不同，日本留学生习惯提前一个礼拜安排好自己的学习和生活。

> 我：对日本人来说，怎么安排自己的计划，提前多少时间？
> 山口：一般可能提前一个星期，大概都安排好了。
> 小林：嗯，这个星期和下个星期，可能。

我在和访谈对象约见面时间的时候，也感觉到了这个文化差异。一般来说，如果我这个礼拜想起要采访某个访谈对象，正常的见面时间就应该是下个礼拜了，尽管他们也有可能在这个礼拜的某个时间空档接受访谈。所以，我和他们一样开始了提前预约，有安排，有准备的生活，而改变了以往临时决定的习惯。我在和其他日本学生交往的时候，也感觉他们提前较长的时间预约，这个和中国的习惯有较大的差异。中国和美、日在约定时间上的文化差异可以归结为对这个问题的答案有所不同：提前多少时间约会比较合适？对于一般的交往，中国的答案比较不受限制，早晚都可以，临时约定的可能性较大；从访谈的经验和访谈分析的结果来看，日本的答案是至少提前一个礼拜。

第二节　时间观念的文化差异：线性时间与多元时间

上述四个方面的文化差异其实是相互联系的。他们是线性时间和多元时间观念在生活中的具体体现。美、日留学生普遍重视计划，他们会提前安排自己的学习和生活，计划或者时间表一旦确立，就不会轻易改变，而且他们比较守时。中国方面有计划，但是计划和个人的实际情况是相互协商的关系，因此计划调整和变动的可能性更大，不遵守时间的情况也更为普遍。美、日留学生的时间是线性的时间，这个时间由过去、现在和将来的无限的点组成，他们在线性时间未来的某个点上安排自己的生活，并遵循各时间点上的计划有序地开展自己的生活。相比于人遇到的多变的、各不相同的情况，时间更加恒定，因而也更加公平，因此时间应该支配人，而不是人支配时间，只有通过遵守时间，才能更好地实现人和人之间的相互协调，实现有效管理。中国的时间是多元的时间，时间在人的性情和具体的情况前丧失了支配的地位，时间表和计划不必严格遵守，因为在某个时间需要做的不仅仅是原先排定的事情，还有很多其他的情况需要应付，个人的感情和喜好也比死守时间更为合理。所以，时间不是钟表时间，而是在现实面前趋向模糊和弹性的特质，不再是贯穿过去、现在和将来的直线。

美、日留学生的时间观念在中国的跨文化人际交往中大致体现的是线性时间和多元时间的差别。简单地说，线性时间是在某个时间按照时间表做某一件事情，他们认为这种方式能够高效率的完成更多的事情。多元时间是倾向于同一个时间做更多的事情。① 但是，美国和日本不是没有差别，只不过在研究数据上没有体现出美、日之间的差别。根据理查德·路易斯（Richard D. Lewis）的研究，美、日之间的差别在于：美国和德国的时间模式倾向于把任务放置在时间的逻辑序列中，在执行过程中获取最大的效率和速度。而日本的时间关注的不是一件事情花多长的时间，而是时间应该如何分段才能是适宜，并符合礼仪和传统。② 可见，美国注重的是视时间为金钱的效率，而日本是为了一种适宜的节奏。尽管在美、日留学生的跨文化体验都说明他们注重线性时间胜于多元时间。

第三节　关于改进美、日留学生时间观念适应的讨论

一　管理层面

由于时间观念的差异，美、日留学生和中国学生、管理人员之间对时间和计划的看法也存在四个方面的差异：计划的重要性、时间的精确性、计划的可变性和约定时间的早晚。这四个方面的文化差异引起了跨文化人际适应的问题。其中，对跨文化管理影响较大的是计划的重要性和计划的可变性。如研究数据所示，美、日留学生对计划的依赖性较强，他们比中国学生更希望有清晰、明确和详尽的计划。但是在中国方面，由于各种原因存在计划缺失的情况，而习惯受计划支配，对计划依赖性较强的美、日留学生对于这种计划缺失的模糊情况感到无所适从。针对这种情况，尤其是在教学计划中，建议学校方面应该对一些基本的信息给予及时的发布，

---

① Lewis, R. D. (1999). *When Culture Collides.* Yarmouth：Intercultural Press. p. 55.

② Ibid., p. 60.

如校历。对一些校历外基本的教学安排，如论文提交时间等信息，应该尽早地告知美、日留学生，以便他们做出安排。但是这仅仅意味着美、日留学生和中国学生一样对基本的教学计划有一定的了解。如果按照他们的习惯，他们可能需要更为详尽，更为全面地安排和计划。因此，如果在跨文化管理中考虑到他们重视计划的特点，尽可能对课程等在时间和任务上进行预先的详细的规划和安排，应该会和他们的习惯更加契合。当然这要看具体的情况，和两种文化协调的情况了。

由于中国方面在教学计划上容易变动，给美、日留学生的跨文化适应造成了一些意想不到的麻烦，所以建议计划一旦公布，就不要轻易地改变，因为美、日留学生的文化背景不同，他们更加信赖计划，因此更加觉得计划的变动不是正常的事情，也更容易在已有安排的基础上提前对未来的学习和生活进行规划。所以他们对计划的变动不仅感到"突然"，而且有可能对今后的安排造成负面影响，有时候甚至会引起跨文化冲突。所以，管理部门最好提高管理能力，制订计划并按照原先的教学计划开展工作。

二 人际交往层面

守时和预约时间的早晚是人际交往中存在的两个和时间观念有关的主要问题。对此，可以采取的办法是美、日留学生和中国学生之间相互理解和相互协调。在跨文化教育和培训中，美、日留学生应该明白的是其他文化中普遍存在的多元时间的观念，中国学生需要明白的是其他文化中的线性时间观念。因为时间观念的不同，所以在遵守时间方面存在差异，而不是文化或者文化群体存在好与坏的差别。

此外，中国学生要明白临时预约给美、日学生造成的压力，因为临时预约打乱了对方的生活步调。尤其对于日本留学生来说，临时预约不仅仅是生活步调被打乱时的手足无措，而且还有礼貌的问题，因为在日本文化熏陶中长大的日本留学生在乎人际关系，倾向于他人导向型的选择，因此他们对于临时预约应答中的"是"与"否"感到为难。说"是"感到自己被强迫，没有选择，说"否"又担心对方对自己的看法。所以临时预约有可能让他们感到中国学生意想不到的"麻烦"。这种情况就如同下面例子中田中和山口的感觉。

他们直接叫我的时候，我没有别的选择吗？我担心拒绝他的要求，那个时间不能去，我担心他觉得我拒绝他。对，怕影响我们的关系。（田中）

因为日本朋友，我们出去玩，到哪儿，吃什么。会考虑别人，如果你没有时间的话，可以改天。还有你如果很累的话，可以改天。但是中国朋友的话，直接说，这个周末去哪里，然后第二天去哪里。那个时候，知道我有考试，比较忙。我觉得他忽视我的情况。但是那个怎么说呢，没有好不好。中国朋友觉得，如果我觉得不行的话可以说不行。所以，这个怎么说呢，我已经习惯了，但是刚和他交往的时候，不习惯，好像被强迫做这个事情的感觉。呵呵。（田中）

同样，美、日留学生也最好入乡随俗，明白中国人的交往中存在临时邀约的特点。这不也是一种有趣的跨文化体验吗？

第四节　本章小结

美、日留学生和中国同学、留学生管理人员之间存在时间观念上的区别，分别倾向于线性时间和多元时间的观念。在线性时间观念的影响下，美、日留学生在学习和生活中重视并依赖计划、习惯提前制订计划或提前较长时间预约，一旦约定或计划成型，就不会轻易改变而且习惯守时；相比之下，中国方面对计划的依赖性较小、有计划但是容易变动、临时预约的可能性更大、不太习惯守时。在文化差异之下，美、日留学生的跨文化人际适应表现为计划缺失、计划变动、不守时和临时预约的情况。

笔者建议留学生管理者第一要及时把基本的教学计划告知留学生，如有可能，尽可能详尽并提前告知。第二是尽量遵循计划，不要有太多的变动，以免造成管理的混乱和人际冲突。另外，在跨文化教育和培训中，美、日留学生有必要了解多元时间观念下的行为规范，理解迟到的行为。从中国人的视角看待临时预约的问题。同样，中国学生要了解线性时间观念中，时间对人的支配性以及美、日留学生对迟到的感受。还有临时预约给他们的生活步调造成的影响和对日本留学生造成的心理压力。

第 七 章
表达方式的直接和间接

美、中、日三国在表达方式上存在明显差别。在表达方式上的直接和间接背后，是三种文化在人际交往上有不同的价值观。美国和中国的价值观分歧在于对情和知的选择不同。中国和日本的分歧在于对和谐关系中的情的理解和标准有所不同。中国在表达方式的直接性和间接性的维度上处于美、日两种文化之间。因此，美国留学生和日本留学生对中国人的表达方式同时有了截然相反的评价。美国留学生认为中国人在表达上不直接；相比之下，日本留学生认为中国人在表达上过于直接。由此，中美和中日之间的跨文化人际适应问题也截然不同。以下就以美、日留学生的跨文化人际适应问题分而论之。

第一节　美国留学生部分

一　中美表达方式的差异："直接"与"不直接"

美国留学生普遍认为美国人比中国人更"大声"，更直接，直接意味着"毫不伪装"、"诚实"、"自然"地告诉对方自己的想法、感受、意见和疑问，即使这些意见和想法与对方相互抵触。因此，美国人可能在公开场合展开辩论，指出对方的错误；甚至通过大声嚷嚷和诅咒发泄自己的不满情绪。在"直接"这一点上，美国留学生刻画出诚实外向，不加保留；喜欢辩论，不留情面；固执己见，具有攻击性的美国人形象。相比之下，他们认为中国人"安静"，而"不直接"，不直接意味着"保守"，不会告诉对方自己的真实的想法，尤其是不喜欢和别人意见相左，批评或被批评，而是尽量"克制"、"礼貌"、不冒犯人；即使被冒犯也"隐而不发"，有"伪装"和"不诚实"的一面。

有关中美表达方式的例子很多。比如：美国留学生注意到中美在负面情感的表达上有不小的差异。在公共场合，美国人毫不忌讳，大声嚷嚷，

不怕成为众人注目的焦点；而中国人能省则省，安静保守。而且，中国社
会也不认同这种公开表达个人不满的方式。

> 我知道在中国，如果你对什么不满，你诅咒或嚷嚷，那大家都会
> 用奇怪的眼光看你。大家不认同。但是，在美国，这种事情经常发
> 生，一直都有。你踩了自己的脚趾头，丢了什么，你就诅咒，这是很
> 正常的。但是在中国并不多见。（杰克）
> 我觉得中国人更加保守和安静，他们不喜欢制造场面，引人围
> 观。但是在美国，有什么问题了，美国人就会表现得很沮丧。中国人
> 不会这么沮丧，他们不喜欢制造场面，然后大家来围观。（琼）

美国留学生还注意到中美在处理人际关系问题的方式也有所不同，
中国人即使人际关系有问题，也不把问题公开，而是好像没有发生；美国
人不仅公开问题，而且直接谈论和解决问题。

> （他们）很不直接。比如：我冒犯某人，他们憋在心里，不说
> 出来。……他们对我的态度变了。你知道，他们不外向，不直接，
> 但是他们看起来（已经）有问题了。他们只是不说出来。我觉得中
> 国人和美国人在表达的直接性上有很大的差异。美国人更加直接，
> 他们直接问问题，如果他们有什么问题，他们直接说。在同样情况
> 下，中国人更加克制。（杰克）
> 我有一些朋友，关系更加直接坦白。大家有不同意见，会用礼貌
> 的方式进行谈论。你们有时间，交换彼此的感受和想法。告诉对方有
> 什么样的误解。在这里，我和中国朋友没有冲突，但是我看到其他的
> 外国人和中国人之间的冲突。谈话间，你希望中国朋友（和对方）
> 说这件事，我常说：为什么不和他谈谈？你知道，你置之不理，但是
> 你明显有问题，而且问题会困扰你。你知道，这就是区别，对谈论问
> 题，感觉犹豫，更多的想法是：忽视这件事情，让它去吧。（珍珠）

中国人的表达方式，在美国留学生看来，如果从正面看是"礼貌"；
如果从负面看是"假装"。

　　我认为美国人的礼貌水准没有中国人高，所以，中国人更加礼貌，更加保守，看上去更加礼貌，美国人更会说话，更外向，没有那么礼貌，看上去也没有那么礼貌。（苏姗）

　　我后悔自己太直接，因为我觉得中国人不那么直接。他不告诉我他怎么想，而我告诉他所有的想法。这不公平，所以，我有点后悔，也许，日后我得和他们一样假装（不说出来）。（玛丽）

　　在美国留学生看来，美国人直接的好像没有前台，内在的情绪、看法、意见和观念，都可以毫无保留地表现出来，和别人进行交流，而美国社会也对此习以为常。但是中国人相比之下更加保守，或者不说，或者言不由衷。总之，美国留学生注意到的就是在一定社会规范影响下的表达方式的直接和不直接的差异。但是，这些社会规范指的是什么呢？

二　中美文化差异：人情面子和就事论事

　　中美在表达方式上的差异最终可以追溯到价值观。价值观影响了人际规范，进而影响了表达方式。中国人际交往的基本原则是人情。在这样的原则下，面子成为人际交往的基本规范。面子作为一个人在社会上所受到的基本认可和尊重，判断标准是有无影响到一个人的社会形象和个人自尊。所以，美国留学生认为中国人慎用令他人丢面子的言行，也不喜欢他人丢自己的面子。即使彼此有过节，也碍于面子，得过且过。因此，对错问题远在面子之下。但是，直率的美国人没有中国人的面子观念，他们认为最重要的是事实的真相，个人应该诚实的表达自己的想法，澄清事实，使事态重归于正或辨明真相，以免日后犯错。因此，从长远来看，真相和真理远比人情面子更有价值。

　　（一）中国人的行为规范和价值倾向："面子"和人情

　　与美国人无拘无束的自我表达相比，中国人显得保守又克制。无论是上述例子负面情绪的表达，还是冲突中的自我表达，中、美都存在明显差异。美国人在和中国人的跨文化交往中，不仅体会到表达方式的差异，而且也体会到了言语背后的"面子"观念。正是由于面子观念的存在，中国人才不会像美国人那样直接。他们不喜欢被别人批评，也不喜欢批评别人；不喜欢反对别人，指出他人的错误，也不喜欢被他人指出错误；不喜欢拒绝别人等。因为这些言语行为会令他人感到"尴尬"、"感觉不好"、

"侮辱了他人的能力"。但是在上述的情形中，美国人的体会是：中国人因为考虑到照顾他人的面子，因而不会轻易否定对方。最常见的是不指出别人的错误。对中国人来说，与其让他人难堪，不如不要计较对错。对于中国人不直接、照顾他人感受的特性，美国留学生或者认为有"礼貌"，或者认为中国人在乎"面子"。但是在美国人的文化字典中，如此的照顾他人情绪，维护他人自尊的"面子"观念是不存在的。因此，访谈中的美国留学生或是从阅读中知道了面子的意义，或是对面子的意义抱以猜想的态度，或是模糊地感觉到面子的存在。

> 他们（美国人）没有那样（维护面子）的传统。尽管有人写这方面的书。很多（中国人）在意自己的行为不让他人丢脸。我举个例子，我说什么，你说：我不相信。是吗？那就是让人丢脸。我看到在美国有这种情况，在中国没有看到。（约翰）

> 丢面子？是的，丢面子是很有意思的。在中国，你不能像在美国一样批评人。他们对批评不如美国人开放，你不能在公共场合说，看，小李错了。你不能那样指出错误……就像一些很常见的，如某人掉了什么，你不能指出小错误。不然，中国人觉得丢脸，至少我觉得是这样。（杰克）

> 我如何理解面子？我猜是如果某人做错了什么，你不想反驳他们，你不想让他难堪。你设法礼貌些。但是有时候也很好笑，你们都知道某人错了，但是不说。因为你知道，你不想那个人感觉不好。（贝蒂）

和贝蒂一样，留学生茉莉在访谈中主动提到了面子，我顺便问她对面子有什么样的理解。

> 茉莉：尴尬，我猜。
> 我：为什么你觉得他们会尴尬呢？
> 茉莉：我猜是如果你侮辱了他们的能力，我真的不知道。

从上述的例子可以看出，美国留学生在跨文化交往中体会到中国人在交往中善于维护他人的面子，为了不想对方感到"尴尬"、"难堪"、"被冒犯"，在交往中不指出他人的错误，避免使人"丢面子"。同样，对于他人当面指出自己的错误，他们也觉得丢脸。美国人在觉得中国人礼貌的同时，他们觉得面子很有意思。因为大家表现的都不是真实的自己。即使大家都心知肚明，一旦打破这个游戏规则，就冒犯了别人。这对于以真相和事实为准绳的美国人来说，是另一种有趣的社会游戏。

> 我觉得这很有趣，你有自己的脸，你实实在在的面部脸孔，但是每个人都以某种方式和他人交往，大家表现的都不是他们真实的自己。他们表现的是他们想要给他人看的样子，但不是真实的样子。所以，如果撕破那层脸，就会冒犯他人。（杰克）
>
> 但是有时候也很好笑，你们都知道某人错了，但是不说。（贝蒂）

美国留学生在跨文化交往中逐渐认识到了中国人的脸面文化。早在19世纪，脸面就已经是来华外国人文化接触的一大发现。到20世纪50年代，开启了脸面研究的源头。从他们对脸面的论述中，我们发现脸面和个人自尊、情感是相互联系的。杨懋春这样讲述脸面的意义："当我用中文说他丢面子，是说他丧失了名誉、他受到了侮辱或在一群人面前受到了难堪。当我们说一个人要面子，是说他不计较代价地希望别人给他荣誉、声望、赞扬、奉承或让步。实际上，面子是一个人的心理满足，是其他人给他的社会评价。"[①] 对于面子，鲁迅认为脸面有一条界限，如果落到这条线下面去了，即失了面子；如果上了这条线，就有面子。[②] 后来的学者认为脸面这条线是一个人在社会中获得的最小的社会尊重，是一个人拥有的基本尊严和受人尊重的品质。[③] 是其他人给他的社会评价，是一个人从社会评价中获得的心理满足。只要上了面子这条线，就不会丢脸，在情感上也不会难堪；在人际交往中也维护了最基本的人情。面子规范下的中国式表达如图7—1所示。

---

① 杨懋春：《一个中国村庄：山东台头》，江苏人民出版社2001年版，第167—168页。

② 鲁迅：《说"面子"》，《鲁迅全集》（第6版），人民文学出版社1991年版，第126页。

③ 成中英：《脸面观念及其儒学根源》，载翟学伟编《中国社会心理学评论》（第2版），社会科学文献出版社2006年版，第78页。

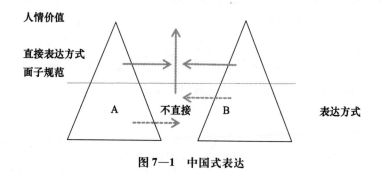

图 7—1 中国式表达

本土心理学家杨国枢认为在农业经济形成的社会结构中，传统的中国人在行为方式上有"他人取向"的特点，这一取向导致了中国人的面子心理。在这种心理的作用下，中国人对批评等否定自己的言行非常敏感，希望保全自己的脸面，在他人的心中留有良好的形象。为了在不同的社会情况下和不同的人保持良好的社会关系，因此常常会言不由衷，说出有违自己真实感受和意见的话。[①] 杨国枢的"他人取向"和西方人的个人中心的特点完全不同。在个人主义的工商业社会结构下，集体的和谐退为其次，而更强调个人表现，注重维护个人利益。

（二）美国人的行为准则和价值倾向："诚实"与真实

诚实是美国留学生认可的行为准则，对错是他们行为的最终价值指向。

美国人习惯直接的表达方式有多种原因。直接使得交流更加"简单容易"，直接提高"效率"，但是最重要的是直接意味着在各种交际情形下"诚实"的告诉对方"事实"、"真理"和"真实"。他们认为这些比暂时的面子和人情更重要，更有价值。美国留学生苏姗的一段访谈代表了美国留学生对"诚实"的理解和诚实背后的价值取向。

　　我：你认为照顾他人的感情重要，还是说真话更重要？

　　苏姗：如果相互对立的话，我会倾向于真理和事实，还有诚实。这和我小时候的教育有关。诚实为上策。我很小的时候就知道了，都

---

① 杨国枢：《中国人的性格与行为：形成及蜕变》，载《中华心理学刊》1981 年第 23 期，第 39—55 页。

记不得第一次是什么时候。

　　我：诚实是什么意思？

　　苏姗：呵呵，诚实指的是说真话。

　　我：告诉别人你的真实想法？

　　苏珊：对。我也许是错的。但是这是我的想法和我认为是正确的。

　　美国留学生之所以看重事实，是因为说出事实，才能认清并解决问题，使人际关系重归于好；从长远来看，只有明了事实和真理会制止人进一步犯错，从而避免更为尴尬的情况。所以，无论在哪种情形下，人情和面子与事态的对错相比，价值更小。在下面的冲突情境中，美国留学生看重的是事态的对和错，为了使事态恢复正常，牺牲面子和人情也在所不惜。其实，这种说法是我作为中国人的说法，美国留学生基本没有中国人的面子和人情观，因此也谈不上"在所不惜"。

　　1. 冲突情境："重新使事态回归于正"

　　根据访谈材料分析，美国人对中美文化差异的感知主要来自人际冲突和冲突的解决方式。在这里，冲突的解决方式被简单定义为两个人在相互对立的情况下，采取的处理方式。以下讲述的是美国留学生在人际冲突的处理方式中折射出的美国文化特点和对美国文化的理解：他们如何诚实、直接地表达自己？为什么这样选择？

　　生活中的人际冲突是美国留学生感受到中美表达方式差异的一个重要情境。人际冲突有剧烈的情况，也有一般的情况。在较为剧烈的情况下，负面情绪激增。这是本节人际冲突的第一种情况。在这种冲突情境中，美国留学生看中国人倾向于隐忍，而不是打开天窗说亮话。中国人觉得直面冲突，交换意见是难为情的事，因为如果表面上的和谐被捅破了，意味着公然为敌，不给对方面子，这样大家都会觉得难堪。但是美国留学生自有一番逻辑和言论。总的来说，他们的逻辑是：不直白的表达自己的情绪、观点和看法，如何才能解决问题？在下面的例子中，珍珠和苏姗讲述的如朋友等亲密关系之间的例子；杰克讲述的是陌生人之间的例子。在两种情形下，美国人都是通过"诚实"、直白地告诉对方自己的想法和感受来达到解决问题的目的，在整个过程中鲜有中国人的面子观念。

　　我和我的朋友，我们会谈论彼此之间的问题，不会置之不理。一般我们一起吃午饭，在美国的话，你到我寓所，我家，一边喝酒，一边讨论我们的问题是什么。然后，我们重归于好，如果在美国有人冒犯我，那个人和我关系不近，我就结束彼此的关系，我不会假装什么问题都没有，如果她还值得拥有，我会谈论我们之间的问题，如果不行，那就准备和别人建立新的关系，因为这段关系不能继续下去了。因为冲突，如果处理得当，两个人的关系反而更近。如果冲突意味着你对我嚷嚷，我对你嚷嚷，你再见到我，也好不到哪里去。如果，有冲突，我们坐下来，喝杯茶。我说，我想和你谈谈发生的事情，因为我是这么想的，所以我会那样反应，但是你那样反应，问题就大了。我不想这样。所以，对话完全不一样，我们更加亲密了，因为我们解决了问题。（珍珠）

　　我以前压抑自己的感情，不会告诉别人我对一些事情的感觉，但是我现在更加开放。如果我伤心，不高兴，我更愿意告诉别人我的感觉如何。现在我认为大家有争论反而更好。所以，当大家都冷静下来，你知道，我就会想要澄清他们的看法，回过头去谈论这事儿，好像很理性的人，呵呵。我认为美国人更倾向于讨论。小时候，我父母告诉我一句话：睡觉前不要有怒气。不要因和他人有争执而生气。不要留待问题到明天早上解决。现在就解决。（苏姗）

　　在冲突情形下，美国人看重的是通过交换意见来解决问题。在非亲密关系中，他们也是很"诚实"的，毫不忌讳在大庭广众之下表达自己的不满，而这也是解决问题的一种方式。只有这样，个人的需求才会被关注，被满足。可以看出，无论在哪种情形下，他们都不考虑中国式的人情和面子。杰克谈到一个对商店服务感到不满的美国人会如何表达自己，争取自身的利益。

　　就会表现出他们的挫败感，引起他人的关注。比如说：我对杂货店的柜台服务感到生气。他们没有兑现购物券什么的。在美国，可能会这样：真是荒谬，你们怎么这么做，很愚蠢，我有购物券，你们得给我兑换了。可能还有手势什么的。旁人看着，然后经理说：啊，这个想要兑换购物券的人影响了顾客的正常购物。所以，别担心，我们

会处理这件事的。通过大声嚷嚷引人围观。人们更容易平息他的怒气，改变现状。（杰克）

其实，类似的情形也发生在美国留学生和中国管理服务人员的交流中。杰克认为在这种人际关系之下，美国人并不是不在乎人际的和谐，但是和中国人珍视的人际和谐相比，事态的正确与否更加重要。

> 我知道在中国，他们认为当着大家的面怒气冲冲是不好的，仅仅因为发生了不好的事情，也不能在大街上咒骂。他们认为是不好的。你对服务不满，也不能直截了当地说。因为，中国人，我读到过，强调社会的和谐。但是在美国，我们想要和谐，我们只是觉得个人更加重要。我们把事实看得更加重要，如果有什么事情出了什么问题，我会牺牲和谐，改变事实直到重归于正。（杰克）

中国人往往倾向于避开冲突，认为冲突不好，因为冲突把代表双方和谐关系的面子给捅破了。所以，即使有什么不愉快，能忍则忍，否则以后见了面觉得尴尬。社会行为的总体偏向为"情"。美国人没有面子观念，该怎样就怎样，所以他们更倾向于尊重事实，解决问题。冲突在他们看来，不是有害和谐，而是在某些情况下，通往和谐、平衡等正常状态的必经之路。所以，相对于中国人的情，他们更注重通过直接的交流了解真实的情况，为解决问题做好准备。

2. 非冲突情境："真相和诚实更重要"

在非冲突情境下，美国留学生认为美国人在人际交流中，不惧怕亮出和对方不一致的观点和想法，甚至指出对方意见、观点的对错。他们的理由是尊重事实比什么都重要。因为从长远来看，只有尊重事实，坚持做正确的事情才能真正使人受益。在这样的观念下，美国人已经习惯了辩论和批评。约翰和杰克分别是这样描绘美国人和他们自己的。

> （美国人）更会辩论，更喜欢辩论之类的事情。我会告诉你你为什么错了。我这就告诉你你为什么错了。举个例子，你错了，我会告诉你你为什么错了。你会在美国听到这样的对话。（约翰）
> 我不是很在乎（人情）。我的个性很批判。我喜欢辩论，喜欢摆

出信息事实，然后你知道，反对你的观点，还有题目，尽管我本来没有观点。有人如果提出一个观点，我会提出相反的观点并想办法证实反面的观点。……我一直和我爸爸辩论，和我妈妈，和我爷爷。我也一直和我的朋友这样辩论，你知道，我们喜欢（辩论）。（杰克）

不仅是个人之间，"美国的整个政治决策都建立在辩论的基础上"。所以辩论不仅仅是个人自由的体现，更重要的是辩论出真知。就像美国留学生普遍认为的那样，真理比情感更具有长远的价值。大多数的美国留学生认为只有尊重事实，才能做对事情；只有做对事情，才不会陷入尴尬的境地；只有做对的事情，才会福泽人类。人际感情是暂时的，但是真理和真实的价值却是永久的。所以，真知比和谐更可贵。以真实为价值的美国式表达如图 7—2 所示。

　　人们为真理而辩论。绝对的真理或者是相对的真理。我穿这件衣服如何，你认为这件裙子他们看起来不好看，但你说：没有问题。呵呵，你知道，我认为：一般来说，真相和诚实比感情更加重要。因为这也是我希望如何被对待的方式。如果，某人说，你穿那件裙子很好看，你在外面走了一整天，大家都盯着你看，你觉得不舒服，然后你看镜子，看到裙子真不好看。那为什么和我说这件裙子好看呢？从长远来看，与告知真相相比，会引来更多的麻烦。（苏姗）

　　仅仅对人好，对人类没有多大好处。仅仅因为我对你不错，不会对你和你的孩子，我和我的孩子有什么好处，仅仅我对你好，并不意味着一切都好。（琼）

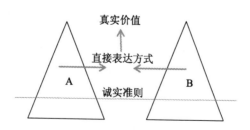

图 7—2　美国式表达

美国人认为真实比人情更加重要，固然可以理解。但是作为普遍人性的人情，为什么在很多情境下可以置之不理呢？美国留学生玛丽的回答是：大家都明白的。也就是说，这样的做法早已在文化中定型。就像中国人不与人情为难，美国人在真实面前也不易妥协。中西文化的差异早已影响了与情感有关的心理机制，尚会鹏认为东方人的感情机制以和外部人的关系为基轴，对外在的制裁有敏感度，在这种情况下发展出根据他者和外在情境控制感情的机制，即用"疏"的方式。西方人的"个人"模式下的感情以本真存在的有机体为基础，个体一方面需要释放感情追求快乐，另一方面为了避免感情的放纵带来的危险，发展出把感情压抑到内心深层的机制，所以对待感情的方式用"堵"①。美国留学生看重真实的价值观，以及他们直言不讳、好辩论的习惯，已经和特定的感情机制相互协调了。

这种情感机制的形成是两种不同的文化在不同的历史背景和文化土壤中形成的。但是还有更加深远的一面，也就是关于东西方文化如何放置心灵。对此，彭林通过说礼讲述了自己的看法。他认为西方人是宗教文化，灵魂归上帝管。人带着原罪，为了赎罪，走上正确的路，所以要信教，才能被拯救；中国文化不同，相信人性本善，灵魂归自己管，用道德来管。② 所谓外礼内仁，内在的道德通过外在的礼——行为规范，得以实现；日复一日的礼也帮助生成道德。以礼制情、克己复礼等都表达了一个有道德的人应该怎么做。人情面子也是道德的一种实践。"礼者、理也"，梁漱溟也认为中国文化非常大胆，以道德代替宗教，与西方人信仰宗教的传统不同，在世为人靠的是理性成就的道德。③ 所以，在文化最本质的问题上，东西方已经呈现殊途同归的倾向。在这个原点上，在社会文化上产生了各种差别。

三　美国留学生表达方式跨文化适应

如上所述，由于中美在人际交往中奉行不同的价值观，因此，双方在

---

① 尚会鹏：《论日本人感情模式的文化特征》，载《日本学刊》2008 年第 1 期，第 60—73 页。

② 彭林：《什么是礼》，http：//wenku. baidu. com/link？url = Hrfy7JM5d6gNG6ak2VPXkPw7S72UZDtDQt9uMXYfb6ojKsgQ＿ lSuIiI9xigFFm6r － 3iw2IwTwdIqR-AezxmP6MmlYvCo8akWC2Gda9RAVgy. 2014 年 3 月 19 日. 视频见 http：//kejiao. cntv. cn/C31671/classpage/video/20111001/100469. shtml。

③ 梁漱溟：《中国文化要义》，上海人民出版社 2011 年版，第 102 页。

人际规范上有很大的差异。总的来说，中国人注重人情，所以在交往中注重维护面子，与其在交往中指出直接对方的错误，否定对方，令人尴尬，不如保住面子更符合文化规范。因此美国留学生认为中国人在涉及面子的话题上不直接；相反，美国人更注重事实和真理而不是人情，所以美国人在交往中代之以面子的是诚实，他们希望通过直接的交流澄清事实，辨明对错。当两种文化相遇时，美国留学生的跨文化适应问题也随之出现了。总的来说，有下面几种情况。①由于缺乏面子观念，美国人在交流中过于直接，冒犯中国人。②中国人碍于面子观念，表达不直接，令美国留学生感到难以理解；或因碍于面子，提供了错误信息，误导了美国留学生。

（一）过于直接：“我压根儿没有想到面子”

正如美国留学生约翰所说，美国人没有在交往中照顾面子的文化传统，所以大多数的美国留学生直到来中国留学后，才逐渐意识到中国人在乎面子，但是在这之前，他们往往已经冒犯了交往中的中国人。他们或是通过观察，意识到自己的“另类”而不得不调适自己的行为以适应中国的交往规范；或是经他人提醒才有了这样的意识。所以，在很多情况下，他们的冒犯是“无辜”的。

> 我父母有个医生朋友在北京，我去见她，她给我安排了面试。这个面试很糟糕。他们不告诉你学校在哪里。我一直问他们地址在哪儿。他们面试前一小时才把地址给了我。我花了两小时找到那个地方。结果发现地址是错的。我真是恼火，我给他们打电话，对他们说：你们弄得这么乱七八糟，不可能招得到人。我告诉我父母，结果他们说：你不该那样做，因为有可能他们会因此感到没有面子。我说：我压根儿就没有想到。……我一个表弟，我们在一个穆斯林餐厅吃饭，他告诉我和我的朋友，穆斯林不吃猪肉是因为要对祖先表示尊重。我说这不对，他们不吃猪肉是因为不干净。后来我意识到我有可能在其他人面前这么反驳他，让他丢脸了。（茉莉）

茉莉是从美国人的思维方式来交流的，在第二个例子中，她说：“我纠正他是为了不再侮辱穆斯林。”尽管事后她意识到面子对中国人的重要性，自己有可能冒犯了对方，但是她还是认为“消除不正确的偏见比为一个人留面子更加重要”，而且，在美国，即使对方被指出错误，也不会觉得被冒犯，因为"真实更重要"。

在教学情境中，美国留学生也发现自己在中国的课堂上比较"奇怪"，正如奥伯格（oberg k.）在文化休克中所说，到了一个陌生的环境，失去了原来行为的一切线索。[①] 在异文化的环境下，本来习以为常的说法和做法开始失灵，为此美国留学生不得不调整自己的行为。

　　我：和老师同学有没有什么冲突？

　　贝蒂：和老师，我记得我在学校的第一个学期，我是硕士生，所以我在上中文课。有时候，老师，我不想说她犯了错误。只是她说的和书上写的不一样。然后我说，你知道，书上没有这么说。我说了后，开始老师有点震惊。你知道，我说了一次，我注意到班上除了我一个美国人，其他都是韩国人。没有人说什么。他们也应该说。但是没有人说什么，所以我想我以后可能不会再说了。因为，在韩国他们可能更尊敬老师。我想，他们应该也看到了，他们只是不说。在那之后，我还说过两次。但是我注意到大家很安静，我不再说了。（笑）

　　我：你有什么后果吗？

　　贝蒂：我觉得老师还是对我很好。她知道，不是攻击她。我设法告诉她：我只是想要知道这个词是什么意思。为什么和书上不一样。就这样。

贝蒂不是美国留学生中的特例，其他的美国留学生在课堂上也一样表现，只不过不同的留学生课堂，反应有所不同。茉莉说："我通常是纠正老师的那一个"，"我上个学期纠正老师的时候，他们只是笑。不知道有没有觉得真的尴尬"。但是，留学生对自己的行为做出的解释是共同的，他们的目的是想要"搞清楚自己是否理解了"。所以，他们"提问仅仅是为了想要求知"，他们不会"盲目跟从老师和书本"。而且，他们认为，在美国，"老师鼓励学生这样做"。在他们看来，在课堂上，学生如果直接说："我认为这不对，老师可能更会刮目相看，觉得你有批判意识。"在教学情境下，美国留学生已经习惯了互动式的，以求知为目的的平等和

---

　　① Oberg, K. （1960）. Culture Shock: Adjustment to New Culture Environments. *Practical Anthropology*, 7, pp. 177 – 182.

民主的氛围。老师和学生都会犯错，但是犯错并不可耻，真实地表达自己，朝着认识真理的目标前进才是最重要的。

带着这样的观念坐在中国课堂上的美国留学生，和中日韩学生注重给老师面子，不随便提问的观念截然不同。在亚洲社会，传统的习惯是"把一个人和他的工作高度等同起来，对某人的行为或行为能力的任何批评，就自然的变成了对他本人的批评"①。尊为人师，受到学生的质疑，难免起防御心和戒备心理。学生也不会触犯这种传统的文化戒律。在现代中国，虽然失去了不少传统的特质，但是并不意味着已经消失殆尽。文化的差异引起了美国留学生的跨文化适应问题，和贝蒂一样，他们直到发现自己的行为引起的反应和在国内不一样的时候，才意识到文化的不同和适应的必要性。

（二）碍于面子

1. 表达得不直接："你得花时间猜"

没有面子观念，直截了当的美国人在交往中传递的信息黑白分明。他人在交流中很容易就知道对方怎么想，不需要猜测。但是中国人的面子观念令美国留学生感受到了"似是而非"的灰色地带。从黑白地带进入灰色地带的美国留学生着实有了不少适应的困难。困难在于不知道对方确切的意思和真实的想法是什么。留学生贝蒂认为自己"得花点时间弄明白不直接意味着什么"。

> 我：可以举一个中国人不直接的例子吗？
> 贝蒂：哦，如果你问他们是否想出去玩。举个例子，非常直截了当地问。她们对说"不"会感到犹豫。对拒绝感到犹豫。她们想出一些事儿来，用一些借口，而不是直接说不。我觉得她们不必这样做。我有一个例子可以说明，我在上面浪费了好多时间，令我感到很沮丧。我教英语，我在一个机构里有两个一对一的英语教学任务。然后我想是否让两个学生一块儿，一起教他们。然后我问一个学生如果我把两个班合起来，她是否愿意。她说，我不知道。不确定，然后，我就不再问了。我大概问了三次，实际上，我想让她们相互接触，一

---

① ［美］鲁思·本尼迪克特：《菊与刀》，吕万和、熊达云、王智新译，商务印书馆1990年版，第106页。

起对话。我想她们可以直接说不，我不想和她一起上课。这很容易的，我不想和她一起上课，还是一对一。

我：你现在对他们的犹豫感到习惯了吗？

贝蒂：有时候，如果一个人犹豫，我不得不开始想了，她实际上在说不可以吗？还是一种礼貌？还是比较谦虚。因为犹豫可以有很多意思。这令人感到懊恼。因为你得花时间猜。我觉得他们可以直接说出自己的感觉。

我：中国人可能在想，美国人怎么可以这么直接呢？如果直接拒绝，他们担心会影响彼此的关系。

贝蒂：我想这得按照情况而定。在我谈到的例子中，我问学生是否可以一起上课，如果她说不，这不会冒犯我，仅仅说明她本人不想和那个学生在一起。我也不觉得有谁会往心里去。我是觉得你问人家什么事情，总是希望她们直接说是还是不是，如果她们说不，就好了，不再去想了。以前，我不知道中国人的交往方式，如果某人没有拒绝我，我以为他们感兴趣，他们想做什么，但是到最后关头，他们说，不行。这实在让我心烦。本来可以节省我好多时间的。也许，这就是美国人的效率和中国人的礼貌之间的矛盾。我觉得这反倒是不礼貌，因为浪费了我好多时间。在他直接告诉我之前，他让我误认为他有兴趣。

因为注重人情，贝蒂遇到的中国人不轻易否定别人，包括拒绝别人。即使拒绝也很委婉。贝蒂以美国的文化逻辑期待中国同伴和学生诚实直接说出自己的想法，然后决定怎么做，但是结果往往事与愿违。中国人不会明确地说是和否，这引起了美国留学生的误会，在交往中频频受挫。中国人真实的意愿和想法总在言语之下，隐晦不明，令他们感觉言语的信赖度不高。原先直截了当、简单明了的交际风格不得不向委婉模糊的方向转变，心理上开始充满不确定感，一时难以适应。美国留学生对中国文化逻辑下的不直接的表达方式的不认同不仅仅在于不直接给交流本身造成的麻烦，还在于他们认为这种"不诚实"的表达方式难以取得相互间的信任。

不好的一面是这个人从来不告诉你他们的真实想法。如果你说什么，比如说什么历史，你认为是对的，我知道你错了，但是我不会说什么，我们之间的关系就这样。如果某人从不说他认为你错了，你不

会和他建立关系。（约翰）

中国人考虑对方的感觉，习惯在意见和想法上有所保留，不交底；但是，正如约翰所说，这种不明朗的做法让部分美国留学生感到难以建立信任关系。

2. 提供错误信息："不说自己不知道"

面子给美国留学生带来的困扰还包括这样的情况：他们期待对方说实话，但是他们遇到的部分中国人碍于面子，宁愿给出一个错误的答案，也不愿说自己不知道。习惯认为对方说的就是事实的美国留学生，因为被误导而愤愤不平。留学生约翰因为对北京不熟悉，常常问路，但是发现别人告诉他的线路常常是错的。

> 约翰：我在街上问路，用中文说：在哪里？他们说那边。但是发现不在那边，我读了好几本书发现并不在那边。似乎很多人，他们随便给个答案，因为他们不想让人知道自己不知道。
> 我：面子。
> 约翰：为了不丢面子，所以他们给个很长的答案，告诉你一个错误的方向。
> 我：有多少次你发现方向错了？
> 约翰：六七次。

贝蒂的问题也在于中国人"不说自己不知道"。

> 你知道，刚到中国的时候，你有很多需要问的。你不知道怎么办。所以你问很多人应该怎么办。我感到懊恼的是，他们不说自己不知道，他们说：可能是这样，或者说，不行，你不能这样做。事实上，他们说得不对。他们不会直接告诉你他们不知道，他们给你错误的信息。这令我很恼火，因为，如果他们不知道，我问其他人。（贝蒂）

留学生倾向于实话实说，而中国人说话之前考虑面子。由于面子的掺和，知道和不知道之间的界限也模糊起来。由于对中国文化不熟悉，难以辨别特定情境下对方的言语是否可靠，因此被误导的情况也时有发生。

第二节　日本留学生部分

一　中日表达方式差异："直接"和"不表示"、"模糊"

日本留学生在跨文化人际交流中也对中日表达方式的差异有深刻的印象，但是他们和美国留学生对中国人的印象完全不同。日本留学生认为中国人"爱说话"、"想到什么说什么"、"不掩饰"自己的情绪；他们认为自己在同样情况下会"不多说话"、"模糊"、"不会表现"、"会掩饰"自己的感觉。在日本留学生的心目中，中国人开朗直率，直截了当；日本人安静克制，委婉暧昧。中日在表达方式和表达量的多少上都有较大的差异。

（一）中日表达方式差异：直白与暧昧

如上所说，日本留学生在和中国人交往的过程中，意识到自己作为日本人在表达上比较模糊、暧昧和委婉；而中国人会说出自己真实的想法。

> 我：就你和中国人交往的体验，是喜欢还是不喜欢呢？还是无所谓喜欢和不喜欢呢？
> 山本：嗯，很难说，喜欢和不喜欢的感觉，不是无所谓。比如说我喜欢中国人的性格，中国人的性格很直截了当，不像日本人那样拐弯抹角。对，我比较喜欢中国人那样的地方。

山本用"拐弯抹角"来形容日本人的表达习惯。留学生小林来到中国留学后，继续保持了这样的习惯。从下面的访谈片断中，我们不难看出他拒绝的方式不是美国留学生描绘中国人拒绝时的"犹豫"和简单的"我想想"、"我考虑考虑"之类的托词，而是"拐弯抹角"，肯定对方又在否定对方，总之令人难以明了说话人的真心。

> 我：在和中国人交往的时候，有没有什么误会，就是你误解了他的意思？
> 小林：误解。我不能拒绝别人的约会，所以我经常回答得比较模糊，所以中国朋友不知道我想要说什么，去还是不去，（笑）这个是我的问题。

　　我：你怎么说呢？

　　小林：我想去，但是明天有点事情，所以我不能去。

　　我：然后你真正怎么想的呢？

　　小林：我其实不想去，但是我不会说我不想去，我不会说我不想去所以不去。所以，我回答的时候，经常很暧昧。

　　不少日本留学生来到中国后，开始入乡随俗，有所改变，从"模糊"转向直接。如果我问日本留学生：来到中国后有怎样的变化，他们的答案很可能是"更直接了"。从他们的转变也可以看到日本人的表达方式本来比较暧昧。日本人不善于表达自己的主张，因为最关键的不是表达自己，而是和谐的关系。如何表达是礼貌的一部分，怎样让听的人觉得舒服是很重要的考虑。无论是协商、批评还是拒绝，都应该考虑对方的心情。因此说的人不能不暧昧，含糊；而听的人也早已习惯听取话外音。

　　　　在答辩的时候，日本老师不批评。如果他觉得什么字写得有问题。他会问："这个字为什么这样写？"如果学生说："这是年轻人的写法。"那么大家的面子都能够保全。（吉田）

　　　　如果我的朋友穿得不好（看）的话，我说你以前穿得很好看，但不会说他今天穿得不好看。（小野）

　　上述的例子只是说明日本人表达方式的一部分。日本人对比美、日之间的交流方式后，常常把自己的表达方式形容为"湿性"的方式，而美国人的方式为"干性"的方式。这意味着他们自己的表达方式是有情感考量的，而后者却不是。[①] 这样的表达方式体现了为他人的情感着想的特点，但是其中的意味令人难以捉摸。在跨文化人际交往中，尤其如此。

　　（二）中日表达量的差异：直露与克制

　　无论是语言表达和非语言的表达，在日本留学生看来，日本人的克制程度都远远大于中国人。因此，中国人言语表达的总量大和非语言表达的外露是区别于日本人的两大重要特征。首先，日本留学生认为中国人

---

　　① Donahue，R. T. （1998）. *Japanese Culture and Communication.* Maryland：University Press of America. p. 125.

"爱说话"、"一直说"、"不停地说"。相比之下，在一般关系中，日本人不问不答，好似没有一句多余的话。

　　日本人不太多说话，我觉得中国人说得很多。

　　日本人最重要的是别人对我有什么样的感觉。可是如果我们日本人之间聊天的话，听和说的，多听也不行，多说话也不行，听和说量一样的。（小野）

　　我觉得中国人真的爱说话，我和日本人说的时候，我说，然后他说，他说完以后，我说，这样的，比较多。（小林）

　　他们一开口就说，不停地说话。他们想让我听，最近有什么事情。所以我很认真地听。（中村）

　　日本留学生在交流中很少有滔滔不绝的特点。"相守本位"，以对方为主，"先听后说是日本人的会话原则"。据研究，日本人的对话有反馈型模式的倾向。"日本属于听和反馈的文化，他们很少主动，发起讨论，而是倾向于先听，确立对方的立场，然后再回答，说出自己的意见。"所以，在这样的文化中，遵循的是这样的模式：单方说话—停顿—反馈—单方说话。[①] 但是在多边互动的文化中，听说没有固定的秩序，交谈中的停顿和反思的间隔也很少，一方自由发表意见，另一方也可通过提问随意打断对方的说话。这样一来，说话量也明显大于反馈型模式的对话。

　　在非语言表达方面，尽管美国留学生也认为中国人不直接，但是他们还是可以从态度上看出对方的心理状态。但是日本留学生认为日本人"不表示"，喜怒不形于色。如：即使生气也看不出生气的样子，即使感兴趣看上去也不感兴趣的样子，即使困倦也不表示困倦的神色，更不会说出来。个人的内心的情感和想法基本处于克制和封闭的状态。相比之下，他们认为中国人直露，不加掩饰，"一定会生气"，因此他们认为"很容易明白中国人的心思"。

　　我：那你在日本生活的时候，你需要考虑很多东西？

　　加藤：我一直看他们的表情，然后……很多日本人不说自己的真

---

　　① Lewis, R. D.（1999）. *When Culture Collides.* Yarmouth：Intercultural Press. p. 42.

心，所以，我应该看他们的样子，然后猜测。他很困，他不说自己很困，看起来很困的话，我问他，你很困吗？中国朋友的话，他自己说，我很困。很容易明白他的心思。在日本的话，猜测别人的心理，所以我比较累。有的时候很累。

　　比如说，我对中国人说的比较过分的话。中国人一定会生气。所以我很容易理解，他为什么生我的气。但是如果是日本人的话，他当时不说：我很生气，看不出来，然后渐渐地我跟他的关系疏远了。（山本）

　　从日本留学生自身留学前后的变化，他们也感到中日文化中直接和不直接的差别。不少留学生认为自己到中国后变得直接了。在下面的例子中，留学生小野对自己在留学前后分别同化于日本和中国文化时的"样子"、"态度"等作了如下的对比。

　　我：到中国以后，有什么变化？
　　小野：有改变。那个，在日本的时候，如果生气我不表达生气的样子。来中国以后，如果我觉得那个人有错的话，我也可以说他错。
　　我：那个人是中国人吗？
　　小野：服务员，他态度不好的话，我的态度也变不好，在日本没有这样的。

　　日本人在表达上的暧昧和克制使得日本人的外表和内心真实的想法呈现不一致的状态。日本留学生认为："日本人不说自己的真心。"不少文化观察家用"面具下的日本人"来形容这一主要特点。在日语中，用"本音"与"建前"来区分日本人表里的不同。"前者指的是心声，是个人的逻辑；后者是原则，是表面的方针和集体的逻辑。日本人的表情不是来表示自我的，日本人在他人面前不表示属于个人的喜怒哀乐，更不表示否定意义的情感。而只有温和的微笑和为对方的言行所感动时候的赞叹表情。"[①] 福斯·强皮纳斯在对 23 个国家的调查中发现，在中性化和情绪化

───────────────

　　① 吴世平：《中日文化差异与体态语言的表达方式》，载王秀文、孙文编《日本文化与跨文化交际》，世界知识出版社 2004 年版，第 140 页。

这一涉及情感表达的文化维度中，从低到高（从不表达到表达），日本位列第一，而中国位居 20，属于情感比较外露的文化。① 虽然中日都属于东方文化，但是在表达真情实感方面存在很大的差异。

二　中日文化在情感与礼貌上的差异

日本人为什么在表达习惯上趋于"模糊"和"不表示"，而中国人则显得直白和直露呢？是什么决定了中日表达方式的差异？访谈分析发现，中国和日本对于礼貌和人情的理解和期待有所不同。礼貌是行为规范，人情是价值指向。两种文化从价值观开始的分歧，一直影响到包括表达方式在内的各种人际规范。总的来说，日本文化更加关注情感，对情感的要求更高。以此为前提，礼貌的意义和规范也有了文化的相对性。表达方式作为礼貌规范的一种，有了上述的不同。

（一）和谐关系情感标准的高与低

虽然日本和中国都以和为贵，对于和谐赖以实现的情感都备加关注，但是中日对于和谐关系的情感标准有不同的期待。日本的交流重在呵护双方时时刻刻变化不定的心情，力求在交往中通过确保心情的愉快来实现人际关系的和谐，情感处于人际交流的本位。日本文化人类学家中根千枝曾经说：对于日本人，交流的快感不在讨论问题，而在于情感的交换。② 当日本留学生被问及人际交流中最重要的考虑是什么？他们是这样回答的。

> 她过的是否愉快。（小野）
> 他生气不生气。（佐藤）
> 考虑他怎么想，因为怕得罪对方。（中村）
> 考虑他怎么想，这样做是为了不给他添麻烦，让他开心高兴。
> （山口）
> 最主要的是考虑别人的心情。（铃木）
> 看他的脸，如果不是很愉快的话，不应该说那么多。（小林）
> 每次都要考虑别人的心情。（吉田）

---

① 王朝晖：《跨文化管理》，北京大学出版社 2009 年版，第 65 页。

② ［英］艾伦·麦克法兰：《日本镜中行》，管可秾译，上海三联书店 2007 年版，第 157 页。

可见，日本留学生关注的焦点始终在"心情"，并且着眼于对方是否"愉快"。从美国人对于中国人的观察来看，中国人也注重人情，但是情感不是交流始终关注和维护的对象，只有在触及个人自尊、危及对方面子、有可能使人陷于尴尬境地的时候，才会意识到对方的感受。但是在面子的底线之上，一般不会刻意地考虑对方的心情如何。大多数情况下，心情是交流中自然的心理状态，而不是交流的指向。所以，情感在中日文化中，有是否位居本位的差别。情感对于日本人来说，既是原则，也是本位。但是对于中国人来说，人情是原则，但不一定是本位。在下面的一段文字中，或许更能帮助体会到中日在情感上的文化差别。

虽然在这段话中，比较的是日本和西方。但是我认为中国人在同样情况下，可能更倾向于作出西方人的反应。

当一个西方人试着辩解自己的事情时，经常会不顾一切地说：可是，难道你不了解我的意思？"而他的日本对手，只会把愤怒控制在一个极速倒塌的礼仪墙后，说：可是，难道你不了解我的感觉？前者表现出一般的逻辑，而后者是心。"①

这样的例子在日本电影中很常见。我作为中国人，开始感到惊讶的是：日本人即使是很严肃的生活场景，很成熟的个体之间的对话，也会如此发问和表达："你是否理解我的心情？"② "好像家老无法推量死去的人的心情。"③ "当时他是明白我心情的人。"④ 在这三部电影中，发问和表达的不是成熟的中年男人就是武士一样的硬汉。类似的情况在中国的电影中似乎并不多见。如果设想在和日本电影类似的情形下（日本电影《蝉时雨》中的场景），一名中国军官闯进官府，用剑指着为官不良的官吏愤愤不平地说：你是否知道农民的心情？我觉得在中国人听来，这样的对白多少有些奇怪。我们更为熟悉的是口中说出"官逼民反，替天行道"的爱憎分明、除暴安良的起义者形象。对于这样的文化差异，本居宣长在《日本物哀》中有所分辨，即一种文化劝善惩恶论；另一种文化以物哀论，即"感悟而哀，从自然的人性与人情出发，不受道德伦理观念束缚，

---

① ［荷］伊恩·布鲁玛：《面具下的日本人》，林铮颛译，金城出版社2010年版，第163页。

② 日本电影《恋空》中的一幕，男主人公樱井弘树向女友美嘉的父亲提出求婚的时候，父亲发出的感慨。

③ 日本电影《禅时雨》中的一幕，在片尾，男主人公进入家老的宅第时的一番对话。

④ 《壬生义士传》中，朋友的女友死去后，两名壮士见面时，朋友的感慨。

对万事万物的包容、理解、同情和共鸣。① 所以，即使以善恶论，也是以"知物哀"者为善，"不知物哀"者为恶。

日本文化中的情感底色决定了他们对人际交流中的根本价值和中国人有不同的理解。我们在本章开头曾经指出：中美之间的文化差异主要体现为情与知的差别；而在这一节，中日之间的文化体现的是情感标准的差别。有学者把西方文化、中国文化和日本文化做了如下的概括：西方是知的文化，中国是意的文化，日本是情的文化。② 可见，日本的文化更注重情感的体验。所以，说它们的文化是体察的文化。感情是我们的身体对思想和念头等做出的反应。所谓体察也就是对情感、心境的一种觉知。日本留学生随着在中国跨文化体验的增多，也意识到了这个文化差异。留学生吉田认为他在日本和人交往需要考虑别人的心情，"所以比较麻烦"，相比之下，在这方面，中国的"麻烦"事儿更少。小林也发现在中国不需要考虑别人的"感受"。

> 小林：嗯，我比较喜欢说话了。我以前不太说自己的观点，一直默默地听别人的话，但是现在还可以。
>
> 我：这个变化怎么来的？
>
> 小林：可能跟中国人交流之中，他们说得很痛快，然后对别人很热情，很近，然后我也不太考虑他的想法，什么的。
>
> 我：那你和日本人在一起的时候会考虑他人的想法了？
>
> 小林：对，应该。
>
> 我：他的什么想法，感受还是想法？
>
> 小林：感受。

由于日本社会主要通过心情达成人际关系的和谐，重在通过情和情、心和心交流建立心灵的联系，达成和谐的人际关系。相比之下，中国人对情感没有如此关注。价值观的差别进而影响了两种文化对礼貌的看法。

（二）礼貌标准的差异

从美国留学生对于中国人的印象看来，中国人的礼貌主要表现在不否

---

① ［日］本居宣长：《日本物哀》，吉林出版集团有限责任公司 2010 年版，第 9 页。

② 崔世广：《意的文化和情的文化——中日文化的一个比较》，载《日本学刊》1996 年第 3 期，第 61—67 页。

定对方的意义上。最常见的是：不说对方的错。但是日本留学生所理解的礼貌远不止于此。在社会公德和服务一章，我们曾经分析和解释过日本的礼貌，礼貌在公共场合更多的是遵循一定的规范，照顾他人的感受。如：为了不"麻烦"别人，保持公共场所的安静，不大声喧哗是礼貌。对于服务人员来说，服务也要遵循一定的规则，如使用敬语，等等。但是在非公共领域，更为亲密的人际交往中，礼貌又意味着什么呢？

在日本留学生看来，礼貌是要让对方感到心里"舒服"、"愉快"的言行。也就是和价值观一致的言行。因为有这样的目标，所以他们倾向于认为和这个目标相互违背的言行是"不礼貌"的。因此，礼貌的言行不仅仅包括不否定别人，也包括不给人造成身心压力、不把自己的意见强加于人等尊重和敬重他人的言语和行为。日本语言学界大多数人将礼貌理解为："表示郑重"，"表示敬意关怀"①。比如说，在前面我们讲到过中日在自我表达的话语量上有很大的区别。中国同学倾向于滔滔不绝，但是日本人有问有答。对于中国人来说，同学和朋友之间只要不是什么危及对方自尊的话语，都可以尽情自由地表达。这样的自我表达没有不礼貌一说。但是日本留学生普遍认为"先听后说是会话原则"，听别人讲话是礼貌的一种表现。

> 我：中国人讲自己的事情多一些，还是日本人讲自己的事情多一些？
>
> 中村：中国人讲自己的事情多一些。是日本人先要听别人说的。
>
> 我：为什么先听别人说？
>
> 中村：表示礼貌吧。

听别人说不仅是听取别人的意见和观点，让对方感到自己被尊重；另一个方面也是时刻关注对方的表情，避免对方"听累"、"不愉快"的情况发生。

> 如果说太多的话，那个听的人感到累。（千叶）

---

① ［日］福井启子：《中日言语行为差异与心理交际距离关系研究》，博士学位论文，吉林大学，2010年，第34页。

看他的脸，如果不是很愉快的话，不应该说那么多。（小林）

从上面的例子中可以看出：情感决定了礼貌的言行应该是什么。共同做决定是人际交往中频繁发生的事件。留学生认为中日在约会行为上有较大的差异。中国开门见山，问"去不去"，日本需要"慢慢来"；中国说一不二，日本给自己和对方都留有充分的余地。一个直截了当，一个迂回婉转。差别的原因在于日本尽量避免交往中令他人感到不舒服的、不高兴的情况；所以，即使是简单的约会也要"相互看对方"，为对方考虑，照顾对方的心情。相比之下，中国人对于情感的关照没有达到这样的地步，为对方做的考虑也没有那么多，表达也相应地直接。

（因为）我们觉得拒绝别人也是一种不太礼貌的（行为）。所以我们和朋友说话的时候，先给他，他可以拒绝的余地。那样的话，他容易拒绝我的意见，不然的话，他不容易拒绝。

因为日本朋友，我们出去玩，到哪儿，吃什么。会考虑别人，如果你没有时间的话，可以改天。还有你如果很累的话，可以改天。但是中国朋友的话，直接说，这个周末去哪里，然后第二天去哪里。但是那个怎么说呢，没有好不好。中国朋友觉得，如果我觉得不行的话可以说不行。所以，这个怎么说呢，我已经习惯了，但是刚和他交往的时候，不习惯，好像被强迫做这个事情的感觉。呵呵。（山口）

从以上例子，我们不仅可以看到中日对情感的关照有所不同，在表达的直接性上有所不同，在互为对方考虑的程度上也有所不同。日本在交往中，关注的不再是个人，而是一个关系共同体。他们以对方在交往中都感到舒服和愉快为目的，所以，代表个人"本音"的真实想法和感受被克制，代之以"建前"的以人际和谐为目的的礼貌言行。这也是为什么出现了"面具下的日本人"这样表里分治的文化特征。日本的礼貌以情感为目的，以克制和考虑为条件。中国的礼貌也是这样，只是因为对情感的关照比较有限，因此，给予个人表达的空间较大，考虑也相对减少。但是，正是这样的文化差异造成了日本留学生对中国的负面印象：不礼貌，欠考虑。

三　日本留学生表达方式的跨文化适应："不礼貌"、"欠考虑"

对中国文化感到陌生的日本留学生在跨文化交往中，由于双方在价值标准和礼貌规范上存在的落差，造成了相应的心理落差。中国同学的直白和直露虽然有时候也带来惊喜，但是也会让他们感觉"不礼貌"，因为他们的直接给对方带来了心理负担，令对方感到不愉快。

　　我：感觉有什么文化差异吗？

　　加藤：我觉得中国朋友比日本朋友更直截了当。

　　我：能举个例子吗？

　　加藤：如果他们给我教汉语。那时候他们可能会很疲惫，很累。那时候他们表示很累的样子。比如说：做个累的姿势，呵呵。

　　山本：我觉得中国人的口头禅就是：很累啊，很困啊。

　　我：那日本人碰到这种情况会怎样？

　　加藤：忍耐，不表示。

　　山本：比如说，男女朋友约会的时候，虽然我有点累，但我绝对不会表现出来。但是中国人常说我很累啊，我很困啊。我昨天只睡了两个小时啊，那样。

　　我：你们第一次听中国人这么说，有什么感受吗？

　　山本：第一次听到那样的时候，我觉得他是那样的人。但是没想到以后见过的中国人，大概是那样子。

　　山本：我觉得，刚开始我以为别的中国人不是这样。

　　我：我觉得日本人有时也很累，但不说，他不说的原因是什么呢？

　　山本：怎么说。如果我现在和你聊天，如果我表现出很累的样子，很困的样子，你，比较惦记。

　　我：就是有心理负担？

　　山本：对对对。

　　加藤：不想让别人感到我是没有礼貌的。

　　山本：如果你跟男朋友约会的时候，男朋友跟你说：我很累，我很困啊，你觉得怎么样？

　　加藤：想分手……

在中国人看来很正常的同学间的自我表达，在日本留学生看来是不礼貌的。不礼貌不仅仅是给他人造成了心理负担，而且对于心情至上的日本人来说，不礼貌还有可能造成关系的破裂，如上面对话中的"想分手"。伊恩·布鲁玛认为多数的日本人花费他们大多数的时间在演戏，饰演一个礼貌的日本人。他这样说："忠于自己"或"坚持你所主张的"不是日本人的美德。每个人都必须玩公关游戏，否则就被排除在游戏之外。对多数日本人而言，那是生不如死的。① 他的这段话说明，礼貌不仅仅是为了关照情感而礼貌，更重要的是通过关照情感融入社会、融入集体。在集体之上的文化中，个人难以承受被集体排除在外的后果。这种心理被认为源于日本农业社会中的"村八分"的惩罚，即村民们对一个不为大家接受的村民，在8/10的重要事件上采取不理会的态度。所以，具备这种民族心理特征的日本人害怕成为孤独的人，在交往中注重得以维系人际关系的他人的感受。这种民族心理一直延续至今，渗透在社会生活的点点滴滴中。所以，中日文化在情感和礼貌之外的约束机制也完全不同。这也是为什么日本人能够做到如此礼貌的内律和外律机制。相比之下，中国人没有类似的约束机制，这也是相对自然，"不礼貌"、"欠考虑"的原因。在下面的例子中，山本感到吃惊，按照日本人的标准，中国同学是"欠考虑"的，没有照顾对方的感受。

　　山本：还有，我以前和中国朋友去过 KTV。那个时候，比如说，以前和日本朋友去 KTV 的时候，我们一个歌一个歌轮流点，但是，他们一下子点了 7 首歌曲，然后他用这种东西（点歌的按钮），比比比（象声词）。他点了 7 首歌曲，所以很吃惊。他说，跟朋友每次去 KTV 的时候，常常做那样的事，因为不只是他唱，别的朋友也可以唱。所以，他也以为我可以唱中国歌，但是我一个都不认识。
　　我：就是他点那么多歌，他不知道人家喜欢唱什么，所以你觉得很诧异，是吗？
　　山本：不是不是。一般日本人的话，不会点那么多的歌曲。所以我觉得比较奇怪。

---

① ［荷］伊恩·布鲁玛：《面具下的日本人》，林铮颉译，金城出版社 2010 年版，第 255 页。

　　我：日本人为什么不会点那么多的歌曲呢？出于什么考虑呢？

　　山本：有的时候替别人点歌，但是不那么多。

　　加藤：一般点自己的，然后，因为，一个人可以唱那么多的话，别人可以唱的机会也少。

　　山本：一个人唱那么多歌的话，别的人都会无聊，都会觉得无聊。

　　有时，即使日本留学生完全理解对方行为的前因后果，他们对中国同学过于直接，忽视自己感受的行为感到失望。下面的经历是令留学生千叶感到最失望的。

　　我：在交往中有没有你不喜欢的？

　　千叶：不喜欢的？我上个学期去看武汉的朋友，你知道 Quoquo 奶茶吗？她也很喜欢，所以，我们一两次去喝。因为她对我很好，（而且）Quoquo 是不太贵的东西，所以我说我请她，然后她也很高兴。然后我们点了（两）杯，一边走，一边喝。然后她喝了四分之一，就扔了。那个时候我没有不喜欢她，不过我吃惊了。因为在日本的话，我不知道是不是在日本，如果别人请我，或者给我什么东西，虽然我……

　　我：你觉得她不礼貌？

　　千叶：不过我也觉得（她）没有不礼貌的意识。只是，她想那样子做。在日本的话，我们对别人感到有点不好意思。所以虽然不太想常常去卫生间，不过拿那个东西到最后，然后比如说，离开以后，可以扔。（当时）她就扔了，我没有和她说什么，不过很惊讶。而且，怎么说，饮料也有3/4，饮料也比较浪费。如果只有1/4，她喝不完的话，可以扔。不过她刚开始喝，还有很多就扔了，所以我吃惊了。

　　我：在和中国人交流的过程中，有没有失望的时候？

　　千叶：奶茶的事最大。

　　所以，中国同学相对直接、自由的表达方式在日本留学生看来显得"不礼貌"和"欠考虑"。如同前面所说，其根本的原因在于情感原则有所不同，日本的情感标准高，需要双方在交流中充分地考虑对方的感受，因此，个人的自由表达受到和谐关系的制约，表现为隐忍克制，委婉暧昧。中国的情感标准相对较低，受关系制约的范围小，个人自由表达的空间大，因此表现为不加约束，直截了当。

在两种文化的落差之处，也是日本留学生容易产生文化误读和适应问题的地方。如图7—3所示。

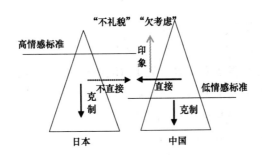

图7—3 中日表达方式差异与日本留学生跨文化适应

第三节 美、日留学生表达方式适应策略的讨论

跨文化教育和培训是改进跨文化适应的主要途径。在讨论跨文化适应对策之前，有必要再来了解跨文化培训的几种常用的方法，这些方法决定了应该如何进行跨文化培训。在社会公德适应一章中，已经简单介绍过事实导向的培训方法（fact-oriented training），即向留学生介绍中国的社会文化背景，帮助跨文化适应。此外，也介绍过归因培训的方法（attribution training），即受训者以内化东道国文化的价值和标准为目标，以便在归因上接近东道国人民。

本章介绍的另一种跨文化培训方法是文化意识培训的方法（cultural-awareness training）。这种方法以文化相对论的理论为基础，向受训者介绍东道国的文化观念以及与本国的文化差异。因此，受训者本国的文化观念成为习得目标文化的介质。但是值得注意的是，它们是在文化人类学视角下形成的文化观念。笔者认为，无论是对以下哪个群体的培训，归因培训和文化意识培训可以同时使用。文化意识培训重在横向的拓展，归因培训重在纵向的深入。

还有另外两种跨文化培训的方法重在从实践中学习。一种是体验式学习（experiential learning），这种学习方式鼓励受训者从实践经验中实现跨文化能力的提高。在体验中动用身、脑、心体验和认识目的文化。另一种跨文化学习的方法是互动式学习（interactional learning）。顾名思义，这种培训方式是鼓励受训者和东道国人民或者熟悉该国文化的人展开结构式或无结构式互动。目的是令受训者随着互动经验的增多，在交往中感到越来越舒服，并向他们学会在该国生活细节。①

一　美国留学生表达方式适应策略

（一）美国留学生：文化意识培训

美国留学生在表达方式的跨文化适应中存在的问题主要是因为他们不知道中国人的面子人情观念，因而常在跨文化交流中冒犯中国人或是难以正确理解中国人在交往中传递的信息。如果我们采用文化意识培训的方法，在他们自身文化观念的对照下，从人际交往准则（诚实）、表达方式特点（直接）、价值取向（真实）这些方面过渡到中国人相应的交往规范（面子）、表达方式特点（不直接）、价值取向（人情），那么他们就能够实现文化意识的拓展，兼具两种文化图式，成为跨文化的人。最具有现实意义的是，他们会减少因文化观念缺失冒犯他人的情况；对中国文化更加敏感，准确理解交流信息的可能性也更大。

另外，值得一提的是，如果上述的跨文化教育和培训过于费时费力。在条件不允许的情况下，可以直接提醒他们在中国应该更加礼貌。因为中国人的面子和人情观念影响下的表达方式，在美国留学生明白中国人的文化逻辑之前，他首先感到的是一种"礼貌"。可见，他们不一定有面子和人情的观念，但是他们有礼貌的观念，所以，如果利用他们已有的观念，提醒如何调适自己的交际行为，也是一种便捷有效的方法，尽管这种方法不如文化意识培训那样准确和彻底。

（二）中国方面

1. 认识文化差异，进行文化意识培训

尽管研究并未系统地论述中国人的跨文化适应问题。但是从中美文化

---

① Grove, C. & Torbiorn, I. (1993). A New Conceptualization of Intercultural Adjustment and the Goals of Training. In Page, R. M. (Eds.). *Education for the Intercultural Experience*. Yarmouth：Intercultural Express. p. 88.

对比以及美国留学生的叙述中，不难发现中国人在中美跨文化交流中面临的主要是面子的威胁。如：即使在一般的讨论中，也是就事论事，不顾及人情；在冲突中，有可能情绪表达强烈，批评和指责当事人。所以，文化意识培训的方法同样适用于中国人，只不过方向相反，从中国文化向美国文化过渡。

在服务一章，我们曾经提到中国的行政和服务人员最好知道无视跨文化管理的后果。其中谈到美国留学生的强势态度有可能对管理服务人员造成不小的压力。在这一章中，我们更加了解了美国留学生"使事态重归于正"的观念，"直接说出自己的想法和感受"，对"造势"，引人围观，不感到难为情的特点。对于以和为贵的中国人来说，也是一种跨文化适应。当然更重要的是通过改善跨文化管理，改进彼此的互动。

2. 搭建交往平台，促进体验式学习和互动式学习

由于体验式学习和互动式学习能够增进跨文化能力的提高，因此，建议中方的管理者或学生社团应该创设更多留学生和中国学生进行交流的机会。特别在目前没有实现趋同化管理的形式下，留学生和中国学生群体基本上处于隔离的状态。在有限的活动和课程之外，交流的机会很少。如果留学生和中国学生有更多交流的机会，那么他们在交往中实现互动式和体验式学习的机会更多，适应能力也能因此而提升。

二　日本留学生表达方式适应策略

（一）日本留学生：文化意识培训

日本留学生在表达方式上的跨文化适应问题主要是因为他们对于中日文化的相对性认识不足。因此，在跨文化培训中应该用意识培训的方法，通过对比两种文化的价值观（心情的关注程度和标准），人际交往的规范（礼貌）的标准和相应的表达的特点（直接和间接）进行对比。从日本文化意识向中国文化方面拓展，直到能够用他国的文化标准来衡量中国人的言行。那么，他们能够更好地理解中国人的"不礼貌"和"欠考虑"的原因是什么，对这种文化现象更加理解和包容。即使他们对此感到不满，如果他们意识到在失去那部分日本式的"礼貌"和"考虑"之外，取而代之的是中国文化中特有的，脱离人际关系过多束缚之后的自由、自然和轻松的感觉。特别是对于初来乍到的日本留学生，他们可能更容易达到心理平衡。

（二）中国方面

1. 文化意识培训

由于日本较之中国更不直接，所以可以推断中国人在表达方式上的适应和美国人有几分相似。那就是难以理解日本人的真实想法，并在交往中以"不礼貌"的言行无意中冒犯日本留学生。所以，从文化的相对性着手，认识日本特有的价值观（心情）和人际规范（礼貌）的标准高于中国文化。那么，在交往中会更加谨言慎行、注重对方感受，减少对方跨文化适应中由于中国人的"不礼貌"而产生的惊讶感。

2. 保持适度人际距离

同样重要的是，日本人的礼貌给对方带来的愉快感觉有时候会令中国人产生误读，误认为是可以接近，成为朋友的信号，因为中国文化相对表里一致，和日本表里分治的文化有很大的差异。所以，在交往初期，保持适当的人际距离也许对双方都更加合适。此外，日本留学生表里分治带来的另一个困惑是交流信息的模糊性和隐匿性。因此，如何了解他们的真实想法也会是中国人在中日跨文化适应中的一个难题。如果通过多观察、多听等关注信息接收和解码的交流途径，或许能够更好地理解对方。

3. 搭建交往平台

同样，中国方面应该搭建更多中日学生交流的平台。实际上，据研究发现，日本留学生在中国的跨文化人际适应的程度低于美国留学生。日本留学生是适应水平相对较低的一个留学生群体。[①] 我通过访谈了解到他们参加的中日交流活动一般以寻找语伴为目的。而且，留学生认为这类活动不利于发展友情，建立持久的关系。不少日本留学生自发以语言学习为目的举办交流会，弥补在隔离化管理形式下，中日学生交流机会无法满足双方需求的现状。在我们看来，通过搭建中日学生交流的平台，促进中日学生的交流，使得体验式和互动式的跨文化培训方法得以实施，不仅是改进日本留学生跨文化适应，也是丰富留学生活的必要途径。

---

① 杨军红：《来华留学生跨文化适应问题研究》，载《华东师范大学》2005 年第 5 期，第83—87 页。

第四节　本章小结

本章从中美、中日之间表达方式的差异入手，分析了中、美、日三国影响表达方式的人际交往规范和价值观。并对改进美、日留学生和中国方面的跨文化适应提出了相应的建议。研究发现，美国留学生认为中美在表达方式上有不直接和直接的区别。中国人采取不直接的表达方式主要体现在不否定他人方面，特别是不直接指出他人的错误。美国留学生隐约认识到中国人的人情面子观念决定了他们在交流中为什么不直接。美国留学生的直接主要和他们的"诚实为上策"的观念有关，他们认为诚实地交换意见，寻求真实或者使得事态回归于正比人情更重要。由于上述的文化差异，美国留学生的跨文化问题主要体现在由于面子观念的缺乏冒犯中国人，由于难以理解不直接的话语或被中国人的面子观念误导。针对这样的适应问题，在对策的讨论中提出应该采用意识培训和归因培训的方法，拓展留学生的文化意识，认识到文化差异，提高文化敏感性并改进适应的能力；搭建中美学生交往平台，促进互动式和体验式学习。

日本留学生在表达方式上的适应问题是他们认为中国同伴过于直接而"不礼貌"和"欠考虑"。造成适应问题的文化差异在于中日对和谐关系中的情感标准有不同的期待，价值观的差异引起了两国对礼貌设定的标准有所不同。在对策部分，建议通过拓展文化意识和归因培训的方法帮助日本留学生和中国方面意识到同受东方传统文化影响的日本和中国的文化差异并包容这些文化差异，找回心理平衡，并保持适当的人际距离。在对策部分，同时建议采用互动式学习和体验式学习的方法。因此，为了创造更多中美和中日学生之间交流的机会，建议留学生管理者开创更多中国学生和美、日留学生交流的平台，实现美、日留学生在交流实践中互相学习，提高跨文化适应水平。

第 八 章
人际距离的远和近

德国哲学家叔本华（Schopenhauer）曾经讲述过一个刺猬的寓言来说明人类之间必须保持一定距离的相处原则。[①] 为了相互取暖，刺猬彼此靠近。但是如果靠得太近，彼此身上的刺会扎疼对方，于是刺猬不得不后退。在反复的接近和后退中，刺猬找到一个彼此能够相互忍受的适中距离。刺猬法则说明人必须保持适当的距离才能在社交的欲求和独立的欲求之间达到相对满意的平衡的状态。

在各种影响人际距离的变量中，文化是一个不可忽视的变量。美、日留学生在和中国人的跨文化人际交往中发现：中美和中日在人际距离上有所不同。总的来说，中国的人际距离比美国和日本更近。犹如刺猬法则所说的那样，习惯"较远"人际距离的美、日留学生在中国文化中"过近"的人际距离前感到各种不适，因此面临着人际距离的跨文化调整。通过访谈资料的分析发现，美、日留学生对人际距离的感知主要来自两个方面：体距，即人际心理距离在物理空间的体现；人际接触的密切程度，即人际心理距离在物质和非物质形式交换过程中的体现。美、日留学生在跨文化人际距离的体验上既有共同点，也有不同点。他们对体距的跨文化体验相似；对接触密切程度的感受则受到各自文化的影响较大。因此，在下面的行文中，分别以上述的共同点和不同点来组织本章的结构。

第一节 美、日留学生跨文化人际
距离适应问题之一：体距

体距是个体习惯的人和人之间的空间物理距离。学者们先后把体距比

---

① 綦甲福：《人际距离的跨文化研究》，博士学位论文，北京外国语大学，2007年，第31页。

喻成蜗牛的壳①、围绕个人的肥皂泡②来说明个人对空间距离的恒定需求，也借此说明个体空间距离随身携带的隐性特征。与动物对私人地盘入侵者进行攻击的反应不同，人对于侵入个人空间的"入侵者"更多的是选择后退，以恢复自身习惯的空间距离。

个体空间作为影响跨文化人际交流的非语言因素的一种，早已受到人们的关注。近体学研究先驱爱德华·霍尔（Edward T. Hall）发现世界各国人们对于空间的感知极富相对性，其中对空间大小的感知有可能完全不同。比如说：美国人习惯的个人空间比西班牙和阿拉伯国家都要大。他这样说道：我们认为是拥挤的，阿拉伯人却认为是宽敞的。在西班牙的文化中也如此，……因此在中东和拉丁美洲，美国人感到过于拥挤。"人们走得太近了，把手搭在他身上，而且通常很拥挤。在斯堪的那维亚和德国，他们感到更加自在，但是与此同时，又感到那里的人们冷漠和疏远。是空间本身造成了这样的心理。"③ 由于不同文化中的人们习惯的个人空间有所不同，因此，在跨文化交往过程中，个人空间小的一方感到冷漠和疏远；个人空间大的一方感到拥挤。因此，空间会说话，空间这种"无声的语言"诉说着一种文化的正常距离。

研究发现，美、日留学生对个人空间的需求都比较大。因此，在跨文化交流中，美、日留学生感到围绕在自己身体周围的隐形气泡被"挤压"而感到不舒服。美、日留学生在体距上的不适应主要体现在两个方面。第一，在特定的关系中，个体习惯的空间大小有所不同。个人空间划定了人与人之间的界限，无形中对他人的亲近行为进行了限制。第二，他们对于体距缩小的速度有不同的看法。如：一般朋友是否可以迅速进入亲密距离的领域。福井启子在对中日人际心理距离的跨文化研究中，把第一种情况定义为"限制"，即关系"亲密"的双方之间的行为有什么限制；把第二

---

① Katz, David (1937). *Animals and Men.* New York: Longmans, Green. In sommer, R. Studies in Personal Space. Retrieved March 20, 2014 from http://faculty. buffalostate. edu/hennesda/sommer% 20personal% 20space. pdf.

② Von, Uexkull J. (1957). A Stroll through the Worlds of Animals and Men. In Sommer, R. Studies in Personal Space. Retrieved March 20, 2014 from http://faculty. buffalostate. edu/hennesda/sommer% 20personal% 20space. pdf.

③ Hall, E. T., The Silent Language in Overseas Business. Retrieved March 20, 2014, from http://www. embaedu. com/member/medias/212/2012/12/20121251650201776 7. pdf.

种情况定义为"时间",即从认识到开始使用"亲密"的表达方式的时间有多长。① 前者与个体的个人空间大小相关,后者和不同文化中认可的结交速度相关。

1. 个体空间距离影响下的体距适应

日本留学生吉田对中日人际距离差异的印象部分形成于在食堂就餐时的情景。他发现尽管食堂里有很多桌子,但是中国同学会选择和他们坐一桌。按照他的想法,如果在有空余桌子的情况下,应该分散就餐,这样远距离就餐的模式才会令人感到舒服。根据我对吉田的观察,在教室里,他通常喜欢选择坐在某个角落,因为在角落里,身体气泡被他人接近和挤压的可能性相对较小。对于吉田来说,心理上的距离还可以调适,但是对身体反而感到较难适应。

心理上的距离,自己的心理能解决。生理上的距离有点不舒服。除了心理距离,身体的距离感觉也比较近。

有关调查对中日大学生的人际距离(体距)进行了对比,结果显示中国大学生的人际距离要近于日本人。"无论在公共领域和私人领域,中国大学生选择人际距离最近的0—50厘米项的人数比日本大学生多了近50%。"② 其实,美、日留学生来到中国,很快注意到了人际距离的不同。因为他们注意到,在校园里,同学之间彼此手拉手走路的现象很常见,在日本,只有"情侣"才会这样走路。在下面的例子中,美国留学生茉莉对"拉手"感到不适应。因为在美国,朋友之间也很少有这样亲密的接触。

我:在你和中国人的人际交往中,有没有注意到什么文化的差异?

茉莉:我觉得最明显的就是身体上的差异。关系亲密的中国朋友之间会手挽着手,他们在身体距离上更近。在美国,不是这样。

我:你觉得怎么样?

---

① 〔日〕福井启子:《中日言语行为差异与心理交际距离关系研究》,博士学位论文,吉林大学,2010年,第34页。

② 熊仁芳:《关于人际距离的中日对比研究》,载《北京第二外国语学院学报》2006年第10期,第67页。

茉莉：我感到不舒服，还是我没有适应？但是，我觉得那种瞬间的不舒服的感觉还是很难克服的。

我：那女孩牵着你的手的时候，你在想什么？

茉莉：嗯，开始感到不舒服，但是我知道在这里很正常，所以尽量适应。

爱德华·霍尔提到对话距离的形成是文化个体在从小的社会化过程中，通过模仿他人形成的。它对人距离模式的控制在很大程度上是无意识的。[①] 根据有关调查结果显示：中国的个人区域是 30—70 厘米，美国人是 45—120 厘米。这组对比数据说明中国人的体距比美国人更小，尽管前后调查的时间相距甚远。[②] 体距是个人随身携带的隐性私人地盘。当两种体距大小不同的文化相遇，体距大的一方常常感到自己的地盘被入侵而有压迫感。同样，如果按照体距大的一方的距离交往，体距小的一方也感到不对劲而想进一步接近。所以在理论上，一方不断接近，另一方不断后退。但是，美、日留学生来到中国，不得不适应对方较近的身体距离。

2. 结交观念影响下的体距适应

爱德华·霍尔在对北美中产阶级的研究中发现有四个距离区域，它们分别是亲密距离、个人距离、社交距离和公共距离。他认为这四种距离在不同的文化中都存在，只是不同的文化对应的距离区域大小有所不同。[③] 体距是心理距离的反映。美、日留学生认为从个人距离进入亲密距离至少需要一个了解的过程。因此，随着关系的深入，从一种距离逐渐过渡到另一种距离还算正常。但是他们的跨文化体验和他们预想的渐进模式有所不同，因为中国同学可以瞬间把距离缩短。总的来看，美、日留学生倾向于先了解，再接近；中国同学则习惯于先接近。

在下面例子中，美国留学生玛丽"没有想到"中国朋友会在"第一次"见面的时候在身体上迅速接近，她觉得"奇怪"。

---

① Hall, E. T., The Silent Language in Overseas business. *Harvard Business Review.* 87 – 96. Retrieved March 20, 2014, from http: //www.embaedu.com/member/medias/212/2012/12/ 20121251650201776 7.pdf.

② 熊仁芳：《关于人际距离的中日对比研究》，载《北京第二外国语学院学报》2006 年第 10 期，第 67 页。

③ Hall, E. T. (1982). *The Hidden Dimension.* New York：The Anchor Books. pp. 126 – 127.

我：你在和中国人交往的过程中，有没有注意到什么文化差异？

玛丽：我想令我感到惊讶的是，我有一个中国朋友住在北京。我们一起走的时候，她喜欢挽着我的胳膊。那个让我觉得很惊讶，因为我还不习惯。

我：不舒服？你有什么反应？

玛丽：我没有想到，因为我对她不熟悉。所以我们第一天见面，她就那样了。我觉得太快了，很奇怪的感觉。

我：太快了？

玛丽：如果我们认识的时间长，还可以。但是你第一天见到某人，就开始碰触对方，那太快了。

日本留学生山口觉得对方"关系不近"，但是在体距这种非言语行为上，却好像"从小就认识了"，因此觉得"过分"。

我：你觉得和中国人交往的时候，什么是可以暂时改变的，但是其实是不会变的？

山口：哈哈，怎么说，我觉得中国女孩虽然和我的关系不近，但是她们装出关系很近的样子。常常挽着我，呀呀呀，这样的。

我：你为什么觉得她们和你关系不近呢？

山口：因为可能我们说的话是很表面的。说一般的，不敢说真的情况啊。还有真的想法。

我：你刚才讲到她们装得和你很近的样子，然后你觉得怎么样？

山口：我觉得，怎么说呢。挺好的，她们很热情，但是有的时候，怎么说呢，比较过分。（笑）

我：比较过分，过分在哪里？

山口：好像她们很小就知道我的样子。

在上述两个例子中，美、日留学生和交往对象的关系属于中间层次的人际关系。同学、老师基本属于这个层次的人际关系。这一类关系往往是有联系但是不亲密的类型，或者说是部分接触，不是全面接触的类型。人际关系到全面接触的层面，往往涉及私人情感而显得比较亲密。从人际关系的研究看来，美国人和日本人习惯在部分接触的人际关系上停留，就目前的关系决定交往的内容和交往的密切程度。爱德华·斯图尔特（Edward C. Stewart）认为美国人"友谊的建立和朋友关系的维系都是在参与共同活动——即一起做事中进行"。"不同类别的朋友圈子互不搭界，因此，办公室内的友情不会对娱乐活动的朋友关系产生干扰。在休闲的朋友圈子里甚至还有更具体的分门别类，例如：某些人是'打保龄球的朋友'，另一些人是'滑雪的朋友'"。① 这样的朋友关系不仅说明美国人的结交方式是分析型的结交方式，也说明了美国人很难与对方进入亲密的、全方位接触的人际关系。在后面的章节中，我们会讲到日本人对不同远近三种距离的人际关系：近距离、中距离和远距离的界定也比较严格。相比之下，中国人对不同距离的人际关系之间的界定不是很严格，随意跨越，全面接触的可能性更大。这可以说明，为什么美、日留学生和中国人交往的过程中，人际距离会迅速接近。

第二节　美、日留学生跨文化人际距离
适应之二：人际接触密切程度

　　美、日留学生对跨文化人际接触密切程度的感受一部分来自客观的物质和非物质形式接触的密切程度；另一部分来自主观的感受。换句话说，前者确实表明中国的人际距离比美国和日本更加接近，美、日留学生的感受反映了客观的情况。如：中国人在金钱和物质上实现共享的可能性更大。后者则表明美、日留学生在中国感受到的人际距离是外在刺激和文化心理相互结合的产物，是留学生的文化心理对中国人在交流过程中传递的信息的主观反应，是文化的相对性引发的心理感受，如：我们在下面的行文中将会谈到的身体话题就属于后面一种情形。

一　影响美国留学生人际距离适应的文化差异

　　影响美国留学生跨文化人际距离适应的主要有中美在禁忌观念、隐私观念和交换观念方面的差异。由于中美文化在上述三种观念中的差异，美

---

① ［美］爱德华·C. 斯图尔特：《美国文化模式》，卫景宜译，百花文艺出版社 2000 年版，第 136 页。

国留学生有时在交往中感到中国的人际距离过近。对美国留学生来说，禁忌话题和隐私话题只有在相对亲密的关系中才会有被谈论的可能。但是中国人在一般关系中，就开始谈论美国文化中的禁忌话题和隐私话题，所以令人感觉心理距离上比较近。此外，在交换观念上，美国留学生习惯以"个体"为本位，实现平等互惠的原则；但是中国人习惯以"我们"为本位思考人际交往。

（一）禁忌观念

禁忌在英文中为"Taboo"。弗洛伊德认为："它代表了两方面的不同意义。一方面是崇高神圣的，另一方面则是危险、神秘和不洁的。'taboo'在波利尼西亚语中的反义词为'noa'，就是通俗和可以接近的意思。所以，'taboo'即意指某种含有被限制被禁止而不可触摸等性质的东西存在。"① 简单地说，禁忌指的是被禁止和忌讳的言行，危险和具有惩罚作用是禁忌的主要特征。

对于美国留学生来说，有关身体的话题是不能够随便谈论的，因为这是"令人敏感的"、"忌讳的"、"不被接受"的，除非是"挚友亲朋"之间才有被谈论的可能。但是，美国留学生从中国人论及体貌特征的轻松随意的态度上感受到中美文化对禁忌话题的看法完全不同。美国留学生提到最多的例子是中国人直言不讳的谈起他们脸上的"痘痘"和胖瘦。他们对此觉得"唐突"、"奇怪"和"过分"。如果美国人当着他们的面谈论他们的"痘痘"和胖瘦，他们会觉得对方很"粗鲁"、"不尊重人"并为对方犯了这样的文化禁忌而感到不可理喻和愤慨不平。与此同时，被评论的人会因此感到"难堪"和"糟糕"。总之，有关体貌特征的话题在美国是一个禁忌话题，如果不小心误入了这个文化禁区，触犯和被触犯的双方都会受到"惩罚"。

好在美国留学生在和中国人面对面的交流中，能够感受到对方谈论时的情境和表情；在中国生活，也听说了中国人并不认为这些是禁忌话题，因此不少美国留学生明白对于中国人来说，这些话题并没有美国人谈论时的特殊意味。但是，这样的文化差异还是给他们留下了很深的印象。

　　苏姗：我有一些学生，我在教他们的时候，因为天气湿热，我脸

────────────

① ［奥］弗洛伊德：《图腾与禁忌》，文良文化译，中央编译出版社 2005 年版，第19—20 页。

上长了粉刺。那天我去上课的时候，脸上长了很大的一颗，在这儿。然后我的学生上来了，说：老师，怎么回事？怎么长出来的啊？好吧，我觉得美国人不会这么过分。但是曾经有人告诉我，中国人会说，你胖了。他们主要想表达的意思是他们注意到了，并表示关心。

我：中国人说你胖了，你长粉刺了，他们不会觉得有什么不好。

苏姗：别人也是这么对我说的。他们并不是想要让你难堪，让你感觉很糟糕。

在下面茉莉和琼的例子中，她不仅讲述了和苏姗类似的观点，而且用自己的亲身经历说明当一个美国人谈到这样的话题时，另一人是什么样的反应。

可以说，你瘦了。这是没有关系的。但是不能说你的粉刺减少了，即使这是正面的评论。因为你那样说好像你以前注意到他有过粉刺。不知道为什么。我有时候也那样。我遇到一个美国人，他有一束白色的头发。我说：你的头发很有意思。（我问）你知道在生物学的意义上，为什么会出现白色的头发吗？他深感冒犯了。他说：我不想说。我向他道歉，告诉他并不是想要冒犯他，只是觉得很有趣，看起来不是不好，实际上还酷酷的。所以，美国人对自己的外表是很敏感的。我不确定为什么。（茉莉）

我觉得美国人很容易被冒犯。他们容易受伤，如果你说：哇，你真胖，他们会觉得被冒犯。但是，在这里，没有见过这样的事情。我在中国有两个朋友，她们见面时，其中一个说：你真得减肥了，不要吃午饭了。但是另外一个并不生气，说：是的，你说得没错。在美国，如果这样对朋友说话，他们可能一周说不上话，因为被说的人会很沮丧。（琼）

对于中国人来说，"你最近胖了，瘦了"之类的评论听起来类似于一种寒暄，说的人随便说，听的人也不以为意。我有和茉莉类似的经历。有一次，我到外教家做客，觉得他们家三四岁的男孩很可爱，因此我说了句："长得胖胖的。"言下之意是觉得他很可爱，这是中国人都明白的。当时在厨房里忙碌的妈妈很快地纠正了我：是长得壮。我当时觉得她妈妈快速的纠正有点出乎意料，隐约感到说胖是不好的，也许冒犯了别人。还有一次，我们在人际交流课上，美国外教发给大家一组话题，话题的编排次序是这样的：开始是远距离的人际关系可以谈论的话题，到最后是近距离的关系可以谈论的话题。令我感到印象深刻的是，最后一组话题恰恰是有关对方体貌体征的话题。

可是，为什么美国人对体貌特征，尤其是体型的胖瘦如此敏感呢？为什么谈起这个话题就感到这么脆弱呢？留学生也没有完全的答案，但是他们认为"胖"对美国人来说是一个很不好的词。被访的美国留学生认为这种观念是电视上宣传的结果。电视传媒塑造了苗条的模特形象，向观众传递以瘦为美、以胖为丑的审美标准。在这样的宣传下，美国人，特别是美国女孩，对自己的胖瘦很敏感。她们往往把体型特征作为个人自尊的一部分。如果被说成胖，等于他人公开贬低自己。"在美国，你得说人家好。"在一个重视个人良好自我感觉的社会里，这样的评论就更加不适宜了。此外，胖瘦不仅是禁忌话题，也是隐私话题，"除非是关系很近的家人和朋友"才可以谈论。如果不是太熟悉的人议论此话题，他们会觉得别人侵入了自己的私人领地，对自己不尊重。总之，体貌特征是一个不能随便谈论的话题。它和个人的自尊密切相关。美国人对于此类评论的反应，比中国人想象的要更加"糟糕"。下面是美国留学生对此作出的解释：

> 我认为这和美国文化有关。我们非常在意自己的身体。因为这么多的音乐、时尚和电影（在传达理想身材的标准），所以女孩对自己的身体没有安全感，所以你不该告诉某人她看起来胖，你知道，她们有可能因此不吃饭了。（苏姗）

> 因为电视和杂志都告诉我们这是美的标准，美就要美成那样。如果你不符合，那你就不美。尽管很多美国人设法改变这样的（标准），但是，这样的观念已经深入人心。（琼）

> 因为很多美国人觉得他们应该像电视上的模特那样，又瘦又漂亮。所以如果他们不是那样，他们会觉得很敏感。对女孩来说，这是非常重要的。很多美国人对这都非常敏感。所以我的中国亲戚说：你的粉刺少了，你长胖了，诸如此类的。这些在美国不能接受，这是非常粗鲁的。（茉莉）

身体是话语和制度的产物。保罗·谢尔德（Paul Ferdinand Schilder）提出了身体形象（body image）的概念。他认为身体形象必定是社会的，身体形象的所有方面都是通过社会关系建构起来的。"所有的身体形象都带有人格。但是另一种人格和价值的培养只有通过另一种身体和身体形象的媒介才有可能。这个他者的形象的奠定、构造和保留因此就变成了他完整人格价值的符号、标记和象征。"①

美国留学生在社会传媒的影响下，已经有了特定的理想身体类型和与之匹配的人格特征。如果自己的身体和这个代表理想人格的身体有差距，那么他们会觉得自我价值也会随着外在形象的不足而感到失落。

（二）隐私观念

现代汉语词典对隐私的定义是不愿告人的或不愿公开的事。在牛津词典中，隐私指的是不被他人关注和干扰的状态。这两个定义虽然有些不同，但都强调了隐私的不公开、私密的状态。隐私研究专家爱伦·魏斯丁（Alan Westin）认为隐私是"个体、团体或机构有权决定什么时候、以什么样的方式、以何种程度把和自己有关的信息告诉别人"②。

美国留学生在和中国人跨文化交往的过程中，发现隐私的观念有所不同。这些观念的差异首先体现在两种文化对于哪些是隐私的看法有所差别。美国人认为很多个人的信息都属于隐私级别，但是中国人不这么想。隐私观念的差异使得美国留学生发现：在中国，即使一般的朋友也会很快进入个人的私密领域。隐私观念的差别还体现在隐私公开方式。他们认为中国同学不仅过早的涉足他们的个人领域，还觉得中国人询问这些个人信息的方式过于直接。

　　我：有留学生说中国人太直接了。
　　杰克：有些问题对我们的文化来说太直接了，但是中国人不这么想。年龄，中国人问年龄。我们的文化觉得这样是不礼貌的。我们不想告诉别人自己的年龄有多大。还有一个是别人的长相。帅哥，美

---

　　①　[英]布赖恩·特纳：《身体问题——社会理论的最近发展》，载陈永国编《后身体——文化、权力和生命政治学》，吉林人民出版社2004年版，第1—34页。
　　②　Westin, A. (1967). *Privacy and Freedom*. New York: Atheneum. p. 7.

女，总是评论一个人的外表。那样不好，因为那样说好像你对我感兴趣，除非你比我大个 40 岁，否则我认为你对我有意思。她们不是这个意思，她们只是这样说。

我：你觉得她们对你感兴趣，走得太近了？

杰克：是的，就这样。所以，年龄和外表……

我：能不能说在你的文化中，对个人进行评论不太礼貌？

杰克：是的。同意这一点。除非你认识一个人时间很长了，才会讨论个人的事情。……有一次，有个女孩问我的银行账户，我觉得很奇怪。她们会问你有没有约会过？她们会问这样的问题。问我有没有约会过，有没有长时间和某人在一起。这很直接，问得很直接。

我：你觉得可以问吗？

杰克：也可以，但是问的方式，在美国，更微妙一些。你知道，你认识某人，他们问：有没有谈过女朋友？直接就问：你谈过恋爱吗？他们就直截了当……

我：因为是个人的事情吗？

杰克：个人的事情不直接问。在中国，直接，约会过没有，你真帅，你的皮肤很好，等等。

在大多数情况下，大多数的美国留学生认为美国人比中国人直接，但是到了个人的领域，如上面提到的外表、年龄、收入和个人的感情经历，美国人开始认为中国人比美国人更加直接。美国人的直接大多和人情面子观念的缺乏有关，而中国人的直接总是和缺乏隐私的观念有关。美国人自觉地在私人领域面前止步，中国人却在交往中习惯先对此有所了解。

除了上面杰克提到的隐私内容之外，其他美国留学生还提到情感的表达。美国留学生认为中美在个人情感表达上有很大的不同。他们认为中国人会直接对他人的情感状态表示关心，会直接地表达自己对某人的好感。但是，他们认为自己不会这么做。在一般的人际关系中，他们不习惯谈及这些涉及私人情感范畴的话题；他人也不喜欢别人窥探自己的隐私。留学生琼观察到中国师生之间似乎比美国更加"亲密"。

我：你觉得在哪方面中国人比美国人直接？

琼：美国人对自己的一些感觉不会直接说出来。举个例子，我觉得我老师很有吸引力，我觉得他很帅，我想要和他约会。我绝对不会告诉他我想要和他约会。但是在中国，班上有个女孩对老师说：我上你的课是因为你很可爱，我喜欢你。你真可爱，所以我上你的课。

我：对老师说这个？

琼：然后她说：我在 QQ 上加你，你也加我，因为我觉得你很帅。我绝对不会告诉我老师我觉得他很可爱，即使我真的喜欢，就是不会这样说，因为很尴尬。

苏姗认为中国一般同学之间也比美国的更加亲密，根据她对中国文化的了解，她断定她们之间会明确表示出关心，询问对方的情感状态和来龙去脉。但是，她觉得在同样的情况下，自己即使好奇，也不会直接去问对方，而且对方也不一定希望自己这么做。

班上可能有同学很沮丧和伤心什么的，我可能没有注意到。但是如果我见了，我大概也不会对他说什么，除非是很好的朋友。如果只是一般朋友或同学，我只会问身边同学：约翰怎么了，但是我不会亲自问约翰，除非他是很好的朋友。……美国人珍视隐私。如果我想要保守这个秘密，不想告诉你。我不希望你在我打算告诉你之前窥探这些信息。（苏姗）

隐私观念被认为和个人主义的发育有密切的关系。以近代西欧隐私观念的发达为例，"回顾欧洲中世纪的历史，那时人们不分贵贱，都没有隐私。住宅的内部有一定程度的分化，但是因为没有走廊，各个房间是相通的"。"但是，17 世纪以后，家的内部分隔有了发展，开始出现不许他人进入的单间，这个时期，在文学的领域经常出现'自爱'、'自我意识'、'自我'和'性格'等字样。也是一个关心自我和隐私观念发达的时期。"① 在访谈分析中，我们看到成为美国人心目中的隐私话题都是和个人有关的话题，属于私人的，非公共的领域。这样的前提是人和人之间不仅在外形上彼此分立，在心理上也是独立的个体。在非亲密关系的个体之

---

① ［日］正村俊之：《秘密与耻辱——日本社会的交流结构》，周维宏译，商务印书馆 2004 年版，第 154 页。

间，个人领域的交集越少，隐私的面积越大。在关系亲密的个体之间，个人领域的交集越多，隐私的面积也越少。在美国留学生眼中，中国学生的个体领域相对模糊，隐私观念也比较淡薄。

美国文化人类学家许烺光认为中美家庭传统的建筑格局体现了两种文化中隐私观念的发育有所不同。他认为：中国的家庭在高墙内活动，外人看不见家庭的活动。但是在家庭成员之间，即使有足够的空间，在居住空间上也没有什么个人隐私。相反，美国的家庭外部可能有篱笆围着，隔开外部视线的仅是窗帘。但是，在室内却强调个人隐私。空间和财产以个人为单位进行划分。孩子和父母，甚至丈夫和妻子都有独立的空间。① 从他的论述看，在传统意义上，中美面对外部世界的基本单位分别是家庭和个体。在中国，隐私分别存在于家里家外；在美国，隐私存在于个体和个体之间。社会交往对于中国人来说是家庭人际关系模式的延伸，因此，在交往方式上，也呈现熟人之间交往方式亲族化，不论隐私的特点。相比之下，美国人的个体观念根深蒂固，隐私观念也始终伴随个体而存在。

（三）交换观念

美国留学生在和中国人交往的过程中，对中国人的交换方式感到不是很适应。如：中国人习惯用物质的形式表达对对方的好感；美国人则更习惯用语言、不拘泥礼物等形式。最重要的是，他们认同公平交换的原则："你给我好处，我也给你好处。"双方在物质交换上基本实行等量互惠；但是中国人在人际交换中不遵循他们习惯的公平原则，而是倾向于给予，不喜欢清算。这种相对模糊和不平衡的方式在各种不同的情形下，令美国留学生分别感到惊讶、"不公平"和"惭愧"等。中国人的请客是留学生有关跨文化人际交往的一堂必修课。留学生贝蒂对中国朋友轮流请客的习惯感到不适应。

　　我：在中国，有没有什么难以适应的？

　　贝蒂：和中国朋友在一起，你们一起出去，你一个人为大家埋单。西方朋友，大家各付各的。所以我觉得和中国朋友一起出去，有时候我们付，有时候他们付。这个不难理解，因为感觉不公平。我不

---

① Hsu, Francis, L. K. (1981). *Americans and Chinese: Passage to Differences*. Honolulu: The University Press of Hawaii. p. 79.

在乎，不是喜欢，也不是不喜欢。

此外，美国留学生发现中美的待客之道也不"公平"。在下面的例子中，留学生杰克对不熟悉的他人大方的给予感到惊讶和意外。因为这样的情况，在美国不太会发生。不仅因为他们不习惯于这种形式，而且给礼物一般要遵循公平的原则。

> 杰克：我在张家口做外教的时候，我学生的母亲请我和我的同事到她家吃饭。我们在房间里参观了一下，她家有一些很酷的艺术，因为她学书法。我很喜欢内蒙古以及和内蒙古有关的东西，我看到有一包烟，上面有蒙文。我就问她：你哪里得来的，真酷。她就主动给我了。我问她为什么？哦，（她说）她丈夫从内蒙古带的，是很酷。（因为）我能看懂，就给我了。天哪，开始我得先拒绝吗？我不能拿什么的，最后还是接受了。
>
> 我：美国人不会这么轻易给礼物吗？
>
> 杰克：我在书上看到过，相比美国人，中国人更喜欢通过礼物表达爱。我们有时候给，但是中国人，你喜欢一个人，你想他愉快，你就对他好。在美国，你拥抱，赞美对方。在中国，不拥抱。在美国，一般就相互拥抱，表达爱的不同方式。
>
> 我：美国人在哪些场合给礼物？
>
> 杰克：在人际关系中，你接受别人的礼物，也给予别人礼物，什么原则呢？要公平。

茉莉和杰克在中美文化差异上有同感。她们认为中国人喜欢用礼物来表达爱，而且很有人情味。但是在下面的例子中，茉莉对于中国人的待客之道，感到压力。美国人即使是主人和客人之间，也同样适用于公平的原则。美国人的逻辑是：因为你被招待，所以你要带上礼物表示感谢。但是中国人强调宾至如归的待客之道，因此主客之间的互换并不平衡。主人给予客人的，反倒比客人给予主人的更多，只有这样，客人才从主人具体的给予上体会到蕴含其中的情意，不会感到见外，主人也因此感到放心。在待客之道的背后是尽量消除客人的生分感，成为一家人。对于中国人这样不平衡的人际交换方式，茉莉在美国文化公平原则的作用下，觉得自己因无力返还而感到"羞愧"。

> 茉莉：我喜欢中国朋友和家庭，他们很友善。我回报他们的友善，但是和美国朋友在一起，我们更加随便。
>
> 我：你如何回报他们的善意？
>
> 茉莉：我牵他们的手，因为他们牵我的手。我为他们埋单。我的中国朋友给我礼物，然后下星期，我男朋友要来了，我告诉他应该给我的中国朋友带礼物。这样的事情，在美国，你不用给朋友礼物，除非他们生日。你不必表达那么多，那么友好的。
>
> 我：我猜你更喜欢和美国朋友在一起。
>
> 茉莉：不，喜欢中国朋友，因为他们让你感觉你们真的是很好的朋友。但是有时候，我对我的中国朋友和亲戚感到羞愧。我感到羞愧是他们对我太好了。在美国，这么好是不正常的。然后我觉得我应该更好，所以我感到羞愧。我在赣州的亲戚，我们在他家做客的时候，他们给我们买了这么多吃的，买了这么多礼物。我想，如果在美国，别人待在你家，上门的人应该给你带礼物，因为你让他们待在你家。
>
> 我：反过来了。
>
> 茉莉：我已经是这种感觉：哇，他们的房子这么好，他们买了这么多礼物，他们带我们到处逛，他们为我们埋单。我感到羞愧，因为我觉得我应该给他们礼物。可是当我给他们礼物，他们给我更多的礼物（笑）。我想要他们停下来，所以，有时候不好。
>
> 我：你感到压力？
>
> 茉莉：是的，好像是竞争，看谁比谁更好。
>
> 我：美国人更平等。
>
> 茉莉：是的，你想要公平，我给你好处，你也给我好处。

美国文化建立在个体之上，强调个体的平等。平等观念超越了各种不同的人际关系，如上述的主人和客人之间的关系也不例外。双方虽然有主客的区别，但是更为本位的还是个人。所以，在交往中还是遵循公平的原则。公平不仅意味着互惠意义上的平等，也意味着在数量上互不亏欠。但是，中国的回报和互换观念富有人际关系和情感色彩。在交往中，与其说注重个体，不如说更加注重彼此的一体感，或者说是合和感，而这种合为一体的感觉很大程度上通过一次次物质的共享，由每一次单方面的付出来实现。我们在上述茉莉和杰克的例子中都可以发现：美国人并不习惯用礼物来表达对朋友的爱意。对于中国人习惯通过具体的交往形式来建立关系的特点，有学者认为：中国人对他人的关怀，或者说人情味，往往是通过"心"对"身"的照顾而体现出来，以对方的"身体化"需要为主要内容。例如：请客、送礼、在物质方面帮助别人，等等。"中国人的这种'二人'关系也往往被用来鉴定是否'自己人'的标准。换言之，中国人的'身'必须具体的感觉到对方的心意'有到'自己身上，才会觉得对方是'自己人'。"① 在数量方面，虽然总体上是礼尚往来，但是大家在交往中更注重的是感情，在金钱和物质上不便太计较，因此每个人在付出的数量上难以达到精确的平等。何况，为了确保关系的良性互动，在回报过程中增量也很常见。

当两种文化相遇，中国人也许觉得美国人每次按照个体实行清算的方式太不讲人情。在物质上，美国人也许觉得中国人轮番付出的方式太不公平，太模糊；在感情上，觉得中国人对人"太好"，不正常。在这个不公平的过程中，在物质上，他们有可能吃亏，也有可能得益。但是，从美国留学生的经验来看，作为客人，他们更多的是对他人过多的给予感到意外和不安。美国留学生认为中国人对朋友的慷慨程度，只有在美国的家庭中才有可能。

> 我认为中国人对待朋友的方式，（在美国）只有对待家庭成员才会这样。所以，我觉得中国人把朋友当成亲人看待。在美国，你不会这样对朋友，有些人即使对家庭成员也不会这样（好）。（茉莉）

和许多其他的文化差异一样，美国留学生对中美交换方式差异的体验既有好的一面，也有不好的一面。但是不管怎样，无论是好还是不好都来自于两种文化如何看待交往中的人我关系，应该以个体为单位，还是以我们为单位？如果以"我"为单位，平等互惠无疑是最好的选择；如果以"我们"为单位，情感和物质就很难分界。所以，美国留学生觉得中国人在互换中太有人情味，但是不公平。在中美交换方式的差异背后，既渗透

---

① ［美］孙隆基：《中国文化的深层结构》，广西师范大学出版社2004年版，第74页。

着情感和理性的差异，也渗透着个人本位和集体本位的区别。"我们在美国文化的社会表层之下挖掘所发现的是神圣不可侵犯的个体，而在许多非西方文化中进行类似的寻根溯源所显示的往往是一张人际社会关系网。"①

　　值得一提的是，和恩义观念发达、重视回报的中国和日本社会相比，美国留学生虽然也有公平回报的意识，但是他们的回报还是建立在个人平等的基础上。而且，个人对于回报的责任和义务不如中国和日本社会那样认真执着。"虽然社会活动占据了美国人的大部分时间，但他们尽量避免对他人做出个人承诺。他们不喜欢参与别人的事务。他们会接受类似邀请和礼物这样的行为并会对此表示感谢，但接受者没有酬谢的责任。在社交中，回报的举动确乎是一种模糊的规矩，但它绝不像在其他文化中那样成为具有约束力的正式的社交义务。"② 日本的回报观念确实和美国人不同，关于日本的回报观念，我们留待后面的章节再论述。

二　影响日本留学生人际距离适应的文化差异

　　影响日本留学生跨文化人际距离适应的观念主要有个体观念、隐私观念、回报观念、结交观念和礼貌观念。日本留学生认同彼此是独立自主的个体，但是中国同学个体观念相对模糊。日本留学生隐私观念发达，而中国同学的自我暴露和要求暴露的程度更高。日本留学生有强烈的回报观念，对施恩和报恩都很认真，但中国同学习惯并赞赏慷慨大方。日本留学生习惯慢慢结交，中国可以顷刻间成为朋友。日本留学生注重礼貌的距离，但是中国的礼貌对距离的要求并不高。在日本留学生眼中，中国同学在上述各种观念影响下的行为表现显得距离过近。但是，他们不得不适应中国文化中相对较近的人际距离。

　　（一）个体观念

　　文化评论常说日本文化具有双重矛盾的人格。如果说一个文化是集体主义，就不太会有个人主义的特色。但是研究发现，在集体主义和谐的外表下面，日本个体和个体之间的界限很清晰。这种个体领域的界限不仅是物质意义的界限，也意味着心理意义上的疆界。总的来说，日本留学生认

――――――――――

　　①　［美］爱德华·C. 斯图尔特：《美国文化模式》，卫景宜译，百花文艺出版社 2000 年版，第 128 页。

　　②　同上书，第 126 页。

同自己是一个物质和心理意义上都是独立的个体，对属于自我疆界内的物质财产和个人选择有自主的权利。因此他们认同在人际关系上未经他人允许，应该互不侵犯，互不干涉。但是，他们在和中国人交往的过程中，发现中国人的自我疆界相对模糊，过于亲密。在交往中，"被干涉"和"被冒犯"的情况时有发生。这种"越境"的言行在人际距离中的各个层次中都存在着。

留学生山田发现中国的服务员和出租车司机爱"干涉"。她认为在同样的情况下，日本人一定不会去干涉一个陌生人。在服务一章，我们曾举过一个例子，就是出租车司机当着她和她的朋友的面批评她的汉语说得不好，表扬她的朋友汉语说得好。在山田看来，只有亲密的朋友才有可能说自己不好。在这个意义上，司机的距离明显太近了。下面是她说的又一个"干涉"的例子。在这个语境下，干涉意味着人际距离超过了工作关系应有的界限，所以中国的人际距离比日本更近。

比方说，我买东西，服务员的工作是卖东西。但是他们经常问：你不是中国人，是吗？你是哪国人啊？我觉得一方面很好，好像我的家人，在日本没有的事情，但是另一方面，为什么这样？（山田）

在中近距离的人际关系中，如：同学和男女朋友，日本留学生也觉得距离太近。留学生吉田发现和中国同学、朋友交往的过程中，物品和金钱的借用都比较频繁。这种行为消弭了他原先认同的个体和个体之间设定的界限，令他感到不习惯。

心理上的距离就是完全区分我和别人的。你的东西是你的东西，我的东西是我的东西。我的朋友借我的钱比较多，但是还没有还给我。一个月，两个月。在中国，感觉关系非常好，所以不能生气。在日本的话，一个月两个月不还，可能对对方生气。然后，我借给在某学院实验室的师妹访谈用的录音笔。一周后，要使用录音笔。师妹说：我的朋友在使用。如果她要借别人的话，要先告诉我。（吉田）

在他看来，私人物品归个人所属，在心里严格区分"你的东西和我的东西"，私人物品如同有形而相互独立的身体一样，是独立自我的一部分，所以未经允许不应该随便转借。但是在中国同学那里，个人的东西变成了大家的东西，个人的所有权，变成了大家的所有权。中国同学的行为模糊了他心里的自我疆界，吉田在心理上从独立个体的身份认同变成集体中的一员，为此他感到不适应。他说："在实验室里，他们用你的东西，你也可以用他们的东西，但是感觉不习惯。"

在非物质形式的交换中，日本的个体意识也更加明显。在承认人人都是有独立意志的个体的前提下，每个人在交往中都应该尊重他人的意见和想法。但是他们发现和中国朋友交往的过程中，意见往往不请自来，侵犯了他的消极自由。尤其在意见不一致的前提下，中国人的主张很强烈，而且想要改变他们的想法。日本留学生因此觉得自己"被干涉"。他们对这种不分彼此的做法始料未及，觉得"不舒服"、"累"、"烦"。

> 山本：他们爱推给你自己的意见。最烦的是，我根本不相信中医，所以，比如说和中国人一起吃饭的话，会常常说：这个菜吃得多的话，会上火啊。每次说，所以（笑）……
>
> 我：给你很多建议，是吗？
>
> 山本：你不要喝凉水，要多喝温水。（山本）
>
> 中村：我那朋友（注：中国男朋友）动不动就干涉我的事情，比如说衣着，我在日本和中国穿的衣服不一样，我那朋友说：我应该穿日本的衣服。但是我说，我现在不在日本，而在中国。所以不要那么考虑自己的衣着什么的。但是他很在意。我觉得他不用那么在意我的衣着什么的。
>
> 我：你是觉得他干涉你，你不喜欢，是吗？
>
> 中村：我不喜欢，我从来没有被人干涉过。所以不习惯。

中国人在友谊和爱情的距离中，有亲密无间、不分彼此的一体化的倾向。一方往往把对方作为自己的延伸，对另一方的选择提出自己的意见，并希望或试图改变对方接受自己的想法。但是日本留学生即使在亲密的关系中，个体的独立性还是清晰可见，每个人有自由选择和活动的空间。用留学生伊藤的话说是："男朋友和女朋友的关系也要有自己的空间。"日本还有一句话，大概是：亲密的关系也要有礼节（親しき仲にも礼儀あり）。伊藤觉得中国女朋友的行为不是"礼貌"。

> 我：在和中国人交往的时候，有没有被冒犯的时候？
>
> 伊藤：也是我的女朋友，她常常看我的手机。手机是很私密的，我不想她看我的手机，可是她常常看我的。我觉得这不礼貌……
>
> 我：那为什么不给她看呢？
>
> 伊藤：是因为我觉得男朋友和女朋友的关系也要有自己的空间。
>
> 我：如果是日本女朋友的话，你觉得会看吗？
>
> 伊藤：很少，有些人会看。

从留学生的反应看来，日本人似乎有个体主义的特征，有明晰的自我疆界，在这个疆界里面，个体有自主的权利。他人也承认和尊重这样的界限，不会擅自侵犯他人的独立空间。虽然在日本有和谐的集体主义的倾向，个体在心和情的交流下结成和睦的人际关系。但在表层之下，却是独立和清晰的个体。日本的个人主义不是西方的个人主义，日本个人主义只在集体主义里存在。如果对它进行命名，可称为"集体主义式个人主义"①。这种文化给人的感觉既近又远。近是因为在心和情上得到沟通，远是因为除了心灵的和谐，彼此还是相互独立、彬彬有礼。相比之下，中国人在交往中接触更加密切，在日本留学生看来，在交往的外在形式上有亲如一家、浑然一体的倾向。

（二）隐私观念

和美国留学生一样，日本留学生认为中日之间存在隐私观念的差异。差异主要表现在人际关系发展初期，被要求暴露的信息比较多。日本留学生田中说："（中国人）很热情，好的坏的都有。认识的时候，会说得比较直接的，什么都问，什么都聊天的，这个地方日本人要了解的。"在日本留学生被要求暴露的信息中，就包含了年龄、交友、电话号码、住处、家庭的经济状况等个人化的信息。和美国留学生一样，日本留学生认为这是个人隐私。尤其是初次见面的时候，被要求暴露这么多个人的信息令他们感到不是很习惯。用吉田的话说："好朋友也不会这么直接。"但是，

---

① ［韩］金珽运：《韩国教授在日本——日本文化心理学理解》，刘乐源译，武汉大学出版社 2012 年版，第 89 页。

隐私观念的存在是为什么呢？

　　比如说，还是个人的信息、年龄、结婚、电话号码，对有些人不想说。对不认识，（对）对方有不喜欢的感觉。日本女性对男性不想说住在哪里。男性问女性住在什么地方，也有点奇怪。对，比如说，我们一直做工作，工作上需要的信息问。比如说，住在哪？结婚，生孩子，那样的信息一般不需要吧。如果关系好的话，会问。但是基本上不需要的信息不问。（吉田）

　　我：不能太直接，太直接，没有礼貌。能举个例子吗？
　　山口：我和北京的老板不太熟悉，怎么说呢，他好像和我很熟悉的样子。你和男朋友怎么样，然后（我说）分手了，然后（他说）你以后不能找到一个人。我觉得真没有礼貌。
　　我：他可能这样想，跟你很快熟悉，然后进入你的个人生活。
　　山口：对对对，但是我们觉得应该慢慢来。
　　我：需要一个什么样的过程？
　　山口：在一起一段时间。还有，一个一个问。第一次问有男朋友吗？下次跟男朋友怎么样，慢慢来。（笑）
　　我：日本人觉得要慢慢来，为什么要慢慢来？中国人想要一下子就搞清楚。
　　山口：为什么呢？可能对隐私的观念不一样。相比之下，日本人看重自己的隐私。所以打开自己的心扉需要时间，呵呵。
　　我：你会慢慢打开心扉，打开心扉，看什么呢？
　　山口：看什么呢，看对方是否靠谱。如果他随便和别人说，我的信息和问题，我不敢和他说。
　　我：还有刚才你讲到会问你一些不该问的问题，有没有男朋友，你觉得哪些问题问得太早了？
　　山口：比如说在什么部门工作。
　　我：那你们不熟的时候说什么？（笑）
　　山口：有没有兄弟姐妹，那可以。如果父母做什么工作，那样的话题，这个影响到经济收入。所以有的时候，不好意思问。

和美国留学生一样，日本留学生认为个人信息的暴露需要一个彼此熟悉、相互了解的过程。目前是什么关系，就谈论特定关系中的内容。个人领域的话题属于较亲密的关系中才会谈论的话题，如果过早进入个人的领域，就显得不太礼貌，距离太近。隐私观念存在的另一个原因是信任关系还没有建立，所以不便告诉对方这些信息。如果过早暴露，反倒会影响他人对自己的看法，把个人自尊置于敏感、易受外界损伤的境地。

根据迪·C. 巴兰德（Dean C. Barnlund）的研究，日本人的自我暴露要低于美国人。① 和中国人早早询问个人信息的习惯不同，日本留学生认为：日本人说的话"一直"很"表面"。影响日本人自我暴露的一个主要原因是日本文化中表里分治的性格。外在的礼貌规范要求放弃自我，为对方考虑，做对方期待的事，令对方开心。但是由于他们在交往中隐匿了真正的自我，所以很难判断对方的善意是否发自内心。这样的文化性格限制了双方的自我暴露。一方为了礼貌，宁可考虑对方的心情也不自说自话；另一方不知道对方的真心，也不敢擅自暴露以免陷入尴尬羞辱的境地。下面小林和田中的例子分别说明了上述的两种情况。

　　小林：交流得多，话题也没有那么深的，只说学习、看电视、听音乐的内容，这样的，关系一直一般。

　　我：什么是深的话题？

　　小林：应该说自己难受的事情，恋爱的事情，或者怎么说呢，也有时候可以批评。

　　我：你和日本朋友为什么不说这些深的话题？出于什么考虑？

　　小林：有的人说的时候很舒服，有的人说的时候真的不舒服。我和那个人说的时候，一直在考虑不应该伤害那个人，不应该让他不愉快。

　　田中：（日本人）说的话比较表面，我觉得。不是没有意义，是完全没有好的，坏的地方的。……只是很有意思，幽默的？自己最近体验的事情，没有对别人好的，坏的，好处坏处。怎么说，比较表面。

---

① Barnlund, D.C.（1989）. *Communicative Styles of Japanese and Americas*. Belmont：Wadsworth. pp. 110 – 113.

> 我：为什么不往深里讲？
> 田中：我们需要进一步交往的话，互相说深的话，所以如果一方不愿意进一步交往，对方也不敢说这种深的话。

自我暴露少不仅出于对交往对象的尊重，在交往中关注对方的心情胜过自我表达；也是一种自我保护，因为在不了解他人真实想法前，尽管对方看起来很友善，自我暴露还是不安全的。从下面的对话中，可以进一步看出日本留学生要求暴露和自我暴露的谨慎习惯。他们的自我暴露和要求暴露的原则是——和别人一样，别人在什么情况下说什么，自己也说什么。因为这样最安全，既不会冒犯别人，也不会自取其辱。

> 如果他问我那种信息，我会：你呢？一般不是我自觉地问，对，所以我不知道我朋友结婚不结婚，别人告诉我，我知道。（吉田）
> 因为对方也说，所以我们可以说自己的话。（山口）

虽然日本和美国都有隐私的观念，但是两者有很大的不同。美国人的隐私观念出于保护私人空间，维护个人自尊的需要。日本人的隐私观念在这个基础上还重重地蒙上了社会的层层面纱——为了人际的和谐，不能暴露自己。因为不暴露自己，所以始终看不清纱下的真面目。正村俊之用日本房屋内的分隔来讲述构成日本文化中耻辱的条件，而耻辱感正是隐私存在的理由。他认为日本建筑的空间特性，就在界限的不确定上。日本的房屋并不具备隔断内部和外部的强大界限功能。"和欧式的建筑空间相对鲜明、干脆地分隔成内而无外、外而无内的状况不同，引人注目的是，一个建筑不是只有内或外，而是一种在其中很难分隔成内或外的、"既内亦外"、"非内非外"这种领域的所有四种状态俱全的形态"①。日本人通过外部和内部的相互渗透来组织空间和社会。这种模糊的界限是双刃剑，一方面，它有助于保留人和人之间的时有时无的联系，维持场的存在；另一方面，这个界限过于模糊，无法依赖。界限的模糊成为耻辱的条件。因为，在界限确定的文化里，内外分明。但在界限不确定的文化中，个人总

---

① ［日］正村俊之：《秘密与耻辱——日本社会的交流结构》，周维宏译，商务印书馆2004年版，第157—158页。

是在非内非外的状态而难以亮出鲜明的自己，否则会因为他人的不理会而招来耻辱，所以日本的人际关系有很强的隐私感，极具暧昧色彩。

（三）回报观念

美、日留学生都发现中国人慷慨大方、乐于助人。如：中国人喜欢请客，会热心照顾他人。相比之下，美、日留学生更习惯 AA 制。美国留学生不太指望从不熟悉的人那里得到帮助；日本留学生也不会轻易麻烦别人。虽然美、日留学生在物质和非物质的往来中更独立，和中国同学相对密切的交往形成鲜明的反差，但是，美、日留学生对于文化差异的反应并不相同。对于中国人的慷慨大方，美国留学生也想着日后的公平回报，但是较少有心理压力。日本留学生则有所不同，他们在对方给予的当时，就开始感到日后回报的压力。与美国留学生相比，日本留学生也崇尚公平，但是他们有着更为强烈的回报观念。正是这种强烈的回报观念使他们对中国人的热情给予感到不安。美国留学生对于中国人的慷慨尽管有些不适应，但是在多数情况下，他们觉得是一种爱的给予，值得赞赏。但是日本留学生的想法有所不同。

> 我：我想问个问题，什么叫距离近，什么叫距离远？
> 小林：哦，怎么说呢，因为对待的方法，我真的觉得中国人很爱照顾别人，对待别人。但是日本人的话，如果照顾很多的话，可能有人会感觉压力。因为日本人觉得我受到的对待以后要还给他。（笑）我觉得这样，有人要考虑不要那么厉害的照顾别人，如果距离不太好的关系的话，刚刚认识的话。

留学生田中没有想到自己结识的中国朋友会过分热情，自作主张，令她在不情愿的情况下受恩。想到日后报恩的麻烦，她有了不少心理压力。

> 我们和他说，有两天，这个地方（和）这个地方，但是他自己改变了安排。我们不需要整个日程的安排。我们去（品尝）美食，当地的景点游玩。就够了。（但是他那样做）像是公司的旅游团的。如果我们有机会，他来日本，可能我们应该做那样。不是那样的话，觉得对他不公平。所以觉得很有压力。有他的号码。（田中）

和留学生伊藤一样，日本留学生普遍对请客感到不适应。除了因为受恩而感到不好意思之外，回报也是其中的压力之一。

我：在和中国人交往的时候，什么是日本人感到很难适应的？

伊藤：也是埋单的时候。中国人喜欢一个人付钱，但是日本人喜欢各付各的。

我：那你认为不适应的地方在哪里？

伊藤：是因为我被别人请客的时候，我被他控制。有点不好意思。

我：感觉到欠他？

伊藤：欠，所以我不喜欢被请客。

我：那你在什么样的关系当中，你觉得别人为你埋单是无所谓的？

伊藤：特别好的关系。如女朋友，刚才说的，一起去喝酒的朋友。

我：为什么这样的关系无所谓？

伊藤：因为了解他的想法。可是我不了解的人给我请客，我会感到：什么想法？

我：你担心什么呢？

伊藤：我担心他以后，要求我做什么。

"在日本，'让人受恩'则表示给别人一些东西或者帮别人的忙。对日本人来讲，猝然受到生疏者的恩是最讨厌的事。因为他们知道，在与近邻和旧等级关系打交道中，受'恩'所带来的麻烦。如果对方只是熟人或者与自己接近的同辈，他们会对此不高兴。他们宁愿避免卷入'恩'所带来的麻烦。"① 由于日本人不喜欢随便受恩而背上人情债，施恩的一方既然知道帮助别人会使得当事人感恩领情，也不轻易插手，帮助别人。上述鲁斯·本尼迪克特对日本文化中恩义的理解可以说明日本留学生在受恩时感到的压力。和中国人不同的是，他们不觉得施恩仅仅是善

---

① ［美］鲁思·本尼迪克特：《菊与刀》，吕万和、熊达云、王智新译，商务印书馆1990年版，第72页。

意的表达。恩情是别人给予的好处，在一个有恩义观的社会里。他人给予自己好处意味着受恩的同时就背负了债务，而债务是需要偿还的。所以，对留学生来说，受恩反倒是件麻烦的事情，与其麻烦，不如不受，何况自己也不是无力负担自己的支出，对方提供的服务和帮助也不尽如人意。同样，施恩的人要考虑到对方报恩的麻烦，不应该随便施恩。在这样的观念之下，日本留学生觉得中国人的距离太近，对他人"请客"和"爱照顾人"的习惯感到不安，他们因此被迫进入施恩和报恩的机制中。

中国和日本都是恩义社会，认为知恩报恩是一种美德，忘恩负义应该受人谴责，但是日本留学生和中国学生之间为什么存在这么大的差异呢？有学者指出中日社会等级观念的差别是造成恩义意识差异的主要原因。"在等级制度发达的社会里，恩报观念得到强化。因为，地位高者施恩于地位低者，通常要求后者还报以更大的服从、尊敬和献身。因此日本人在接受别人的恩惠时表现得比别人更加敏感……与此相对照，中国人缺乏等级意识，故对送礼造成的恩义负担没有日本人那样敏感。"①

中国社会缺乏等级，大家在一个平等的层面上，你来我往，授受礼物，重视的是人情的传递，是人情社会而不是等级社会。中国同学从小在人情社会中长大。他们习惯于把情义通过礼物、帮助等物质和非物质的形式表现出来，而且情意的大小和礼物的贵重与否、帮助的多少等有直接的关系。对于中国同学来说，不通过这些形式表达一定的情意是人情淡薄的表现，于人于己都难以接受这样的冷漠。但是没有想到的是，日本留学生认为他们的给予超出了目前人际关系应有的限度，给他们带来了意想不到的心理负担。

（四）结交观念

美、日留学生普遍认为在中国，人际关系发展的速度更快。在本章前面提到的体距的迅速接近就是一个形象的例子。如同我们在体距一节所说，他们认为在美国和日本倾向于先了解、再接近；但是，在中国，美国留学生琼感到刚认识的中国同学"顷刻间就成了朋友"，日本留学生中村认为中国的人际关系发展"不需要一个过程"。一个很常见的例子是中国人第一次见面，可能会相互留电话号码，但是日本留学生佐藤

---

①　尚会鹏：《日本人的恩义意识》，载《当代亚太》1997 年第 1 期，第 76 页。

说，在日本"没有见过"。还有一个常见的例子是中国人第一次见面就会请客或者在一起吃饭。日本留学生吉田参加了一个面试，遇到一些中国人，结果当天就一起吃饭了，他说：在日本不会。小野也说：日本人从认识到一起吃饭要很长时间。这些文化差异在日本留学生看来很有意思。但是，人际距离的迅速接近也让他们感到不适应。对于日本女生，好像这样迅速的接近却并不少见。留学生千叶是日本和爱尔兰的混血儿，以下是她的经历。

千叶：因为我来中国，所以想多和中国人交流。但是我从某个时候开始，不太想和男的中国人交流。因为我想做的是朋友，不过有的人认识后，没有直接说什么，他想和我在一起，那样的，不过，怎么说，好像马上就不是朋友的感觉。比如，他们开始说，你很漂亮，或者那样的。然后我去武汉的时候，也有一个人开始和我说话，然后，他最后说，我可以上北京看你吗？呵呵，那样的话。然后我没给他联系。

我：第几次见面？

千叶：是第一次。因为我在武汉。那天晚上我要回北京，所以他那样发短信给我说。不是朋友的感觉。而且他是年龄比较大的人，而且是武汉某大学的老师。不过我不知道他真的是不是老师。而且我去大连的时候，也有一个人，他开始和我说英语，不过我不知道他有没有那样的动机，他也马上说你有没有QQ号码？或者联系方式，我不知道他有没有那样的想法，不过以前的体验让我想，跟男人认识有点……

我：就是有点快了。

千叶：对对对。

我：如果在日本的话，一般是怎么样的呢？

千叶：一般是比较，有的人在城市里很积极的人，也有那样的人。不过一般的话，我们，如果第一次交换号码的话，即使聊天，普通的话题，一般的话题。然后过了几个星期，然后，对，更慢。……要号码也可以，不过一有号码，就常常打电话，或者常常发短信。虽然那天我们认识也只有5分钟。已经开始说，你是很聪明的人，或者可以上北京看你吗，那样的。

我：才过5分钟？

千叶：对对。他也应该还不知道我，所以，怎么说，如果他们太积极，我有点（后退的动作）。不要夸我，比如说：某某大学怎么样，那样的。一般的话题开始，我们要先做一定的关系，我也开始信赖他。

在我采访的9名日本女留学生中，有4名留学生有被只见过一两次面的中国男生迅速接近的经历，或者如上述千叶的例子，一人有多次被迅速接近的经历。在其他有关日本留学生的研究中，这样的案例也并不少见。上述案例中，人际距离的迅速接近也许和日本女生的外国人身份有关。对外国人的好奇可能是一个重要的因素。此外，日本女生的礼貌可能也是造成了上述交往现象的原因。她们的礼貌可能在交往中被误解为一种鼓励和接受，所以导致对方感觉可以接近。在另一个例子中，中村面对中国男生的接近，笑而不答，假装听不懂；但是她内心感到很恐怖。所以表面上看，日本女生很温和，致使中国人误读了表面传递的信息。但是，不能否认的一个重要原因是中国学生所认可的结交速度更快。只要有兴趣，就可以迅速接近；而日本人要"慢慢看"对方是否愿意和自己成为朋友，先相互了解，再慢慢接近。在下面的访谈片段中，山口和田中分别对比了中日的结交速度和原因。

山口：可能是，（日本）越来越频率高。刚刚认识的时候，一个星期一次。如果关系好的话，一个星期两次，三次，如果更好的话，每天也可以。

我：中国人的话？

山口：突然，很多。（山口）

我：你觉得和日本人交朋友快，还是和中国人交朋友快？

田中：中国人。

我：和中国人交朋友快的原因是什么？

田中：日本人交朋友需要过程，中国人不需要。

我：日本人在这个过程中看什么？

田中：对方是否愿意和我交朋友。

对于距离的迅速接近，日本留学生认为中国人更加直接，所以了解对方的性格和交友的意愿都比较快。日本人由于表里分治，需要一段时间才能明白对方的真实的心意如何。这也是我们在隐私部分所讲的日本文化的特点：揭开双方的社会性面纱需要一段时间。但是，除了表达方式与注重交友双方意愿的协调一致的原因之外，有中日对比研究从语言学的视角阐述中日两国不同的心理距离感。这种心理距离决定了中日人际交往中的结交速度。中文的指示代词仅有这/那两种，而日文的指示代词有こ（这）/そ（那）/ぁ（那：两者之间的远指）三种。如果把这种思维方式运用到人际关系上，中国的人际关系以内/外两个领域为主，而日本人际关系中的ゥチ/ソト/ョソ三个区域较为分明。① 因此，在交往的形式上，中国人可以从外到内迅速接近。这个论点主要从中日心理距离对比的角度着手，指出中日心理区域上存在的差别。如果从人际距离本身来看，中日之间都存在内外三个区域，如中国台湾学者黄光国就把中国人的人际关系定义为家人（ゥチ）、熟人（ソト）和外人（ョソ），它们分别对应于情感关系、中间关系和工具关系。② 但是中日的差别在于日本人的同心圆界限分明，而中国人之间可以自由伸缩，随意切换。语言反应了文化的意识，以语言为例："相比之下，汉语不像日语一样明确的根据'ゥチ'、'ソト'、'ョソ'这三者关系来变换表达方式，三者之间也远不及日语那样有明显的分水岭和鲜明的间隔之分，因此中国人在外出、回家以及进入他人的空间范围时，不存在类似日本人那种惯用的固定的表达方式。""如果要把'ョソ'的人际关系纳入'ソト'和'ゥチ'的心理范畴，就得选用'礼貌语言'和'社交语言'等语言行为。相比之下，中国人比较容易把'ョソ'的人拉近并接纳为'ソト'，甚至'ゥチ'，反之亦然。"③ 这两种语言学上的解说都说明了中日人际关系在中间层次上的差别，日本人际关系的中间层次稳固而分明，但是中国人际关系的中间层次相对模糊而不稳定，这也就是我们在隐私观念部分提到过的部分接触的关系层。

──────────

① ［日］福井启子：《中日言语行为差异与心理交际距离关系研究》，博士学位论文，吉林大学，2010年，第34页。

② 黄光国：《人情与面子：中国人的权力游戏》，载黄光国编《面子——中国人的权力游戏》，中国人民大学出版社2004年版，第7—11页。

③ 施晖：《空间因素的汉日对比研究——从"ウチ"、"ソト"、"ヨソ"意识出发》，载《苏州科技学院学报》2010年第1期，第103—107页。

（五）礼貌观念

日本留学生认为中国人际距离近的原因，部分和他们的礼貌观念相关。我们在第七章曾经提到过。日本人对礼貌的理解是敬重与关怀。在英语里，表示尊重的单词是"respect"，意思是反复（"re"）的看（"pect"）对方。同样，在日本文化中，如果要做一个有礼貌的人，必须时常体察别人的心情，考虑他人的意愿，确保对方在和自己交往的过程中心情愉快。尤其在人际关系发展的初期，双方尚未了解的情况下，察言观色必不可少。其实，日本留学生认为在人际关系的各个阶段都要考虑对方的心情和意愿，在亲密的人际关系里考虑得少的原因是双方了解的程度有所增加，所以不必考虑那么多，而不是没有考虑的必要。正如我们在第七章所说，中国人对于和谐关系的情感要求相对较低，因此在个人表达上有更多的空间。如此一来，中国学生的自由表达不是建立在相互关照的基础上，而是自我尽兴和自我表达的成分比较多，被卷入这种文化机制下的日本留学生感觉到原来日本文化中个体观察、沉默、考虑和调和的空间骤然减少，取而代之的是直接和密切的言语交流。习惯安静、寡言少语的日本留学生因此觉得人际距离过于密切。

　　我：你对中国人有什么好的印象和不好的印象？

　　小林：我最感到的是中国人特别热情。因为，怎么说呢，和日本人相比，中国人的人和人的距离比较近。所以，我们和中国朋友刚认识的时候，比较紧张，所以说得比较少，但是他一直对我说话，然后热情地对待我，所以我就习惯了跟他一起玩。

　　我：那你为什么觉得中国人的人际距离比较近呢？

　　小林：因为，我去朋友家玩儿的时候，他们也经常说不用谢谢，然后不用考虑很多，随便做自己想做的事情。但是日本人的话，即使是特别好的关系也不能这样随便。所以……

　　我：你说日本人比较好的关系，是指什么样的关系？

　　小林：嗯，就和以前特别好的朋友，但是这样的朋友之间也有距离，比较有距离。

　　我：刚才你说，不用考虑很多，那你和日本人在一起的时候，会考虑什么呢？

　　小林：嗯，我去朋友家玩的时候，我特别注意他们的心情，因为家里有他们的家人，什么的。所以应该要考虑比较多。

我：考虑他们的心情？

小林：对对对，因为我觉得有的日本人不直接说自己的心情，应该，怎么说呢，因为我觉得中国人很直接地说自己的想法，但是日本人的话，不太说自己不愉快的事，说不出来。心里偷偷地感受，所以如果我随便做的话，朋友可能心里不愉快。（笑）

小林认为中国人的人际距离近，是因为中国人比较随便，不太考虑对方。对于日本人来说，这种情况只有在人际关系很亲密，彼此已经很熟悉的情况下才会发生。如同上面所说，造成这种跨文化印象的原因主要在于言语之间为了考虑和调和人际关系而做的观察、思考和调和。在这个过程中，中日双方的认知心理距离也有所不同。距离作为一个认知范畴被定义成"为保持客观而在内心上对他人或物保持的间距"[1]。如同审美距离一样，认知中的"差距"和"超距"都是"失距"现象，因为无法看清交流对象。差距是主客体之间的距离太近，超距是主客体之间的距离太远，所以距离是认知发生的条件之一。认知距离存在的前提是不把别人当作自己，而是把自己和别人当作两个彼此独立的、无论在身体和心理上都有距离的个体。所以，日本留学生在交流中始终认为别人和自己不同，一直在观察和调和这种差异。在外在的言语和举止上，安静的时间更多，言语交流也不那么密切。但是，由于中日和谐观的差异，中国同学不太需要考虑心情，可以比较随便。所以，日本留学生感觉中国的人际关系比较密切。日本学者滨口惠俊提出"间人主义"（contexualism）的概念来概括日本人际关系的实质。间人主义的主要特点在于人际关系的相互依赖和相互信赖的特征。他认为相互依赖是人的本性，对于自己的行为，相信他人在理解的基础上会作出回应，较关心自己的决定和行动给他人带来的影响。[2] 在间人主义的模式中，互动双方不再是单独的个体，而是成为关系体，必须考虑他人的意图并试图满足他人的期待。由于这样的人际关系模式，日本留学生在人际交流中始终在为他人考虑，与此同时，

---

① 辞海编辑委员会：《辞海》（下），上海辞书出版社1989年版，第5140页。

② 杨劲松：《滨口惠俊及其"人际关系"主义理论》，载《日本学刊》2005年第3期，第153—159页。

也被考虑。相互的考虑自然离不开认知的距离。既然有对彼此的认知，就相应的有了认知的心理距离。如果在交往过程中不再彼此认知，距离也没有了。

日本留学生不仅在和同辈的交往中感到距离比较近，在和长辈的交往中，他们也感到距离近。一个主要的原因是他们习惯在和长辈的交流中使用敬语。敬语拉开了彼此之间的语用距离。语用距离是指交际双方在特定的交际环境中所感知和确认的彼此之间关系的亲密程度。[①] 由于敬语的使用，降低了关系的亲密度。但是在中国，没有使用敬语的习惯，彼此之间的关系比较接近。虽然大部分的日本留学生只是把这看作文化差异，并不认为这对人际适应造成多大的困难。但还是有部分日本留学生一时在两种文化中感到难以适从。

> 日本人对别人，最重要的是，别人觉得我怎么样。所以第一次见面的时候，或者还不太习惯的时候，日本人常常有点担心或者有点紧张。我是这样的，但是有的中国人，和我交流的时候，"你别客气啊"，这样，这是很好的。但是我觉得，他说他会说日语，日语中有个敬语，所以对长辈不能说随便的话。但是他比我大 10 岁，但是他说你别跟我用敬语吧，如果我用敬语的话，他骂我，我觉得不舒服。（小野）

> 我不太接触他们，我也不知道怎么和他们交往。上次有面试，我和工作的职员说话了，但是我不知道怎么对待他们。因为如果在日本，应该要穿西服，用敬语，特别紧张，但是（在这儿）去面试，他们很轻松的样子，所以我也不知道怎么对待他们。（小林）

中日礼貌观念的不同影响了日本留学生的人际距离适应。无论是通过认知距离还是语用距离体现出的人际心理距离，日本都比中国更远。"间"在日语中都表示"间隔和间隙"，是时间和空间概念上的一定范围和距离。无论是委婉的日语、一步三停、音乐中长长的停顿、喜怒哀乐不行于色的脸庞，都可以感受到"间"，即时空上的距离意识。"日本文化不是非此即彼的文化，而是彼此相间的文化；不是对立抗争的文化，而是调和吸收的文化……日本人为了使人际关系更加和谐，日本人时刻保有

---

① 王建华：《话语礼貌和语用距离》，载《外国语》2001 年第 5 期，第 26 页。

'间'意识，注重并设置'间'。"① 可以说，"间"，或者是距离，蕴藏着日本对人和对事的调和感。

第三节　关于改进美、日留学生人际距离适应的讨论

由于距离近的一方和距离远的一方对于距离的心理感觉完全不一样，双方在交往中都在按照自己的舒适区域寻找最佳的距离感觉。如同"刺猬原则"一样，直到双方感觉到在远近之间找到一个最佳的平衡点的时候，彼此间的距离才会出现稳定的态势。以下就美、日留学生和中国人的视角就人际距离的适应进行讨论。

一　美、日留学生

美、日留学生跨文化人际距离适应主要包括两个方面：体距的适应和人际接触的适应。在跨文化教育和培训中，有必要说明中美和中日在身体距离感受方面的差异，体距存在文化的相对性，没有好坏。对于人际接触的密切程度，有必要向美、日留学生说明中国朋友倾向于家庭模式型的交往。这样，他们会比较容易理解中国同学近距离的交往方式事出何因，减少从自己的文化立场出发而可能产生的误解。

在这样的交往模式下，他们在跨文化适应中主要面临以下几个方面的挑战。第一，因为中国同学习惯从"我们"而不是"我"的角度出发进行交往，因此个体观念较为模糊。在这样的交往范式下，他们比较容易失去自主的权利。第二，在交换中，物质难以随时随地以个人划分精确的界限，确保交换的公平。如果是日本留学生，除了公平难以保证以外，还会陡增不少回报的压力。第三，在相互了解的过程中，由于隐私观念的差别，要求自我暴露的程度会更高。第四，结交的速度会比较快，除了个人信息的暴露、物质的共享等之外，互动的频率也相对较高。第五，对于日本留学生而言，礼貌观念的差异会导致他们认为中国同学的人际互动比较随便，如：不再考虑对方的情况，对长辈说话不使用敬语。但是在中国文化中这不是不礼貌。第六，对于美国留学生来说，谈论对方的体貌特征对

① 陈瑶华：《"间意识"与日本的人际关系》，载《福建省外国语文学会 2010 年年会论文集》，福建省外国语文学会，2010 年，第 1—14 页。

中国人来说不是禁忌话题，所以这是有文化相对性的。

在跨文化培训中，首先有必要请留学生设想他们如何与家庭成员交往和互动，他们也就理解了互动中的中国同学的近距离的互动模式。在说明适应挑战的同时，最好说明中国近距离的交往模式也会带来他们意想不到的惊喜，以便他们在心理上找回平衡，在日后的接触中也比较容易树立文化相对性的态度和观念。如：他们会感到自己被异文化接纳，感受到在国内同等人际关系下不易感受到的亲情和人情味。对于日本留学生来说，近距离的人际接触可能在某程度上因为脱离了礼貌的规范而比较轻松、自由、有趣。如果教育和培训的时间允许，则应该说明文化本身的相对性。如：在一种文化中不被认可的禁忌和规范，在另一种文化中则完全正常。在一种文化中习惯于近距离的交往模式，在另一种文化中则有所不同。如果他们感到好奇，则可以进一步说明背后深层的原因是什么。这也是我们在第七章第三节所说的文化意识的培训。通过这样的培训方式，建构双重文化的认知模式，为日后的跨文化互动做好态度和知识上的准备。

二 中国方面

人际距离过近是美、日留学生人际适应的主要问题之一。虽然美、日留学生在中国，他们理应是适应的主体。但是考虑到最理想的适应模式是双向适应的模式。现在的跨文化管理也在呼吁管理队伍的国际化素质，所以，我们还是需要思考针对美、日留学生的人际距离适应，中国方面（如：学生、留管人员和服务人员）能够增加什么样的文化意识，才能改进互动，因而增加跨文化管理的效能？

同样，中国学生和留管人员需要明白美、日留学生的人际距离相对较远。如果设想自己和熟人之间如何交往，或许能够找到一些远距离的感觉。但是最好的还是通过文化意识的培训。首先，强调个体观念的差别，以个体而不是集体的方式来看待物质和非物质的交往。特别要明晰和尊重留学生个体外围的自我疆界，尊重他们的自主权。其次，在交往中，如果不是上下级的关系，他们更习惯各自付账，公平交换；在交往形式上，也比较简单，较少有金钱和物质的往来。过于慷慨大方反倒令他们感到不适应。尤其是日本留学生，他们会备感压力。至于其中的原因，我们在研究结果部分已经有所讨论。再次，交往要循序渐进，无论在个人信息，还是在交往频率上都比较适宜遵循渐进的原则。热情的交往方式固然有好处，但是对于习惯"慢热"的美、日留学生，尊重他们的个人隐私和人际关系发展的习惯，也许对跨文化人际关系的发展更有好处。最后，最好不要对美国留学生的体貌特征进行评论，因为容易引起误解。如：误解为种族歧视或约会的信号，更严重的是他们可能误认为对方侮辱自己。建议对于交往能够起到提示的作用，对建议的理解和把握还是有赖于具体的跨文化实践。跨文化实践也能反过来进一步验证和完善已有的建议。

第四节　本章小结

人际距离过近是美、日留学生跨文化人际交往的主要体会之一。人际距离近主要通过体距和人际接触的密切程度体现出来。首先，美、日留学生觉得中国人的体距比较近。更重要的是，美、日留学生认为中国的人际接触过于密切。影响美、日留学生跨文化人际心理距离适应的文化差异主要体现在以下三个方面：隐私观念、结交观念、交换（回报）观念。此外，影响日本留学生跨文化人际心理距离适应的还包括个体观念和礼貌观念。影响美国留学生适应的还有中美禁忌观念的不同。这些观念分别影响了美、日留学生和中国人所习惯的人际距离。但是在跨文化交往的过程中，美、日留学生难免在不同文化观念影响下的人际距离中，在心理上有距离过近的适应问题。如：中国的结交速度比美、日留学生习惯的结交速度更快。此外，由于观念不同造成的误解也是美、日留学生认为人际距离过近的原因之一。如：中美对于禁忌和隐私话题的界定完全不同，以至于中国人一般性的对话就有可能触犯他们的禁忌和隐蔽区域。因此，在本章的最后部分，就美、日留学生的人际距离适应问题提出了相应的对策。对于美、日留学生而言，有必要以家庭的交往模式理解交往中的中国人；明白在哪些方面容易受到人际距离过近的挑战；以及应该通过文化意识培训的方法拓展原来的文化认知模式。对于中国学生和留管人员而言，通过感受熟人间的心理距离可能有助于跨文化人际距离的心理适应；反思在和美、日留学生交往的过程中，自己习惯的交往方式会造成对方怎样的心理压力以及该如何在跨文化人际交往中调适自己的行为。

第九章
权力距离的高与低

权力是控制和影响他人的能力和权利。在跨文化的研究中，吉而特·霍夫斯泰德（Geert Hofstede）把权力距离（power distance）定义为"某国机构和组织中处于权力劣势的成员在多大程度上期待和接受权力的不平等分配"①。和日本留学生不同的是，美国留学生在和中国人交往的过程中，尤其是在和中国教师互动的过程中，感到中美两种文化在权力距离上存在差别。习惯自由平等的美国留学生认为："在中国，老师有权力。"这种权力感在师生互动的过程中，通过各种方式体现出来。相反，日本留学生认为在中国，师生的关系"更平等"，鲜有日本留学生因为师生在权力距离上的趋于平等而产生抱怨。因此，本章只就美国留学生在权力距离上的跨文化人际适应展开论述。

第一节 美国留学生权力距离适应问题及其文化成因

如上所说：权力意味着控制和影响他人的能力和权利。具体地说，权力在于是否有能力和权利令他人做你想让他们做的事情，尤其是做他们本来不愿意做的事情。国际关系专家把权力进一步分为硬权力和软权力，前者为通过引诱和威胁的方式，让别人做他们不想做的事情的能力。后者主要是通过吸引力而非强制手段，让别人做你想做的事情的能力。② 但是无论是硬权力还是软权力，目的始终只有一个：让别人做你想让他们做的事情。外交虽然不同于人际交往，但是权力的本质并没有多大的差异。在下

---

① Hofstede, G. (1991). *Culture and Organisations*: *Software of the Mind*. New York: McGraw-Hill. p. 28.

② ［美］约瑟夫·奈：《软实力》，马娟娟译，中信出版社 2013 年版，第 8—10 页。

面的行文中，我们分两个主题来论述美国留学生的权力距离适应问题。第一个主题和学生的自主权有关，它代表中美文化就以下问题给出的不同答案：师生互动应该遵循平等自由还是服从权威的原则？第二个主题和教师权力相关，即：教师权力是否应加以限制？

一　被限制的学生自主权

（一）　自主能力被质疑：“把我们当小孩”

美国留学生发现中国老师和美国老师有很大的不同。他们认为中国老师就怕学生犯错，因此总会告诉他们正确的选择是什么。美国留学生为此感到很懊恼，因为他们感到自己被当成了“小孩”——不知是非、没有选择能力、动不动犯错、需要他人教导的依附性个体。留学生贝蒂对中国老师感到不满的是老师对他们总是抱以怀疑的态度，“他们很自然的觉得你们会做错事情。在这个立场上说话”。并通过恐吓等方式告诉他们应该做什么，不应该做什么。“我觉得西方学生有时候感到很懊恼，因为我们觉得学校把我们当成小孩。我们都是研究生了，他们还把我们当成小孩对待。”美国留学生在中国老师心目中看见的“孩子”形象显然不符合他们的自我认同。相反，他们认为美国老师更平等，因为他们不会以大人自居，他们总是交代客观事实，让学生自行选择并承担相应的后果。因此，美国留学生在美国老师眼中看到的自我形象是一个有自行选择权利、有能力为自己的选择承担后果的个体。下面是留学生玛丽眼中的中国老师和美国老师。

> 还有，另外一件事情。令我很感冒犯。中国的老师总是告诉你，要好好学习，好好研究，表现要好，听起来真是令人恼火，把我们当小孩。美国老师会说，你知道，这是你的作业，如果你不做，你为自己做出了一个选择，为自己的选择承担后果。我知道中国老师不想要你做出错误的选择，他们想要确保你做出了正确的选择。他们不想看到你做出一个错误的选择，从错误中学习，他们总是告诉你要做什么。（玛丽）

所以，令美国留学生感到懊恼的是在中国老师眼中，他们从一个有自主权利和能力的个体变成了一个没有自主能力，需要他人引导的个体。对于这种和自我形象、自我能力不相吻合的看法，他们深感冒犯。在美国留学生眼中，教师家长等虽为长辈，但是他们在个人选择中，仅起到支持、鼓励和提醒的作用，最终的选择权还是落在自己手中。同样，中国的家长在子女做决定中所起的决定性作用也令他们感到明显的文化差异。下面的例子可以进一步说明美国留学生在自己的文化中有着怎样的自主能力和权力距离。美国的父母如何尊重孩子的选择，相信他们的选择能力，即使在人生的重大选择上也是如此。

> 我发现中国的孩子，即使上大学也还是很在乎他们的父母是否赞同我该学什么。我父母说我应该学这门课，诸如此类的。美国在某种程度上也存在这样的情况。但是大多数不会。他们学习他们想要学的科目。我的朋友，即使他父母为他付学费，他父母也说：学你想要学的。我们会帮助你。所以，我觉得这是个很大的差异。（苏姗）

美国留学生认为美国父母不仅支持子女为自己做出重要的决定，而且即使孩子做出错误的选择，他们也比中国的家长更有宽容度，允许孩子犯错，从错误中学习。这与中国家长强力制止，"不想看到你做出一个错误的选择，从错误中学习的态度"完全不同。茉莉是个中美混血儿，他父亲是美国人，她母亲是中国人，在对子女的犯错上，她父母的处理方式完全不同。

> 去年，我妹妹和她男朋友分手了，她很伤心，开始和一些男生混在一块儿。我妈妈非常非常生气。我爸爸的态度是：她最终会发现这样对她自己不好。但是，我妈妈说：不，她得马上停止。她最后停下来了。但是这件事情上反映了我父母之间的分歧，他们之间的分歧造成了家里的摩擦和冲突。（茉莉）

中国的老师和家长倾向于引导学生和孩子走正确的路，避免犯错。但是美国留学生认为美国人重视个人体验。他人的建议和劝告也许是对的，但是个人只有在亲身体验中才能真正学会是对是错，是否适合自己。所以，与其听从他人的规训和劝诫，不如亲自体验一番。在这个过程中，不仅学得更加深刻，认识自己，发展了个性；而且体验就是生活，带来快乐和刺激。总之，体验一番是值得的，即使在这个过程中有可能犯错。

我们会说，我不想你这样，这个主意不好，我以前试过，说明这个想法不好。但是除非你亲自去做，你也许不会知道。我最近在做决定，我姑姑说，你的想法不好。有时候，她是对的，有时候，她也不对。所以要自己去学。（琼）

我认为从错误中学习这样的观念在美国文化中根深蒂固。美国人认同这些，比如：爱过并失去比没有爱过要好。所以，你得去体验，体验受伤的感觉也比不体验好。但是在中国，他们不想你受伤。（茉莉）

我认为（犯错）是对的。如果你是孩子，你父母告诉你：火很烫，不要去碰，否则会烫伤自己。如果你一辈子不去碰，知道我的意思吗，你父母说，那很烫，别碰，你真的不去碰吗？你一辈子会觉得好奇，你永远不会知道烫的感觉如何。有时候，如果你亲自体验，你学得更加深刻。……在美国，那是生活的一部分，你自己去体验好的和不好的。要不然，生活太安稳了，一直都不曾真正生活过，我是这么认为的。……如果你从来不去体验，你永远不知道。……而且我认为这也是个性的一部分。你在体验中发展自己的个性，如果你的体验一直都很安全，你的性格也很保守。（杰克）

美国留学生不认同中国老师把他们当成孩子加以鞭策和引导，也不认同引导背后害怕学生犯错的观念。对于他们来说，每个人，无论学生和老师，都为自己做出选择，在体验中学习和生活。重蹈他人的覆辙对于追求个体实现的人来说，没有很大的意义。因此，在个人选择和体验面前，他们和老师是平等的。所以，在追求个性化的美国留学生看来，被当成小孩加以教导实在和他们的文化与自我认同不相符合。但是，在中国老师看来，他们只是缺乏经验、尚未成熟的学生，需要长辈的鼓励和教导。所以，在中美师生互动中，我们看到了美国留学生在权力距离高低不一的价值观下而产生的心理不适。而在权力距离的背后是双方对体验的价值、对自我实现、对个人自由等观念的不一致。正是由于这些观念的差异，美国留学生认为中国的老师以长者自居，把他们当作小孩；而美国留学生却深信自己是个有独立选择能力的个体。权力心理距离的差异也随之而来。

（二）自主权力被干涉："自上而下"

如果说，上述的美国留学生对权力距离的适应只发生在心理层面。在本节中，权力距离的差异则通过具体的行为表现出来。美国留学生发现中国老师喜欢自上而下，替他们做决定而且要求他们服从上级的决定。但是美国留学生却坚持认为应该按照个人的兴趣和爱好，决定该不该做一件事情。双方由于观念不一致而发生了不少争执。

> 举个例子，在美国，你让学生选择一个他们喜欢的题目，然后做一个项目，或成立一个小组，一起读书。老师会说，很好，做你们想做的事情。但是我感觉中国的老师喜欢告诉我们做什么，就是自上而下和自下而上的差别。因为，在美国，他喜欢让底下的学生做他们想做的事情，但是在中国，他们设法告诉你该做什么。有个例子，我们小组想要做课外阅读，所以我们是自行决定，而不是老师让我们做这个。但是他们说，我们礼拜五见，你必须读这个。我们说，等等，我们不想在礼拜五，我们想读别的，但是他们（总是）想要告诉你做什么。（玛丽）

高权力距离的文化崇尚不平等，不同权力的人之间是相互依赖的关系。子女要孝顺父母，老师主导学生。低权力距离的文化崇尚平等。父母和子女之间是平等的关系，教师希望学生主动。上述例子中的中国老师和美国留学生分别体现出了高权力距离和低权力距离文化中师生关系的特点。权力距离往往和价值观的另一个维度——集体主义和个体主义有密切的联系。霍夫斯泰德认为在个人主义文化中，个人之间的关系很松散，每个人只需照顾个人和自己的家庭。在集体主义的社会中，人们从出生开始就被纳入一个紧密的内圈子，这个圈子在个人一生中都给予保护，而个人也必须对其保持忠诚。在后来的研究中发现有多种个人主义，而区分不同个人主义的重要维度是社会关系中的平等和等级的概念。个人主义和集体主义由此分化成四种价值观（VC、HI、VI、HC），[①] 在平等个人主义

---

① 这四种价值观的对应关系是这样的：VC（vertical collectivism）是指等级集体主义，HI是平等个人主义（horizontal individualism），VI是等级个人主义（vertical individualism），HC是平等集体主义（horizontal collectivism）。

（HI）中，人们自立自主，相互平等。他们通常想做自己的事情。在等级集体主义（VC）中，人们强调等级，把自己看成集体的一分子，宁愿为了集体的目标而牺牲个人目标，如果集体内的权威人物希望他们为集体做什么，他们会屈服于这些权威人物的意志。① 在下面的例子中，中美师生之间就存在等级集体主义和平等个人主义价值观之间的冲突。中国老师希望留学生不辜负大家的希望，好好表现，参加演出。但是留学生对于他人的期待和需求没有什么考虑，而是坚持遵从自己个人的意愿。

　　我：你在和中国人的交往中，有什么冲突吗？

　　玛丽：也是和我的老师，我导师。因为我是班长，他想要我们班在北京留学生之夜上演出，唱一首歌，但是我们班不想唱。所以我告诉他我们不想唱。但是他说：你们一定得唱，必须的。如果不唱的话，整个班级给人的印象不好。我说：我们不想唱。我们就这样争了好久。

　　我：多久？

　　玛丽：一个月。他说：我明白了。但是第二天，又说，你们应该去唱歌。不，我们不去。很糟。好像他发了邮件，说如果你们去唱就太好了。不，我们不想去唱。然后第二天又来了。你们如果不参加演出，太令人失望了。我们没有唱。我想现在我们看到后果了。他对我们坚持不唱感到不高兴，但是他老是对我们施压，我也感到不高兴。所以很多不一致的地方。

　　等级集体主义和平等个人主义是美国留学生在中国体验的主要文化差异之一。被访的美国留学生不仅在师生互动中体会到文化的冲突，在中国父母和子女的互动中也感到了文化的差异。师生之间、父母和子女之间的关系有相似之处。他们都是一定的社会关系构成，同样有晚辈和长辈之分。下面通过美国留学生所体会到的文化差异来说明这两种对立的价值观分别如何从中美学生身上体现出来。正是因为美国社会是建立在个人主义基础上的社会，社会由相互独立的个体组成，父母和子女之间的关系也相

① Singelis, T. M. et al. (1995). Horizontal and Vertical Dimension of Individualism and Collectivism: A theoretical and Measurement Refinement. *Cross-cultural Research*, 29: pp. 240 – 275.

对松散。但是，在中国集体主义的文化中，人和人之间的关系更加紧密，子女和父母之间也是相互依赖的关系。父母作为长辈对子女有要求他们听从的权力，而子女也觉得应该听父母的话语。美国留学生认为：孝顺是中国文化的特色。他们和父母之间也没有类似中国的责任和义务。留学生杰克曾经和他父母谈起中国的孝顺。他说：

> 我问我妈妈，是否知道孝顺。在中国，这是一个很普遍的观念。什么是孝顺，我们没有类似的词。我们没有那样的观念。我们相信你只要尊敬父母，但是不需要对他们百依百顺。（杰克）

> 约翰：在美国，我们没有孝顺的观念。这是中国很好的地方。这是一种文化约定，你不仅在情感上照顾你的父母，在经济上也照顾他们。但是，在美国，不是这样。
>
> 我：在美国如何？
>
> 约翰：以个人主义为基础。我和我姐姐在我妈妈死前照顾她，你知道我们和我妈妈住在一起，她有自己的房子，我们去看她，照顾她。但是这不是一种约定俗成的制度，不是文化的一部分。所以，（孝顺）是中国的优点。

个人主义的基调决定美国人没有类似中国家庭中照顾父母的责任和义务，也不需要听从父母的意见和建议；但是与此同时，他们也得为自己的选择负责，始终以独立个体的身份看待自己。他们自立程度同样有可能在中国文化的预料之外。

> 在美国，等你到18岁，你就完全有自主权了。在美国，我遇到我叔叔的女朋友，他们都是地道的美国人。他们说，等到他们的孩子到了18岁，她就要把他赶出家门，没有经济支持，没有地方住，没有食物。当我和他们说我要和父母住在一起很长时间，等我结婚，我想和父母一起住时，他们觉得很奇怪，告诉我应该更加独立。我想那是我第一次意识到文化间的显著差异。当然，他们比较极端，大多数美国家庭并不会赶走他们的孩子，尽管大多数的美国家庭也不和他们住在一起，但是我的确喜欢和我父母在一起。（笑）（茉莉）

所以，在中美师生冲突的背后，是美国自强自立，信奉个人选择，重视个人体验和探索，寻求个人快乐的价值和信念。这与中国相互依赖的人际关系，较高的权力距离，以集体的责任和义务来定义生活和人生的观念有明显的不同。最后，以留学生约翰的一段话来做本节的结尾，因为从这段话中，可以感觉到两种文化中集体和个体的意象。

约翰：（在中国）好像没有听说一个人会做什么脱离（常规），不一样的事情。好像在做同样的事情。妻子，孩子，抚养家庭，这些事情。在西方很多人不做这些。

我：他们做什么？

约翰：他们可能不结婚，可能离婚，有很多离婚的人。在这里，就像是时间倒流，我能想象的是美国20世纪五六十年代的光景……

我：为什么不选择家庭？

约翰：为了自己过得快乐。

二　不加限制的教师权力

（一）对学生不尊重："好像你很差劲"

美国留学生认为有些中国老师对学生不够尊重。老师不尊重学生的原因多是由于学生学习表现不佳。学生或者从老师流露出的不满意的态度，或者从老师的言行中，感到自己有不被认可、在他人眼中智力和能力较低的感觉。玛丽感到自己已经尽力学习，但是不被老师理解，她感觉老师认为自己"很差劲"。

我不觉得他们理解我。有一个例子是中文课。大学里学习语言的学生都在这里学习语言，所以他们上会话课、听力课、写作课近20个小时。但是我，我在这儿是修另一个英语学位，但是我还在学中文。我上3学时的课，他们上20学时的课，我发现他只是看到我学得没有别人多，没有看到我是我们（硕士）班中文课上的最多的学生，而且我确实尽力学习。尽管没有别人那么多，但是，对我来说，我在进行额外的学习，但是对他们来说，你不是。（他们）对待你的方式好像你很差劲。（玛丽）

对于玛丽这样语言水平较低的学生，中国老师可能不自觉地流露出不满的情绪。但是，这种不满意表现的还是比较微妙。在下面约翰讲述的案例中，他认为老师通过言行对学生表示出的不满意程度已经达到了嘲笑学生的地步。包括美国留学生在内的瑞典等国的留学生都认为中国老师滥用了自己的权力，应该受到惩罚。

约翰：我认为这里的老师有权力，他们会滥用手中的权力。

我：他们怎么滥用权力？

约翰：上个学期，老师嘲笑了班上的学生。

我：他说什么了？

约翰：你知道，他的面部表情和他说的话几乎就是这个意思：你是蠢蛋吗？你不懂是什么意思？他用中文说：你怎么不理解？那语调。

我：是个什么样的情境？

约翰：做练习的时候，回答问题，什么？或是读课文的时候，什么？你这个蠢货。

我：读书的时候，学生不会读？

约翰：是的，他们更不会读了。老师做的有一件事情，如果在美国，他会被解雇。从非洲来的穆哈买德，老师一边转眼珠子，一边说他太愚蠢了，他永远通不过考试。然后他这样（做基督教的祈祷手势：额头，胸左右两侧各点了一下）……

我：老师这样做？他什么意思？

约翰：基督教的祈祷，祈祷的时候，就这个样子。

我：上帝保佑你。

约翰：但是他是穆斯林。

我：为什么觉得他会被解雇，如果在美国？

约翰：因为他嘲笑学生。学生学习不好，还有学生是另一个宗教，但是他用了（别的）宗教语言。

我：用另一种宗教为学生祈祷？

约翰：是的，我认为在美国他会被解雇……对一个穆斯林这样做是完全不合适的……

他还吓唬学生，班长告诉我，他吓唬（他）。

我：他怎么吓唬？

约翰：你知道威胁。在班上，让人家看起来愚蠢的样子。

案例中的老师虽然对后进学生差强人意的表现缺乏耐心，有教学上的挫败感，进而在言语上有不满的表现。约翰等西方留学生认为如此嘲笑学生的老师应该受到惩罚，被解雇等。除却宗教的原因，包括美国留学生在内的西方留学生似乎不习惯老师用威胁和贬低学生自我价值的方式来达到敦促学生学习的目的。但是在中国传统师生和父母子女的互动中，这种方式似乎更常见。在《红楼梦》中第十七回《大观园试才题对额》中，贾宝玉因为擅长题词引得众人赞妙，其父贾政或者点头道："畜生，畜生，可谓'管窥蠡测'矣。"① 或者一声断喝："无知的业障，你能知道几个古人，能记得几首熟诗，也敢在老先生前卖弄！你方才那些胡说的，不过是试你的清浊，取笑而已，你就认真了！"尽管贾政为了众人的面子，在众人面前有自谦的考虑，但是对于宝玉这样的晚辈，却可以用这种贬低人的称呼和评论，更不用说是在对方表现差强人意的时候，能说出什么话来了。

许烺光用集体和个体的根本文化差异来解释中美之间父母子女关系的差别。

中国的孩子从小就生活在一个社会的网络中。他们不仅对服从自己的父母，而且对亲属关系选择的自由度也比较有限。父母确信自己比孩子知道得更多，孩子们必须对周遭的世界保持敏感。但是，美国的孩子从个体出发看世界。他不能选择自己的父母，但是他可以喜欢其中的一个胜过另外一个。为此，父母要好好表现才能赢得孩子的喜爱。他们从小鼓励孩子自我选择的做法使得美国的孩子很早就知道按照自己的喜好生活。孩子们也希望周围的世界对他们保持敏感。② 家庭中晚辈和长辈互动模式的差异也会延伸到师生之间的互动模式中，以个体为中心的美国学生希望自己被

---

① （清）曹雪芹：《红楼梦》，http：//ishare. iask. sina. com. cn/f/5036495. html？from = like，2014 - 03 - 22. 160。

② Hsu，Francis，L. K.，*Americans and Chinese：Passages to Difference*. Honululu：the University Press of Hawaii. 1981. p. 88.

倾听、被尊重、被鼓励；但是有传统等级社会影响的中国老师也不认为训斥和批评的方式有什么不妥。

除了上述的文化差异。对宗教认识的差异也是造成美国留学生跨文化印象的主要原因之一。在中国，伊斯兰教和基督教的影响力相对较弱。虽然对这些宗教有所耳闻，但是和教徒视宗教为生命的严肃、认真、虔诚的态度相比，有很大的差距。宗教对于不少中国人来说只是一种知识，并非信仰和生命。与此同时，中国人也没有类似于美国对宗教问题所做的详尽的立法。宗教问题对于中国大多数的学校而言，并不是问题。但是对于美国这个多元文化国家，宗教问题对于教育的影响却不容忽视。所以，对有宗教文化背景的美国留学生来说，中国老师借用宗教语言表达自己的不满，显得太不严肃，亵渎了他人的宗教信仰，应该受到惩罚。但是对中国人来说，可能并没有亵渎的意思，只是借助这种方式表达自己的不满，也没有因此会被惩罚的意识。

（二）对学生评分："没有标准"

美国留学生和中国老师之间在学业评定是否应该有标准上存在分歧。美国留学生习惯老师在作业或答辩等涉及成绩评定的教学环节中把评分的标准提前告诉大家。这个标准不仅是他们在准备过程中参照的依据，也是老师在评定中的参照依据。而且，这个标准不是泛泛而谈的一个标准，是一个具体的可以遵照执行的标准。他们认为，只有这样才能确保老师所给的分数是公正透明的，一方面，个人得到了他应得的分数；另一方面，也能够确保每个人在相同的标准下得到公平和公正的学业评判。如果他们和老师就得分有不同的意见，这个标准又将成为裁定的标准。美国留学生深信规则，并认为人人在规则面前平等；规则也能最大限度地保证公平。但是，令他们感到无所适从的是：在中国，没有标准可以遵照执行。当他们认为自己所得的分数和老师所给的分数相差较大时，他们对中国的没有标准的评定方式就特别地感到不满。

苏姗：最近的论文答辩，学院里有很多的教授，我没有上过他们的课，所以我只说和论文答辩有关的吧。班上同学对论文答辩的成绩意见不一致，因为有些同学成绩好，有些不好，但是没有解释。

我：你是说大家在论文答辩中得到的分数不一样，但是你不知道为何，是吗？

苏姗：我们在上交论文之前，他们没有给我们评分的标准。良好的论文怎么样，优秀的论文如何，没有人告诉我们这些。

我：他们凭印象打分？

苏姗：这也是我还有其他的同学想要问的。

我：你感到很迷惑？

苏姗：是，我觉得不够透明，你知道，为什么我的分数，你知道。（笑）

我：在美国，你们有标准？

苏姗：绝对的，我姐姐拿学位的时候有标准。你陈述研究计划的时候，他们就告知评分标准，告诉良好的怎么样，什么的怎么样。

我：是纸质说明吗？

苏姗：不是。玛丽有 PDF 范本，是某大学的，两页纸的说明。90 分以上，你得如何，80 分以上，你得怎么样，非常明确，包括语法错误的数目，很具体。

我：还有数字。

苏姗：有一两个星期，我对学校感到不满。因为我觉得自己写得不错，但是他们不觉得，我不知道为什么。

我：大家都去说了吗？

苏姗：最后，很多同学和他们去说了。后来，我发了一封邮件给他们，我不要求改变分数，我问他们评分的标准。我觉得没有标准就打分是不合适的。我们那时有三个教室，分三组，答辩同时进行。我本来想看看别人怎么样，但是不行，因为走不开。你怎么能确保不同的教授会用相同的标准来打分。大家都知道我那个教室的老师比别的教室的老师更加严格。学生知道，老师也知道，我们组的导师和其他学生都说对那位教授要小心。她非常严格。我不想用"公平"这个词，但是你知道。

我：不公平。

苏姗：当我告诉他们这回事，他们说，你们的建议很好，我们承诺我们会改进的，这就是我们得到的唯一的答案。

荷兰跨文化学者福斯·强皮纳斯提出了普遍主义（universalism）和特殊主义（particularism）的跨文化概念。普遍主义的文化强调规则、法律与合同。这些规则在所有的情况下，适应所有的人，是评判的标准。普遍主义文化的一个假设是正确的行为是可以被框定的，并应用到实际的生活和工作中。因为以规则为准，人人在规则面前平等，因而普遍主义的文化认为规则的存在能够确保所有的人受到公平的对待。然而，特殊主义的文化更重视人际关系，他们认为人际关系比抽象的规则更加可靠。对于特殊主义文化的人来说，对和错的判断离不开具体的人和具体的情况，可以说，情境化的特点更为显著。强皮纳斯的研究发现，北欧和北美的文化偏向普遍主义的一端，而中国、日本和印度尼西亚则更倾向于特殊主义文化的一端。日本留学生吉田认为，在日本的学位论文的答辩中，老师并不预先设定评分规则，因为这样做不够"人性化"。在作业评分中，如果有标准，也是简单的评分标准。即使学生有异议，老师也不可能改变已经评定的分数。美国留学生在普遍主义、低权力距离、低语境的文化中浸润长大，对于特殊主义的、高权力距离的文化感到不适应。因为对他们来说，没有标准意味着不公平。对于这种不公平的做法，他们会遵照美国的思维方式，和老师或者教管人员去理论。在下面玛丽的例子中，她和苏姗一样，不仅要求出具标准，而且当她对成绩不认同的时候，她会要求和老师交谈，试图改变原先的分数。但是，身处高权力距离文化中的中国老师和日本老师一样，不会轻易就此改变分数，甚至拒绝和学生见面。

我：你和老师有过冲突吗？

玛丽：有，有个老师，他教我们一门课。我对他给出的最终成绩感到很不满意。因为在美国，我已经习惯了一开始就把一切写下来，如评分的方式。这样他批改的时候，就应该，比如说 2000 字，要以这个题目为题，必须有 20 篇参考文献，很明确。所以，我们在课上问：具体有什么要求。他说：没关系。写你想写的就行。我们问了好多次，论文应该怎么写。哦，不要紧，自由发挥。我拿到作业，分数很低。然后我问，我怎么这么低的分数？我不知道你的标准是什么。我给他发了封邮件，说：我想见面谈谈。他回答说不，我们不见面。你的分数不会改变。我又发了封邮件给他，我说，我真想谈一谈。他没有回。

我：如果你在美国，你说，我对成绩不满意，美国老师会来吗？

玛丽：是的，美国老师不得不和你谈。

我就这个问题"如果你发现老师所给的成绩和你预想的不同，你是否会和老师去理论"问其他三名的美国留学生，他们不约而同地都选择了玛丽和苏姗的做法。美国留学生和玛丽一样，认为美国的老师"不得不"应学生的要求和学生谈话，如果不成，还可以上诉。换句话说，在美国低权力文化距离的背景下，学生诉求被关注和倾听的可能性更大，甚至已经成为一种制度。

> 琼：我的教授有办公时间，他们有办公室，他们说，如果你们有什么问题，这个时间来找我。
> 我：对你们开放。
> 琼：他们不得不这样。
> 我：他们不得不，什么意思？
> 琼：他们被要求这样做，他们的工作，不得不在那儿回答我们的问题。
> 我：如果他们不那样，会有什么后果？
> 琼：他们会失去工作。
> 我：真的吗？
> 琼：因为很多学生抱怨，他们会因此被解雇。

在师生不一致的情况下，杰克和茉莉认为还可以上诉。寻求高层解决师生之间的分歧。

> 我（在美国）和一个华裔老师有点问题。不是我论文的质量问题，去年，我扭伤了腿，走不了，但是我们得做这个作业。我拄拐杖去上课，那天刚好交通状况不好。我上课迟到了五分钟，老师就不肯收我的作业。但是那次作业是总分的50%。你知道，她不接收，不是因为质量，而是应不应该收的问题？我觉得太不公平了，因为我走不快，交通拥堵，尽管我告诉她，但是她不理会，拒绝接收。我很难受，我找了系主任说了这事，让她收下了论文。但是系主任很小心，没有说老师错什么的。他说我们和老师谈谈，你知道，平等地对待我和我的老师，没有偏向一边。（茉莉）

　　杰克：如果我能够证明，但是老师不听我说话，我会找高层，你知道我是什么意思。

　　我：是吗，高层，什么意思？

　　杰克：学校的管理层。如果老师给我的分数很低。因为他不认真或者不喜欢我。如果我能够证明我学了，我可以去找主管，我会说：我已经做了很多作业，我的分数应该是这样，但是他说是这样。我可以质疑他给的分数。

　　我：主管会公正地对待你吗？

　　杰克：是啊，在美国你可以对分数提出质疑。……嗯，也有直接拒绝你的人，但是如果你上诉，他们没有选择。那是他们的老板。中国也许不是这样，老师说什么就是什么。

　　在这种低权力距离文化背景下成长起来的美国留学生，习惯一切都被交代得清清楚楚的低语境文化，有具体明晰、便于师生遵照执行的标准。因此，评分不是根据教师的意志，而是根据大家认可的标准。所以标准在某种程度上，限制了教师主观评判的可能。即使在这样的前提下，如果师生之间有分歧，特别是在学生觉得没有被公平对待的情况下，学校管理层会平等的对待师生，解决他们之间的分歧。这种法制社会的文化观念和尊师重教、崇尚师道尊严的伦理社会的文化有很大的差异。

　　霍夫斯泰德在权力距离的研究中也发现权力距离和依赖是一对密切联系的概念。权力距离的高低意味着人际间彼此依赖的程度。在低权力距离的文化中，上下级之间较少相互依赖，相对自由；在情感关系上比较接近，他们之间会就同一个问题发表意见，进行协商。但是在较高权力距离的文化中，下级依赖上级。上级如果认同和允许这种依赖，则会出现家长式的作风；如果不认同，就会拒绝，而毫无商量的余地，和低权力距离的国家相比，有较为极端的行为倾向。而下属一般也和上级有较大的情感距离，不会有直接抵触上司的言行。[1]

　　在权力距离的背后，是中美完全不同的文化传统。这种文化传统开始

　　① Hofstede, Geert H. & Hofstede, Geert Jan & Minkov, Michael（2010）. *Culture and Organi-sations*: *Software of the Mind.* New York: McGraw-Hill. p. 61.

于家庭，其影响下的交往模式在学校等非家庭以外的场所得到复制。在高权力距离的文化中，孩子从小学会服从于长辈或者是比自己年长的人并认为这是一种美德。与此同时，长辈对晚辈呵护有加。这种相互依赖的模式一直持续到孩子成年。相反，在低权力距离的文化中，孩子很早就被视为一个平等的个体，父母鼓励其积极探索，可以有和父母不一致的意见，甚至对父母说不，拒绝他们的建议和想法。这种互动模式在学校里得到复制。在低权力距离的文化中，老师把学生看作平等的个体，而且也希望学生看自己是平等的。如果意见有所分歧，学生可以和老师辩论，甚至批评。这种等级集体主义和平等个人主义的价值观分歧使得美国的师生关系建立在平等和自由的基础上，而中国的师生关系仍旧带着家庭的印记。我的室友从美国留学回来，说起那边的美国导师确实有固定的办公时间，学生可以在教师的办公时间找到老师。最后，已经习惯中国北方大学师门文化的室友撂下一句话：（美国导师）"对谁都一样。""一日为师，终身为父"，学生把老师当作自己的父亲一样敬重，听从老师教导；老师把自己的学生视为亲人的文化观念对于崇尚平等和个人自由的美国留学生来说，或许比较不容易理解。

第二节　美国留学生权力距离适应的讨论

一　美国留学生权力距离适应

美国留学生在权力距离适应方面，认为学生自主权力被限制，教师权力过大。尽管在美国留学生的经历中，个别的中国老师或许还可以表现得更好，但是大多数中国老师的表现在中国人看来完全正常。所以，美国留学生的跨文化印象是他们站在自身的文化立场对文化差异形成的印象。如果要美国留学生对中国式的师生关系感到心平气和，他们最好知道中国社会奉行的等级集体主义的价值观和美国社会平等个人主义的价值观有很大的差异。在中国传统文化中，有尊卑有序、长幼有别的文化观念。所以，长辈和晚辈不是平等的关系，晚辈应该尊重长辈的意志，服从长辈的决定。"尊卑有序则上下和"，只有遵从这样的序列才能达成社会或集体中的和谐。不仅在中国如此，在韩国和日本等亚洲国家都保留着这样的文化传统。这样高权力距离的文化背景使得中国人习惯虚心接受长辈（老师和父母等）的指导，不把他们的指导当成是对自身自主能力的质疑；甘愿接受和服从老师和父母的意志；习惯长辈的批评，甚至是严厉的批评。如果美国留学生站在中国文化的立场上，不仅能够从中国人的视角对中国老师令他们感到不满的行为重新进行解释，而且也能看到他们未曾关注的一面。那就是在这样的价值观下，他们虽然独立自主的能力被限制，但是他们从长辈那里也可以得到更多的庇护和关怀，因为他们是集体的一员。这在他们的留学生活中，恐怕也已经有所体验。所以，如果美国留学生能够预见或注意到一体两面的跨文化现状，文化相对论的态度就比较容易培养，文化意识的拓展也能实现，文化适应的紧张感和焦虑感也能有所缓解。

除了教师权力过高给他们造成的心理压力之外，美国留学生感到难以接受的是评分的方式。在评分方式上，他们容易和中国老师形成正面的冲突，因为评分结果往往涉及他们的荣誉和个人利益。为此，如果在跨文化教育和培训中，说明东西方在评分方式背后的理念，他们也许不会固守自己的文化立场，对他人的方式产生强烈的不满。美国留学生认同的标准背后是认同普遍主义的原则；但是这种"认理"的做法对包括中国在内的亚洲国家来说，有违人性化的原则。中国人喜欢情理并重地考虑问题，因此并不喜欢严格的遵照标准进行打分。

总之，如果美国留学生在文化差异面前，适当悬置自己的判断，从中国的文化视角对令人感到不适的跨文化事件进行解读，就可以理解对方行为背后的文化逻辑。与此同时，反思自己的文化观念如何影响自己在跨文化人际交往中做出的判断和反应。在此基础上，跨文化能力才可以提升，尽管这个过程不一定很容易，但是至少对于缓解适应的心理压力来说，还是具有一定的价值。与第七、第八章一样，上述的跨文化（自我）教育和培训采用的也是归因和文化意识拓展的方法。

二　中国方面

针对美国留学生的跨文化教育和培训可以在一定程度上改进他们的跨文化适应，但是很难完全适应。比如说，和他们说明两种文化对于评分方式的不同理解，即使他们能够理解，在关系到自身利益的情况下，他们也未必肯放弃自身的文化立场，接受中国式的评分方式。所以，一方跨文化的非彻底性总是给另一方留出了改进和应对的空间。对此，我们应该思考在权力距离的适应上，可以做些什么。

　　首先，美国留学生的抱怨主要是老师（或行政人员）对他们不尊重。这种不尊重体现在对学生的合理诉求不加理会，在言行上习惯用批评、训斥、吓唬等方式来敦促学生学习。这与他们希望被倾听、被尊重、被支持的心理预期有所不同。有学者认为：友谊和关爱是美国人的必需品，他贪得无厌地渴求它们，倘若哪次它们未能如期而至，便会感到怀疑，痛苦地考虑到自己可能不被人喜欢——那可是个不小的失败。① 也许，在中国，批评也是对学生好，是爱的一种表示，但是他们习惯被表扬，被赞赏，只有这样，他们才感到被他人喜欢而感到自信，觉得自己无论在社会上还是个人的意义上都是成功的。

　　此外，美国留学生觉得中国的方式是"自上而下"，要求服从，而不是平等自由，按照自己的喜好进行选择。但是，他们认为自己是有自我选择能力的独立个体，他们也不畏惧犯错。因此，他们希望自由行动，不喜欢他人干涉自己的选择。他们认为老师应该支持、鼓励他们的自由选择。老师最多是提醒他们选择的后果，而不是对他们的选择进行干涉。

　　评分方式是美国留学生容易和中国老师、教管人员发生冲突的领域。如果这种冲突很常见，那教学管理必须要考虑调整现行的评定制度，实行跨文化管理。换句话说，如何制定让各个文化群体接受的评比制度是跨文化管理面临的问题。如：应该改变哪些评分方式？应该确定怎样的评分标准？总之，要在两种文化之间进行妥协，找到中美都能接受和认可的方式。

第三节　本章小结

　　本章论述了美国留学生在权力距离方面的文化适应。美国留学生的权力距离适应问题主要表现在两个方面。首先，他们认为在中国，学生的自主权受到限制。其具体表现为：老师质疑他们自我选择的能力，把他们看作"小孩"加以指导。其次，是认为老师干涉他们的选择，阻碍他们的自由行动。权力距离适应的第二类问题是他们认为在中国，缺乏对教师权力的制约。教师对学生有不尊重的表现，在评分上也没有一定的标准。研

---

　　① ［美］爱德华·C. 斯图尔特：《美国文化模式》，卫景宜译，百花文艺出版社2000年版，第146页。

究认为影响美国留学生权力距离适应问题的是平等个人主义价值观和等级集体主义价值观之间的差异。因此，在跨文化培训中，美国留学生要从平等个人主义的文化视角过渡到等级集体主义的视角，才能对中国老师的言行做出符合中国文化背景的解读，减少交流中的误解和曲解。针对美国留学生的跨文化教育和培训，提出用归因培训和文化意识培训的方法，向他们说明在等级集体主义的价值观下，中国的长辈有可能有哪些不符合美国留学生文化期待的行为。如：他们如何看待学生，以什么样的方式教导学生，等等。与此同时，提醒美国留学生看到自主权被限制的另外一面，即来自师长的关心和保护，全面看待跨文化中的"利"与"弊"。对于评分方式，则提醒他们亚洲社会注重情理并重的评判而不仅仅遵循特定的规则。就中国方面在人际距离适应方面的跨文化管理，本书认为采取一切适合美国留学生的教育方式，可以减少跨文化中的误解和曲解。如：尽量采用鼓励、支持和表扬的方式行使长辈或上级的权力，让他们做你想要让他们做的事情。在说明任务和要求的前提下，给予足够的个人空间，任其发挥。在评分方式上，考虑调整、建立新的评定标准和评分方式。

第十章
语言障碍

语言是交流的主要媒介。我们想要表达的思想和情感，很大程度上通过语言传达给对方。因此，很容易想象语言能力的不足对人际交流有着怎样重要的影响。受访留学生中既有语言生，也有学历生，汉语语言水平参差不齐。但是，无论在校内还是校外，无论在生活场合还是学术场合，无论是和师生朋友还是和一般社会大众的交流都离不开汉语交流。访谈发现，大多数留学生的汉语水平还不足以轻松的应对中国社会的人际交流。语言障碍的存在不仅影响了沟通的效果，也影响了人际关系的和谐，而这两者之间往往是相互联系的：正是由于沟通的不顺畅，造成了个人的心理紧张和焦虑，甚至影响到正常的人际关系。留学生普遍认为语言障碍是跨文化人际适应的一个难题。

第一节　美、日留学生语言适应

美、日留学生的语言适应具体有哪些表现呢？访谈分析发现，留学生在汉语普通话适应、汉语副语言适应以及对汉语语言的变体之一——地域方言的适应上，存在不同程度的适应问题。

一　汉语普通话适应：互相"听不懂"

"听不懂"是留学生在语言适应中的一个普遍问题。被访的留学生既有在国内就读中文系的留学生，也有因为汉语成绩优秀而获得留学机会的留学生，也有华裔留学生。但是即使是这些语言基础较好的学生，也不是完全没有语言适应问题。中村和贝蒂是所有访谈对象里面汉语说得比较好的留学生，但是当他们在和一群中国人一起交流的时候，他们还是觉得自己的语言能力不足以应对中国人正常的交流。在交流中，他们自然被语言障碍"排除在外"。语言较好的学生尚且如此，可见对大多数留学生来说，要达到能用中文进行顺畅交流的水平很不容易。

> 我发现如果我和他们一对一交流，还好。但是如果我和一群中国人在一起，我有时就不懂他们说什么了，因为他们会使用一些有难度的语言。当他们谈论中国的文化，我不知道的大众文化，我就开始意识到我的中文不怎么样。如果只是和一个中国人交流，我的语言还是不错的，能够相互理解。（贝蒂）

> 他们说得太快了。他们以为我听得懂，所以他们说得很快。但其实我听不懂。有时候告诉，但平时一般都不说。……我和某大学的朋友常在一起，有时候他们三个人说得很快，不能参加他们的聊天。（中村）

除了"听不懂"别人，"别人听不懂"自己也是一个常见的适应问题。由于汉字有四声，这在其他语言中比较少见。至少英语和日语的单词都没有四声。因此，不少留学生在汉语发音上感到比较困难。在交流中，也时有不被听懂的情况发生，汉语水平较低的初学者尤其如此。

> 当中国人听不懂我说什么的时候，我感到很懊恼。昨天我这样说，有人听懂了，所以，是我的问题还是对方的问题？所以，很有挫折感。（苏姗）

> 那时候刚刚开始学中文，跟中国人交流很难，别人常常听不懂我说的话。所以那时候每天过得很辛苦。……我吃饭的时候，点菜的时候，买东西的时候。中国人听不懂我说的，所以，每次不敢说，说的时候有点怕。（小野）

"误解"是语言适应中的又一大问题。在语言障碍存在的情况下，留学生感到沟通困难。在相互难以听懂之余，误解也频频发生。下面珍珠的例子只是众多语言适应情形中一个很普通的例子。

> 昨天我在地铁附近的超市逛。刚买完东西，身上的钱也不多了，但是我得吃东西。我看见有一款便宜的三明治，所以我进去了。那是一个红色的标牌：上面有 8 元的小三明治和 16 元的大三明治。哦，

是特价,我点了 16 元的那个,却要付 30 元。我说,是 16 元啊,我看不懂汉字,原来 16 元指的是双份肉。真是懊恼,非常懊恼。站在队伍里,很是愚蠢。我说你什么意思,广告上这样写的,你在说什么,诸如此类的,很尴尬。(珍珠)

总之,"听不懂"别人的话,"别人听不懂"自己以及交流中的"误解"是美、日留学生反映最多的语言适应问题。他们"听不懂"中国人正常语速下的话语,不知道中国人使用的词汇的意义,也不了解理解对方话语所需的文化背景。与此同时,中国人也听不懂他们所说的话语,无论是语音语调,还是词汇语法,在中国人听来和标准的普通话都有一定的距离。在留学生的语言水平达到能和中国人正常交流的水准之前,误解也时有发生。

尽管留学生都能想到外语是在异国他乡留学必须掌握的一项基本技能。但是直到身临其境,切身体会到语言不通给学习和生活造成的不便,他们才充分认识到了汉语语言学习的重要性。受访的留学生,据我所知,除了语言生每天有固定的汉语课程的学习之外,来到中国后多多少少都在课外学习汉语,以克服语言障碍对交流造成的负面影响。相比于文化障碍,语言障碍是硬性的障碍,如果语言不通,交流就无法进行。留学生或者认为:相比于文化差异,语言障碍对交流造成的影响更大;或者认为语言水平在跨文化适应中起到决定性的作用。在文献综述部分,以往的研究也都指出了语言障碍是跨文化人际适应的一个难点。无论是日本留学生,还是美国留学生,有不少人表示对当初没有好好学习汉语感到遗憾和"后悔"。如果留学生活可以重来,他们会对留学前的自己提出:"尽可能多的学习语言","好好学习发音"等诸如此类的忠告。

二　汉语副语言适应:好像"很生气"

乔治·莱奥纳多·曲格(George Leonard Trager)在对语言的研究中发现有一些自成系统的语音修饰成分。因为这个系统伴随着正常的语言交际系统发生,所以他把这称为副语言(paralanguage)。副语言主要包括音型(voice set)、音质(voice quality)和发声(vocalization)。音型是说话人语音的生理和物理特征,这些特征能够帮助识别说话者的语音语气、性别等。音质是说话人的音域、节奏、响度和音速等。发声不仅包括伴随音，也包括哭笑等噪音。① 美、日留学生的语言适应也包括了副语言的适应。中美和中日在副语言上的差异给留学生留下了一定的印象，甚至引起了跨文化人际交流中的误解。留学生认为中国人的副语言特征有音量大、音域高、说话快等强烈的特点，听起来像是"很生气"的感觉。这在美、日留学生看来，有些难以置信，因为在他们的文化中不会这样说话。

> 有一个女人在嚷嚷，我没有听到，因为我没有想到一个人会嚷嚷。她在院子里，和其他人在一起，她想要对外国朋友说：周末愉快。但是我没有听见她说什么。所以，我这样（手捂耳朵听的样子），然后她开始尖叫，呵呵。我觉得声音很大。说得很快，街上的中国人说话的时候？那些卖东西的，还有保安，他们说话很刺耳，听起来很生气，好像他们很生气的感觉。（约翰）

副语言适应问题通常发生在留学生初来乍到、语言水平较低的情况下，因为在这种情况下，留学生由于一时难以明白说话者的意思，而只能凭借副语言的特征对说话人的意图进行判断。日本留学生对这种副语言的反应和约翰类似，以为对方生气，在"吵架"，在"骂"人。

> 我刚刚学中文的时候，中国人聊天的声音特别大，好像吵架一样的……但是我现在听得懂，不是这样的。（小野）
> 他们说话很大声，很快。我刚来的时候，我觉得他们在生气，很大声，很快。可是现在我习惯了，他们不是生气。（山田）

尽管上述例子多从留学生和社会一般社会大众交流的体验中来。但是在同学朋友之间，副语言的差异也是存在的。日本留学生伊藤在和中国同学谈论中日问题时候，对方的副语言特征让他不免感慨："我在日本的时候，没有见过那样强烈的讲话。"中文发音讲究字正腔圆、抑扬顿挫。相比之下，英语比较流畅；日语比较阴柔。语言本身的特点就已经给人以不同的美感，奠定了副语言的基调。除此之外，中国人在表达上相对直露，

---

① 田华、宋秀莲：《副语言交际概述》，载《东北师大学报》2007 年第 1 期，第 111—114 页。

语言的情绪化特征也比较明显。来自不同语言体系的留学生，不仅要适应不同的语言，还要适应不同人群的发音特点，在这个过程中，由于副语言的差异引起的惊讶和误解也在所难免。

三 汉语变体——方言适应："很难听懂"

语体是语言的不同表现形式。如果说以北方方言为基础的普通话是方言的标准变体，那么地域方言就是语言的非标准变体。标准变体是在一定社会中，被广泛接受和使用的正式的语言；而非标准变体则没有相应的社会地位，而只在一定的地域范围内被广泛使用。留学生在跨文化人际交流的过程中，发现他们不仅仅要学会用普通话，即熟悉北方方言，而且还要听懂其他的地域方言。这对于普通话水平尚未完全过关的留学生来说，无疑是难上加难。

> 我感到懊恼，汉语里有很多方言，所以听他们说话的时候，不容易理解。（松本）
> 我觉得这个宿舍的服务人员，汉语说得很模糊，他们从南方来北京，他们的汉语是普通话，但是不是老师说的普通话，很难听懂。（佐藤）

我在访谈中，初次听留学生谈论方言对他们的人际适应造成的影响时，觉得有点意外。中国人未必听得懂全国各地的方言，但是带有方言口音的普通话对于中国人来说却不是个问题。留学生在访谈中提到他们选择留学地点的一个重要考虑是方言。不少学生来北方城市留学，就是因为考虑到北方方言和普通话比较接近，对他们的学习和生活比较有利。

> 我：你去过上海，苏州，中国的南方，那你现在在北京，为什么选择北京呢？
> 小野：……北京话和标准话比较近，所以我觉得北京挺好的。

在本研究中，只有个别从南方来的服务员或者是有方言口音的同学给留学生的语言交流造成了困扰，但是在南方城市，即使是负责留学生管理的行政人员也极有可能以本地方言为办公语言。我在上海和杭州两地生活过，当地人如果在大家都会说方言的情况下，却用普通话作为办公语言，是一件很奇怪的事情。有项研究调查方言（上海话）对学习汉语造成的影响，53.1%的留学生认为"有很大的影响，根本听不懂方言"。调查提到有一位阿拉伯留学生提到学习语言还是要到北京学，因为上海这个环境中很多人的普通话不标准，造成了语言学习中的困惑。而且很多管理人员都是本地人，平时交流用上海话，不利于留学生学习普通话。[①] 由于南方城市各地充斥着当地方言，在南方城市留学的留学生对方言给人际交流造成的影响或许有更加深刻的体会。留学生的语言基础薄弱，对方言更是一筹莫展。虽然南北有别，但是无论南北方，方言都是留学生语言适应的难点之一。

第二节 影响留学生语言适应的因素分析

一 语言能力

留学生的汉语能力对他们在中国跨文化人际适应的影响是不言自明的。上面的论述中也已经说明了语言能力对于跨文化人际交流的重要性。有不少描写移民初到海外的言语困境为"既聋又哑"，意思是听不懂，也说不出。被访的留学生虽然大多数有一定的语言基础，但是如果要在语言的听、说、读、写的能力上达到和中国人一样的水准，还是有相当的难度，何况在语言背后还有中国文化的整个生活世界。但是语言在跨文化交流中所起的作用还不止此。艾维诺·凡帝妮（Alvino E. Fatini）在跨文化能力的构建中，把外语作为跨文化能力的基本构成部分。他认为"尝试着用外语进行交流，提升外语能力能够促进跨文化交际能力的提高。因为学会用另一种方式感知、理解和表达自己是跨文化能力的一部分。尽管从未使用外语进行交流的单一语言学习者能够发展不少跨文化的能力，但是却无法获得只有用另外一种方式交流才有的洞见，以及在另一个语言体系中隐藏着的不同观念"[②]。从上述观点来看，语言能力对于跨文化交流的重要不仅仅在于语言是意义的符号，也是文化的载体。

---

① 杨慧：《我国大学学生事物管理机构研究——以 F 大学为例》，硕士学位论文，复旦大学，2008 年，第 21 页。

② Fatini, E. A.. A Central Concern: Developing Intercultural Competence. Retrieved March. p. 23, 2014 from http://www.brandeis.edu/globalbrandeis/documents/centralconcern.pdf, pp. 25 – 33.

　　中方的语言能力也影响着留学生的跨文化适应。首先，留学生在中国的跨文化交流不仅仅只是使用汉语。如访谈中的学历留学生，他们在中国就读的是英语硕士项目，因此，汉语语言水平并不是他们入学资格的一部分。有的留学生的汉语水平很低，不足以应对日常交流，所以他们在一般情况下只能使用英语进行交流。因此，他们的跨文化交流是否顺畅和对方的英语水平有很大的关系。美国留学生珍珠认为留学生办公室没有配备专门的外语人才是不合适的。

　　因为他们在留学生办公室，他们不应该让留学生感到沮丧。因为我们被告知这是我们可以去的地方。我们一无所知，冒昧的在校园里走来走去。不会说中文是令人头疼的。如果在图书馆里，想要找点什么，真是万分沮丧。所以，我们需要一个可以去的地方。一个欢迎我们去的地方。这是我的一个建议。他们真需要改进一下，即使是语言生，如果汉语水平很低，也只能通过和外语能力强的中国人交流才能走出语言困境。日本留学生高桥就是其中的一个例子，他说："刚来到北京的时候，不会说汉语。想要交中国朋友，但不能找到。"因此，他只能整天待在房间里，不出去，直到后来通过日本的朋友结识了日语系的同学才结束这种语言困境。除了外语能力之外，中方的语言能力还包括普通话的标准程度。如在留学生方言适应一节的例子中，已经说明了行政人员和服务人员的普通话标准程度对留学生的语言适应会有怎样的影响。

　　总之，语言能力对留学生的语言适应有着重要的影响。语言能力不仅包括留学生的汉语语言能力，也包括中国人的外语能力和普通话水平。

二　来华时间长短

　　留学生在留学前是否有来华经历，来华留学时间的长短都对他们的跨文化语言适应有着重要的影响。留学生在访谈中常会不自觉的回顾自己的留学经历，他们在回顾的同时，常常不自觉地就自己的语言水平进行前后对比。对比的结果往往是：语言能力随着留学时间的增加慢慢提高了。尽管来华时间不一定和语言能力的提高成正比，但是，来华时间的长短，往往是语言能力提高的一个重要变量。

　　　我刚来北京的时候，怕和中国人交流，我对自己的语言没有信心。我每次去外边的时候，啊，今天和中国人聊天的时候，听得懂我

说的话吗。我刚刚来的时候，有这样的烦恼。现在对自己的语言还没有自信，但是现在还可以。（小野）

什么时候？是没有明确的，就是说，现在也是一样。我的汉语水平的提高也是一样。过了半年发现，汉语的能力提高了。（吉田）

刚来的时候，有很多语言的问题，现在也有听不懂他们的意思。（小林）

我刚刚认识中国朋友的时候，那个时候，我的汉语水平比现在更低。（山口）

上述留学生提到的都是时间和语言能力之间的关系。一般而言，语言水平随着来华时间的增加不断提高。同样，留学生对汉语副语言的适应也说明了时间的重要性。当他们"习惯"中国人的说话方式，"听懂"中国人在说什么的时候，他们就开始意识到副语言的差别，先前产生的误解也会自行消失，知道大声说话、"快言快语"的中国人并不是因"生气"在"骂人"。

三 语言适应意识

语言适应的问题不仅来自语言能力本身，也和心理支持的力度密切相关。如果对方采取支持的态度，即使一方语言能力不高，心理的负担也会相应减轻；反之，如果对方采取不合作的态度，处于语言劣势的一方往往心理不堪重负。但是在跨文化人际交流中，处于语言优势的一方对本国语言驾轻就熟，如同呼吸一样自然，很难体会处于语言劣势的一方在说外语时的紧张和挣扎。更重要的是，处于语言劣势的一方往往把语言能力和个人自尊联系起来。语言不像文化，是隐性的心理机制。语言是外显的，只要他们一说外语，别人就知道他们的水平和能力如何，何况有时候还会遭遇不耐烦、不友善的态度。因此留学生在说外语时，总是难免感到战战兢兢、自惭形秽、尴尬不已。

我吃饭的时候，点菜的时候，买东西的时候，中国人听不懂我说的，所以，每次不敢说，说的时候有点怕。（小野）

我没有对我的朋友失望，有时候对自己失望。因为觉得我的汉语真的不好，不明白他说的是什么，我常常见面的中国人，和我聊天的

时候，他们的汉语说得很慢，用很简单的单词，我觉得很不好意思。（佐藤）

我说中文感到很尴尬，因为我说得不好。有趣的是我不是唯一感到尴尬的人。很多人对我说英语时也很尴尬，因为他们一时说不清楚……（琼）

处于语言优势的一方难以理解对方说汉语时候的困难、尴尬和自卑。但是以上只是从语言劣势方的视角来看优势方语言适应意识的有无。其实，处于语言劣势的一方也不容易体会到：在优势方看来，语言适应不仅是对耐性的考验，而且也是一个"很费力"，很"累"的过程。留学生苏姗用"放松"来形容摆脱语言适应情形后的释然："我说什么都可以，说多快都行，用什么俚语都成。"无论从哪方的立场来看，从心理上看，语言适应都是紧张、疲惫的过程。语言适应的心理特征要求双方在交往中达成谅解、宽容的适应态度，具备耐心的品质，采用特定的适应技巧才能克服交往中的语言障碍。但是，在美、日留学生看来，中国人还不太具备适应外国人说汉语的意识和心态。尤其是在他们和不认识的中国人交流时，对方不愿通过放慢速度、重复等手段来适应留学生的汉语水平。在人际交往中习惯他人站在自己的立场为自己考虑的日本留学生，感到中国的服务员"不热情"，态度不好，令他们在交流过程中压力倍增、自惭形秽而感到不满。在多元文化多种语言环境中生活的美国留学生也觉得中国人"说得太快"，还不习惯和母语非汉语的外国人说话。

如果我说汉语不太好，他们（宿管科前台）听不懂我说的，（就说）你应该带来你的朋友，说汉语很好的朋友，我伤心了。因为我半年学习汉语，但是他们听不懂我的说话。（山田）

我觉得在美国主要是因为很多人不说英语，世界哪个国家的人都有。另外，和语言本身也有关系，你在英语中不难发现连续四个单词没有音调，而且会连在一块儿。所以，即使连读，我也能理解对方的意思。（约翰）

在中国的饭馆，所有地方的服务员，说话说得厉害。他们说的话，（我们有）压力。我们的发音不好，他们听不懂，常常说什么什么。在日本的话，所有的服务员，体贴地问我们。在日本的话，知道

他是外国人，慢慢说，有的人用英语，可是中国的，对外国人快快说。（佐佐木）

第三节 改进美、日留学生语言适应的策略

如上所述，从美、日留学生的视角看，他们在中国的汉语语言适应主要包括普通话适应、方言适应和副语言适应，而影响留学生语言适应的主要因素是语言水平、来华时间长短和语言适应的意识。如果要改进留学生的语言适应，可以尝试应用下列的适应策略。

一 改进课程设置，搭建交流平台，提高语言能力

由于语言障碍既影响沟通效果，又影响人际关系的和谐，不少留学生在语言适应中已经自觉或不自觉地采取了各种适应策略。语言学习是积极适应策略的一种。留学生在访谈中提到通过参加汉语学习班、积极和中国同学接触的方式提高自身的汉语语言水平。日本留学生佐佐木认为："我觉得跟中国人，跟外国人一起是提高（语言）水平的最好的办法。"访谈发现，无论是学历生还是语言生，都有参加汉语课程学习的机会。但是由于目前的留学生管理尚未实现趋同化，留学生和中国学生接触的机会很有限。尽管学校有各种促进中外学生交流的活动，如：留学生之夜，寻找语伴，中外学生运动会等，但是调查发现这些活动远远没有满足留学生的需求。为此，留学生提出中外学生共同参与一些课程是在目前留学生管理形势下促进语言学习和交流的一个比较积极有效又切实可行的办法。

如果有时间，我想上中国人的课，或中国学生的课，一起学习。和中国学生一起上课。……有更多的机会了解他们的看法和想法，有更多的机会交往。现在我愿意和他们交流，（但）要有机会。安排时间，和他们联系这样子。上课之后，自然而然地一起吃饭吧，这样的。（田中）

我：如果你来负责举办中国学生和国际学生的联谊活动，你会搞什么活动，然后多少次比较合适？

　　伊藤：嗯，比如说，（现在）我们和中国本科生完全不一样，（我觉得）我们应该一起学习，每周一次上一样的课。

　　除此之外，学校可以利用学生社团，自行组织中外学生的交流活动。我在研究过程中也发现，一些日本留学生利用周末自行组织一些联谊会，促进中日学生之间的交流。就我参加的几次联谊会中，每次参加的人数有近 30 人。虽然交流会形式简单，但是大家都很有交流的意愿，这样既满足语言学习的需求，也满足了交友的愿望。

　　总而言之，为了提高语言学习的能力，在课程设置上，既可以开设专门的语言学习的课程，也可以开设中外学生可以共同参与的课程，促进中外学生的交流。在课外活动上，通过学生社团，多创设一些中外学生联谊的机会，拓宽双方交流的渠道，提高语言应用的能力。

二　提高适应意识，改善适应心理

（一）美、日留学生

　　我们可以通过跨文化教育和培训提升留学生的语言适应意识。首先，要正确面对情感压力和挫折，对语言适应过程中的负面情绪，如：自卑、挫折等要处之泰然。重点应该放在如何从挫折、自卑、尴尬等负面情绪中恢复到正常的心理状态，而不是一蹶不振。其实，语言适应中的情感复原能力只是整个跨文化交际应该如何应对自身负面情感的一个缩影。有跨文化适应量表提出了跨文化能力的五个基本维度，作为基本维度之一的情感抗压能力（emotional resilience）指的是个体在适应过程中应对压力并从压力中积极复原的能力。[①] 适应的一个重要指标是心理的愉悦程度。中国人和留学生在语言适应上的种种情况表明，如果要改善跨文化交流，必须进行心理的调适。

　　其次，由于新来的留学生在中国人生地不熟，语言能力又相对较差，所以有时会把汉语副语言特征中的高音量、高音调和快速的发声误解为不友善的信号，所以，如果在开始教育中就有机会进行跨文化的培训和教

---

　　① Nguyen, N. T. et al.. A validation Study of the Cross-cultural Adapatability Inventory. Retrived March 23, 2014 from http://www.utc.edu/faculty/michael-biderman/pdfs/nguyen_ biderman_ mc-nary_ val_ study_ of_ the_ cross_ cult_ adap_ inv_ ijtd_ 2010.pdf.

育，说明副语言的差异以及容易发生什么样的误解，那么这方面的语言适应状况很快就会有所好转。

（二）中方（留管人员）

首先，由于留学生的汉语水平参差不齐，有的学历生基本不会中文，这给留学生行政管理人员的语言能力提出了一定的要求。我们在服务一章也曾提到过，负责留学生管理的关键岗位，如：留学生办公室和宿管科前台的接待人员，在聘岗的时候，应该考虑他们的外语能力和普通话水平的标准程度，确保他们与留学生之间的交流能够顺利进行。我在做这个研究之前，曾有外教谈起学校的行政部门缺乏外语人才，因为语言障碍，他们无法获悉一些相关手续办理的信息。他们和留学生一样认为有关部门应该配备外语人才，以便顺利地开展涉外工作。留学生在短期内克服语言障碍是不可能的，所以这些部门应该尽可能通过工作人员外语水平的提高扫清交流的障碍。退一步说，既然汉语并不是所有留学生入学资格的一部分，一定有一部分留学生使用本国语言进行交流，这使得负责留学生事务的行政部门不得不优先考虑外语作为聘岗的必备条件之一，否则无法开展工作。

其次，有些留学生反映校园内一些基本的机器，如一卡通、上网指南等，只有中文的提示。这对于广大留学生来说，尤其是初来乍到的留学生，是一个必须克服的语言难关。留学生玛丽说道："如果我们要在宿舍里上网，就得（通过一卡通）先把钱从银行卡挪到学生卡内，再支付网络的费用。但是一卡通的机器全是中文。学校没有意识到这个，好像你不用似的。"尽管留学生可以通过各种方式寻求他人的帮助解决这个问题。但是，我们是否有必要考虑，在这些全校通用的、和留学生日常生活息息相关的机器上使用双语，方便留学生使用，也免去相关工作人员每年帮助新生解决困难时的麻烦。

最后，我们在服务一章曾经提到过，留学生认为行政服务人员的态度不好并提出了在跨文化教育和培训中要培养基本的礼貌。在这里，从语言适应的角度提出，如果要更好履行职责，就应该培养语言适应的意识——用外语交流对于留学生来说有一定的难度；留学生在外语交流过程中有自卑、尴尬等负面情绪。所以，如果培养语言适应的意识，并把语言适应的意识付诸相应的行动：耐心倾听、放慢速度、简化语言、适当重复。那么在方便沟通的同时，也给留学生提供心理支持，改善他们的语言适应。

第四节　本章小结

　　本章首先分析了留学生在中国的汉语语言适应。适应主要包括三个方面的内容：普通话适应、地域方言适应和副语言适应。研究发现语言能力、来华时间长短和适应意识是影响语言适应的主要因素。为了改进留学生的语言适应现状，提出了改进课程设置、拓宽交流渠道、提高语言能力和提高适应意识、改善适应心理的意见和建议。前者包括开设语言学习课程和中外学生的公选课、通过学生社团等搭建中外学生的交流平台等策略，直接和间接的为留学生的语言学习提供更多的机会，以便他们提高语言能力。后者针对留学生群体和留管人员分别提出了以下的建议：留学生要意识到情感复原能力是包括语言适应在内的跨文化人际适应能力的重要组成部分，并在语言适应中采取积极的策略。此外，意识到汉语的副语言特征有助于减少误解。对于中方留管人员，建议关键岗位的聘岗条件应该包括语言能力，考虑在常用指示中使用双语，并在跨文化培训中提示他们的语言适应意识对于改善交流和提供心理支持有重要的意义。

第十一章
研究结论与启示

作为论文的最后一章，本章将首先回答论文第二章提出的研究问题，并在此基础上讨论研究发现对跨文化管理和跨文化教育的启示。最后，指出本研究的创新点、研究的不足之处以及对未来研究的展望。

第一节　研究结论

研究提出的主要问题是：对美、日留学生跨文化人际适应有负面影响的文化差异主要有哪些？研究发现对美国留学生跨文化人际适应有负面影响的差异包括：种族和国别的差异、社会公德水平的高与低、服务观念的有和无、时间观念的差异、表达方式的直接和间接、人际距离的远和近、权力距离的高与低以及语言障碍。对日本留学生跨文化人际互动有负面影响的文化差异包括种族和国别的差异、社会公德水平的高与低、服务观念的有和无、时间观念的差异、表达方式的直接和间接、人际距离的远和近以及语言障碍。美、日留学生的差别在于权力距离的差异对日本留学生的跨文化人际适应没有什么影响。原因是日本国内的权力距离比中国更大。日本留学生来到中国后，在中国较低的权力距离面前反倒更加自在。

一　文化差异在行为层面的体现

研究提出的第一个子问题是：这些文化差异在留学生的跨文化人际交往的行为层面如何体现？研究发现在刻板印象的影响下，中国人在跨文化人际交往中出现了相应的行为，其中有亲美、反美的行为；也有亲日和反日的行为。在社会公德中，有在公共环境、公共秩序、与陌生人交往这三方面中存在的文化差异。在服务的差异中，我们也详细地列举了留学生在中国式的服务中感到各种和美、日两国截然相反的特质，这些特质主要体现在服务的礼貌程度和服务的效能。在时间观念的适应中，中美和中日之间存在下列的差异：有无计划、约定时间是否精确、计划是否可以轻易改变、倾向于预约还是临时约定。在表达方式的适应上，美、日留学生的情况完全不同。造成美国留学生适应问题的文化差异是中国人碍于面子的不直接与美国人信奉诚实和真实的直截了当。对于日本人来说，是由于中日情感标准的差异而引起的礼貌标准的差异，进而引起中日在表达方式上的直接与克制暧昧之间的差异。在人际距离的适应中，中美和中日之间都有近和远的矛盾。远近的差异主要体现在体距和人际接触的密切程度。权力距离的差异是中美之间特有的矛盾。美国留学生在权力距离上感知到的具体文化差异有学生的自主权和教师权力在大小上的差异。在语言的适应中，既包括副语言的适应，也包括普通话和方言的适应。这些具体到生活层面的文化差异为改进留学生的人际适应提供了认识基础。中美和中日之间行为层面的文化差异如表11—1 所示。

表 11—1　　影响美、日留学生跨文化人际适应的文化差异（行为层面）

交流国别 文化差异	中美文化差异	中日文化差异
种族和国别的差异	• 亲美或反美	• 反日
社会公德水平的高 与低	• 是否保持公共环境整洁 • 是否应该遵守公共秩序 • 与陌生人交往是否诚信	
服务观念的有和无	• 是否进行服务型管理 • 是否注重服务质量（礼貌、效能）	• 是否注重服务质量（礼貌、效能）
时间观念的差异	• 计划是否可有可无 • 是否遵守计划 • 约定时间是否精确 • 是否提前较长时间预约	
表达方式的直接和 间接	• 是否直截了当	• 是否自我克制 • 是否表达暧昧
人际距离的远和近	• 体距上是否接近 • 人际接触程度是否密切	

交流国别 文化差异	中美文化差异	中日文化差异
权力距离的高与低	• 学生是否有完全的自主权 • 教师权力是否应该限制	
语言水平的高低	• 副语言特征是否相同 • 是否能够克服方言的影响 • 普通话水平如何	

二　文化差异在观念层面的体现

研究提出的第二个子问题是：文化差异在留学生跨文化人际交往的观念层面如何体现？

研究发现在种族和国别的差异中，对美国留学生来说，中国人既有对外国人的刻板印象，也有基于种族和国别的刻板印象。对于日本人来说，主要是国际关系阴影下中国人对日本人形成的刻板印象以及中日由于教育背景的差异而形成的对战争和历史问题的不同看法，这些观念直接导致了前面所说的亲美、反美和反日的言行。在公共领域，美国人强调公平的价值观，认为即使陌生人之间也应该讲公共秩序，讲诚信；日本留学生则强调集体主义的价值观，认为个人不能无视他人的感受随便行为。相比之下，中国人爱有等差的文化模式反映在公共领域的人际交往中则显得有些缺乏社会公德。

在服务方面，美国人强调高效、礼貌的满足顾客需求；在管理上强调服务型管理。日本虽然在管理人员和学生之间依然有等级之分，但在服务方面，却极其注重服务的礼貌和规范。管理和服务中的人际互动对中国人来说是远距离的人际关系，在离"我"较远的人际关系中，人际沟通的质量得不到保证，因此在管理和服务中多有和美、日的服务范式"相反"的趋势。

在时间观念上，美、日倾向于线性时间的观念：一个时间做一件事情；而中国则倾向于多元时间的观念：一个时间做多件事情。前者重视计划、信赖计划、认为时间是钟表时间；后者倾向于认为计划的可有可无、计划可以改变、时间是模糊的时间。

在表达方式上，美国人由于注重诚实和真实，所以比看重面子和人际和谐的中国人更为直接。日本人以心情维系的和谐不允许个体随意表现自己，所以日本人和中国人相比更加克制和暧昧。

在人际距离方面，影响美国留学生人际距离的有禁忌观念、隐私观念、交换观念和结交观念。影响日本留学生的有个体观念、回报观念、结交观念、隐私观念和礼貌观念。虽然美、日之间有一定的相似性，如：个体之间的界限比较清晰。但是影响美、日留学生人际距离的观念背后价值观却差异较大。日本留学生的人际距离渗透着集体主义的色彩；而美国留学生的人际距离则是出于个体主义的文化特质。与美、日留学生的文化相比，中国的人际距离主要受到家族式集体主义的影响。一旦认识，进入内圈子，交往就有了家庭般的亲密感觉。

权力距离是影响中美互动的又一重要价值观。美国文化认为师生应该是自由平等的关系，共同受制于既定的规则而不是受制于一方的权力。

分析认为，除了时间观念和刻板印象之外，影响美、日留学生人际互动的观念一般和他们文化中的个体主义和集团主义式集体主义的价值观相互关联；而影响中国人人际互动的是家族式的集体主义。个体主义和集体主义的区别在于前者强调个体和个体之间的公平和平等，认为个体的自由比集体的和谐更加重要。中美在价值观上的差异造成了第四章中社会公德的差异，第五章中服务观念的差异，第七章中表达方式的差异，第八章中人际距离的差异以及第九章中权力距离的差异。家族式的集体主义和集团式的集体主义的差别在于前者以差序格局为特点，离"我"近的地方的人际关系亲如家庭；离我远的人际关系则比较离散。集体式的集体主义无论对于远近的人际关系都有和谐的要求。中日在集体主义价值观上的差异很大程度上造成了第四章中社会公德的差异，第五章中服务观念的差异，第七章中表达方式的差异和第八章中人际距离的差异。

表11—2　　影响美、日留学生跨文化人际适应的文化差异（观念层面）

交流国别 文化差异	中美文化观念的差异	中日文化观念的差异
种族和国别的差异	• 中国人看待外国人或美国人 vs 美国人看待自己	• 历史和领土问题的是与非 • 反日言行的是与非
社会公德水平的高与低	• 对待陌生人是否应该公平 （平等个人主义 vs 等级集体主义）	• 在公共场合集体和个体孰轻孰重 （集团式集体主义 vs 家族式集体主义）

续表

交流国别 文化差异	中美文化观念的差异	中日文化观念的差异
服务观念的有和无	●是否应该满足他人需求 （远距离人际关系） ●是否应该高效 （平等个人主义 vs 家族式集体主义）	●是否正式和礼貌（远距离人际关系） （集团式集体主义 vs 等级集体主义）
时间观念的差异	●重视计划 ●信赖计划 ●时间是钟表时间 （线性时间 vs 多元时间）	
表达方式的直接和间接	●就事论事 vs 人情面子（情 vs 知） （个人主义 vs 集体主义）	●情感舒适度的高 vs 低 （集团式集体主义 vs 家族式集体主义）
人际距离的远和近	●交换是否公平 ●是否注重隐私 ●体貌特征是否成为禁忌话题 ●结交是否需要过程 （平等个人主义 vs 等级集体主义）	●回报观念是否强烈 ●是否注重个体界限 ●是否注重隐私 ●结交是否需要过程 ●礼貌是否重要 （集团式集体主义 vs 家族式集体主义）
权力距离的高与低	●是否平等 （平等个人主义 vs 等级集体主义）	

　　在回答完两个研究问题之后，有必要思考一下这个问题：文化差异主要包括哪些类型？在种族和国别的差异中，我们很容易看到刻板印象对人际交流的影响。刻板印象是个人在大众传媒等影响下，对他人形成的固定的、简单化的看法。刻板印象作为一种认识，会影响一个人的行为表现，如偏见、歧视等。语言和我们在概念部分界定的文化既有区别，又有联系。它是观念在言语行为上的体现。但是语言主要是一种文化中的符号体

系，和一般意义上的行为方式有一定的区别。社会公德、服务观念、时间观念、表达方式、人际距离和权力距离的差异关系到中美和中日在价值观上的差异。根据牛津英文字典中的释义，价值观的含义是行为的原则和标准，是某人关于生活中什么最重要而做出的判断。① 它对个人大大小小的观念和行为产生普遍和重要的影响。如果我们把上述价值观主导下的文化差异和作为本研究理论基础之一的福斯·强皮纳斯的文化差异相比较，不难发现它们之间的重合率很高。在社会公德差异的深层是集体主义和个体主义的矛盾（中国家族式集体主义下的"差序格局"和美国崇尚公平的个人主义以及日本耻感意识约束下的集体和谐之间的矛盾）；服务观念的深层是中国的权力距离和家族式集体主义下的"差序格局"和美国的个人主义以及日本耻感意识约束下的集体主义之间矛盾；表达方式类似于福斯·强皮纳斯提出的中立与感性（neutral vs emotional）；人际距离基本对应于其理论中的关系特定和关系散漫（specific vs diffuse）；研究发现的时间观念（sequential vs synchronic）和其理论中的表述相一致。权力距离对应的是其理论中成就和等级（achievement vs ascription），对于是否服从既定的权威还是看标准和能力，中美双方意见不一。在其中的评分部分，则隐含了中美双方在普遍主义和特殊主义（universalism vs particularism）价值观上的矛盾。而在这些所有的差异背后，如表11—2所表示，在中美之间，最根本的是集体主义和个人主义之间的矛盾；在中日之间，是不同类型的集体主义之间的矛盾。

值得一提的是，体貌特征虽然不是文化差异，但是它对留学生的跨文化人际互动也可能会有重要的影响。跨文化管理一般强调的是文化差异，但是研究发现体貌特征这样的非文化差异对留学生的人际适应也很重要。虽然在论文的论述比重上，体貌特征和刻板印象、语言与价值观相比有很大的差距。但是对于有些留学生来说，体貌特征可能是他们在某一情境下感受到的最大困扰。所以，这些因素在留学生的跨文化人际适应中都不容忽视。因此，我们在图11—1中，分别就影响中美和中日之间跨文化交流的差异、影响因素和差异类别做了一个分析。

---

① 参见牛津字典对"value"的解释：http://www.oxforddictionaries.com/definition/english/value。

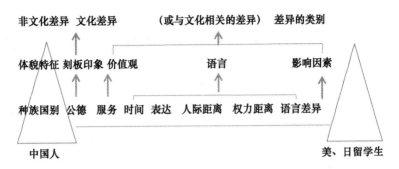

图 11—1 差异的主要类型

辨别差异类型的意义在于：它让我们看到在留学生跨文化管理的语境中，哪些差异是值得关注的。至少在中国本土的来华留学生管理中，我们应该关注这些差异才能较好改善对来华留学生的管理，尤其是管理在文化上和美、日比较相近的留学生群体。无论是具体的文化差异还是差异类型，本研究得出的结论和商业领域的跨文化管理有所不同。南希·阿德勒（Nancy Adler）在跨文化管理中界定的文化主要是价值观层面的文化差异。在论及影响组织行为的文化差异时，她主要运用了霍夫斯泰德（Geert Hofstede）五个层面的文化差异：个人主义和集体主义（individualism vs collectivism），权力距离（power distance），不确定性规避（uncertainty avoidance），生活导向和事业导向（career success vs quality of life），儒家动力论（confucian dynamism），外加福斯·强皮纳斯的人际关系和规则（rules vs relationship）。在论及跨文化交流中，提到了刻板印象对交流的负面影响。本研究的结果和她对商业语境下的跨文化管理不同的是：研究结果凸显了体貌特征和语言能力对留学生跨文化人际适应的重要影响，这两者和价值观、刻板印象一样是留学生跨文化管理中不可忽视的重要内容。

商业领域的管理和留学生语境下的管理为何出现上述的差异？商业领域对跨文化管理的界定相对严格，只注重对人们的跨文化互动有持久影响的价值观，而忽略了语言、体貌特征和刻板印象等相对不那么重要的因素。原因在于商业管理和教育管理不同。商业管理的对象在人格上比较成熟，因此跨文化管理上主要是解决工作交流中的矛盾；而教育管理的对象是学生，跨文化管理是在教书育人的前提下展开的，它不仅要解决教学中跨文化交流的问题，还要关注学生的身心健康，解决教学以外的跨文化适应问题。所以，留学生跨文化管理涉及学生发展的各个方面；而商业领域的跨文化管理比较单一和集中，只关注对商业互动有影响的文化差异。或者说，教育管理和商业管理在管理目的和管理对象上的差异决定了他们所关注的差异有所不同。

第二节　研究的启示

我们将从跨文化管理和跨文化教育和培训这两个方面来谈论本研究对跨文化管理的启示。跨文化管理和跨文化教育和培训既有区别又有联系。跨文化教育和培训是跨文化管理的一个基本手段，也是跨文化管理的一个重要组成部分。但是跨文化教育和培训主要是通过改变文化观念来提升管理效能的柔性手段；而跨文化管理除了跨文化教育之外，还包括制度变化、资源配置、人事调整、组织文化建设等软硬结合的管理手段。我们之所以要在跨文化管理之余论述本研究对跨文化教育和培训的启示是因为没有跨文化教育和培训，就没有跨文化管理的精神和内核。下面我们先从组织文化建设、学生管理、教学管理和人事管理这四个方面来探讨本研究对跨文化管理的启示，再在这个基础上谈论本研究对跨文化教育和培训的启示。

一　对跨文化管理的启示

（一）组织文化建设

简单地说，组织文化是一个组织特有的价值观、规范和行为模式。文化和管理是相辅相成的一对概念。文化是管理的手段，管理也是一种文化。文化作为管理的手段可以统一管理人员的思想观念、提高组织的适应力、实现管理革新、树立新的组织形象。管理作为文化有其内在的价值标准、管理制度、行为准则、风俗习惯等。有关留学生跨文化管理的文献表明现阶段的留学生管理虽然有了跨文化管理的意识，但是还没有实现真正意义上的跨文化管理。从研究结果来看，目前确实存在跨文化管理的问题，但这些问题在研究期间都没有得到解决。我们在第五章和第九章中曾提到管理者应该认识到无视跨文化管理的代价。由于在留学生管理中，没有顾及在文化上的差异，致使留学生对中方的做法感到强烈的不满，甚至发生冲突。此外，在其余各章论述的各种文化差异都有可能给留学生的学习和生活造成不容忽视的负面影响。

为此,我们认为留学生管理者应该重视文化差异对留学生管理造成的影响。在这些文化差异给留学生管理造成麻烦之前,妥善处理这些文化差异。在国际企业的人力资源管理中,主要有三种文化差异的处理办法。第一种办法是忽略文化差异,忽略文化差异的出发点是管理者不认为文化会造成很大的差异,至少不必如此担忧。第二种办法是最小化处理文化差异,认为文化差异客观存在,因为文化障碍造成了很多问题,所以要对各种不同的文化实行均匀化或是相互隔离来减少文化的差异造成的负面影响。第三种办法是利用文化差异形成的竞争优势。管理者认为不仅要在管理中包容文化的多样性,还要估算多样性可以产生的价值并充分利用文化的多样性形成竞争优势。无论从现实的问题出发,还是从留学生教育发展的长远目标来看,采取第三种对待文化差异的方式都比较合适。在解决管理问题的基础上,促进高等教育革新,增进国际理解。

信念只是决定了管理改革的志向。在实践操作过程中,管理者必须有相应的态度和原则。在从单一文化向多元文化转变的过程中,民族中心主义的态度是不可避免的。无论从个人跨文化能力的发展还是从跨国公司管理和经营的模式来看,跨文化发展最初的阶段都是民族中心主义占主导的阶段。民族中心主义认为自己是最好、最优秀的,因而对异文化抱以拒绝和否定的态度,在管理中把自己的意志强加给其他的文化群体。但是,任何层次的跨文化的理念都强调脱离民族中心主义,以文化的整合为目标。无论是在个人跨文化能力发展的层面上,还是组织发展的层面,都是一个从民族中心主义发展到民族相对主义,从坚守一种文化,到相互适应和整合的过程。因此,在留学生的跨文化管理中,应该坚持的一项基本原则是对多元文化的包容态度。在尊重文化差异的前提下,妥善解决由于文化差异等引起的跨文化人际互动问题。

总的来说,在留学生跨文化管理初期,首先应该认识到跨文化管理的必要性,并树立跨文化管理的信念,确立跨文化管理的基本原则。信念是跨文化管理得以实施的基本动力,原则是跨文化管理实践走上正轨的根本保障。在这个基础上,再来探讨跨文化管理实施的途径和方法以及解决现行管理问题的具体措施。

(二) 学生管理

按照学生管理的不同形式,学生管理的内容可分为学生常规管理和学生组织管理两大方面。前者包括学习常规管理、生活常规管理和心理健康管理，等等。后者以组织的形式进行管理，包括班级管理、学生组织管理和学生社团管理等。①

　　美、日留学生的跨文化人际适应的问题部分可以通过学生管理得到缓解。第一，学校可以通过增设面向留学生的心理辅导机制并开设跨文化教育和培训课程，帮助留学生改善跨文化人际适应。我们在前面各章的适应策略讨论部分，反复提到跨文化教育和培训的必要性。留学生作为异文化的载体，很难在短期之内理解和适应中国的文化。通过跨文化教育和培训课程、心理辅导等方式，能够帮助留学生认识到跨文化交际的原理；正确看待跨文化互动中出现的各种问题；通过文化理解重新解释和改变自身的跨文化体验，从而缓解跨文化适应造成的心理压力，改善人际互动。在目前的学生管理中，中国学生有常设的心理辅导机制，帮助他们解决心理问题；留学生来自不同的文化背景，价值观、信仰、行为方式等和中国人有很大的差异，按理说，他们在中国的学习和生活所面临的适应问题比中国学生更富有挑战性。而且，留学生在中国所能获得的人际支持，也不如中国学生所能得到的人际支持多。在这样的情况下，很有必要对留学生建立相应的文化心理辅导机制，开设跨文化教育和培训的课程。在日本，留学生管理的一个特色就是能够采用辅导制度，参与辅导的学生和老师可以从辅导中获得一定的薪酬，他们采用灵活的时间对留学生进行辅导，辅导的内容覆盖学习和生活的各项内容，有效地应对了人生地不熟的留学生的跨文化适应问题。② 我在澳洲的大学的始业教育中发现有跨文化适应的内容。教育主要突出文化的相对性，为留学生正确面对即将到来的文化差异做好心理准备。

　　第二，动用学生社团的力量，搭建留学生和中国学生互动的平台，拓宽交往的渠道。由于目前尚未实现趋同化管理，给留学生和中国人的交往造成了很多不便，在某种程度上，大大减少了留学生和中国学生交往的机会。从研究结果上看，这样的局面不利于留学生跨文化交际能力的提高，也不利于语言能力的培养。从留学生教育的长远目标来看，目前这样的情

　　① 吴志宏、冯大鸣、魏志春：《新编教育管理学》，华东大学出版社 2008 年版，第 179 页。
　　② ［日］河野理惠：《留学生"辅导制"》，载高等学校外国留学生教育管理学会编《中国、日本外国留学生教育学生研讨会论文集》，北京语言大学出版社 2004 年版，第 231—239 页。

况对于营造国际化的校园，增进国际理解也很不利。虽然留学生在访谈中提到不少交流的问题，但是他们普遍希望和中国学生有更多的交流。学校也为留学生举办联谊的各项活动，但是还没有满足留学生想和中国学生多交流的愿望。我在调查中发现，有不少中国人和留学生交流的活动是学生自行组织的。如果在留学生管理中，能够加强留学生和中国学生社团之间的联系，通过举办各种活动，架构留学生和中国学生的交往平台或者开通各种留学生和中国学生交流的常设渠道，留学生和中国学生交往的概率会大大增加。交往机会的增加不仅能够促进相互了解，也能提高留学生的语言水平和跨文化交际能力，改善留学生的跨文化人际适应。

（三）教学管理

教学管理是"国家教育行政部门和各级各类学校依据教育方针政策及教育教学规律，合理配置教学资源，有效组织教学活动，控制、确保和提高教学质量的活动过程"[①]。虽然教学管理涉及的内容和面很广，但是研究发现留学生教学管理内容主要涉及教学工作计划的制订和实施、教学质量监控和管理以及教学资源的使用。

教学工作计划既包括面向学历生和进修生的学期工作计划，也包括面向短期班的工作计划。研究发现留学生对教学工作计划主要有以下两个方面的适应困难：一是教学工作计划的变动；二是课程教学计划的缺失。美、日留学生习惯用时间来管理自己的学习和生活。他们不仅相信计划，而且现在的计划可以成为未来计划的基础。但是在现行的留学生管理中，他们遇到不少计划变动的情况，计划的变动不仅打乱了将来的计划，而且有可能造成经济损失。留学生由于对计划变动一时感到难以适应，甚至可能引发冲突。此外，留学生也有可能因教学计划的缺失而感到不适应。比如：美国留学生习惯老师一开课就对整个教学进度、教学内容、课程作业、作业提交等有一个明确和细致的安排，并且以书面或口头的形式告知学生，学生通过教师发放的课程安排明了自己在什么时候应该做什么。但是留学生反映，即使他们向有关部门提出要求，也没有得到明确和详尽的计划。

在教学质量的管理和监控方面，需要重新思考评分的环节。研究发现中、美在评分方法上存在普遍主义价值观和特殊主义价值观冲突。美国留

---

① 司晓宏：《教育管理学论纲》，高等教育出版社 2009 年版，第 311 页。

学生认为师生都应该遵照共同的标准，学生按照既定的标准完成作业，老师按照既定的标准评分。只有这样，才能保证公平。我们知道，在教育管理中，有很多的"评定"环节，不仅仅是本研究涉及的评分，也包括其他的评定，如奖学金的评定，等等。如果留学生在乎自己评定的结果，如果这名学生来自一个以普遍主义的价值观为上的国家，那么类似的冲突还会发生。事实上，本研究的访谈资料说明除了美国留学生之外，来自其他国家的留学生对评分的环节也感到不满。所以，在教学管理中，对成绩和资格评定的环节应该充分考虑文化差异，以免再次发生类似冲突。

在教学管理中，还应该重视教学资源的灵活配置和教学资源的有效、公平的使用。首先，留学生因为语言障碍的存在，迫切需要加入语言课程的学习来提高语言能力。因此，在教学资源的分配上，应该考虑到留学生语言学习的需要。比如说：除了常规的语言学习课程之外，也可以通过开发网络课程，设计多梯度的语言学习课程等来满足留学生的学习需求。其次，留学生和管理人员的跨文化教育和培训也和学校教学资源的开发和配置有关。所以，在留学生管理的过程中，如何增设、调动、配置和开发现有的教学资源是跨文化教学管理应该考虑的一个方面。最后，部分留学生认为在现有教学和科研资源的使用上，存在不公平的现象。留学生可能因为语言障碍或留学生身份而无法使用图书馆的某些资源或是相关教学和科研设备。所以，在教学资源的管理上，也有必要考虑留学生群体的需要。

（四）人事管理

我国大学组织成员主要有教师、管理人员、教学辅助人员、专业技术人员和工人。人事管理涉及学校的人事计划、学校人员资格、人员招聘、人员聘任、人员培训和人员报酬等各个方面。本研究认为现行的人事管理需要进一步加强岗位管理和管理人员的培训。

岗位管理是学校人事制度改革的基础，岗位管理的内容包括按需设岗、确定岗位工作职责和岗位任职标准。学校可以根据建设和发展的需要设置新的岗位或者撤销不需要的岗位。[①] 任职标准和工作职责也会随着改革方向的变化而变化。第一，留学生的跨文化管理对岗位设置提出了新的要求。在学生管理部分，我们提到了对留学生增设心理辅导和跨文化教育和培训的必要性。如此一来，就需要文化导师和文化心理咨询师担此重

---

① 黄崴：《教育管理学》，中国人民大学出版社 2009 年版，第 238 页。

任。除学生之外，中方管理人员和工勤人员也需要具备一定的跨文化能力和素质才能实行有效的跨文化管理和服务，因此人力资源的培训同样需要跨文化人才。但是在绝大多数的高校内，甚至是留学生人数过千人的高校中，都没有为跨文化培训和心理咨询设岗。

第二，留学生跨文化管理的实施要求对任职资格和标准进行重新定义。留学生的汉语水平决定他们在汉语交流的过程中，有难以克服的语言障碍。这对留管人员的语言水平提出了较高的要求。现在留学生的管理不仅仅是留学生办公室的职责，留学生所在的系、部也和留学生有较为频繁的接触。在这些和留学生接触较多的岗位上，工作人员的外语能力应该成为岗位竞聘的一个重要参考，否则语言障碍将影响工作的开展。除了外语能力之外，还应该考虑普通话水平。研究发现中方管理人员和服务人员的方言口音给留学生理解汉语造成了不小的困难。如：在后勤部门住宿科前台接待留学生的服务人员，他们和留学生的互动最频繁，而且互动基本上是回答和解决留学生提出的问题。但是留学生听不懂服务人员带着方言口音的普通话。这虽然让留学生有机会见识中国天南地北的方言，但是无助于开展留学生工作。所以，在聘岗时候，最好考虑一下服务人员的普通话水平。

第三，岗位职责的明确也是留学生跨文化管理的一个重要的内容。研究表明，留学生和管理部门的矛盾很大程度上在于对行政人员和后勤服务人员的态度和服务感到不满，尤其是负责留学生事务的行政人员和宿管科的后勤服务人员。这些问题的产生主要有三个方面的原因：一是语言障碍；二是双方对服务的看法和期待有所不同；三是留学生管理和服务工作还不够到位。由于上述问题的存在，留学生感到自己不被尊重，有时感到管理比较无序。因此如何在管理和服务中树立更为国际社会所接受的形象，应该如何看待和理解管理和服务的工作，如何把留学生的服务工作做得更加到位，或许值得思考。

第四，岗位管理的又一项内容是管理人员和服务人员的跨文化培训。留学生管理队伍的素质和能力建设越来越多地引起了留学生管理者和研究者的关注。如果留学生管理队伍缺乏跨文化的素质和能力，将无法有效地处理文化差异。为了提高管理队伍的跨文化素质和能力，必须对管理队伍进行跨文化培训。跨文化培训能够帮助养成在国际环境中工作和生存的态度、知识和技能，提高与国际人群共事和合作的能力。在跨国公司的人力资源培训中，跨文化培训是人力资源培训的一个必经环节，是跨文化管理的重要组成部分。

二　对跨文化教育和培训的启示

　　我们知道，跨文化管理离不开跨文化教育和培训。跨文化管理主要是在认识文化差异的基础上改善人际互动。由于异文化在很大程度上是无意识的，所以如果不经一番教育和培训，使受训者意识到异文化和本国文化截然不同的特质，跨文化交流往往会因为误解和冲突的增加而显得困难重重。本研究对跨文化教育和培训有什么启示呢？

　　本研究发现为中美和中日之间的跨文化教育和培训提供了基础。在每章跨文化人际适应的策略部分，我们探讨该如何通过跨文化教育和培训的手段改善留学生和中国人的人际适应。以下就通过表格的形式对前面提到的内容做一个归纳和总结。表11—3和表11—4分别包括中、美和中、日跨文化培训的基本内容。

表11—3　　　　　　　　　中美跨文化教育和培训内容概览

主题 ＼ 国别	美国	中国
国别和种族	• 由于体貌特征的差异被关注是正常的现象 • 刻板印象在跨文化交流中很常见 • 中国社会文化背景——单一文化，对外开放较晚（对种族的敏感性不同，对外国人感到好奇）	• 明白被过度关注的困扰 • 对刻板印象进行干预（无偏见信念策略）（熟悉性策略）
社会公德	• 中国差序格局的文化模式：内外有别 • 公共场合行为规范存在差异，如：声环境 • 中国人的公民素质有个体差异 • 在中国，不具社会公德的行为不被尊重	

续表

主题 ＼ 国别	美国	中国
服务观念	• 中国差序格局的文化模式：内外有别 • 对管理和服务的理解存在差异：自上而下的管理模式，服务不以他人的需求为导向	• 树立服务型管理的思想 • 加强礼貌规范 • 了解无视跨文化管理的后果
时间观念	• 了解多元时间的观念 • 理解不重视计划、突然改变计划、不守时、临时约定的情况	• 了解线性时间的观念 • 理解重视计划、不轻易改变计划、守时、提前约定的习惯
表达方式	• 了解中国人的面子观念 • 理解和适应中国人在面子观念下委婉含蓄的利他行为 • 理解中国人在面子需求下的各种行为，学会照顾人情	• 理解美国文化缺乏相应的面子观念 • 习惯美国人直截了当，就事论事，不避冲突的表达方式
人际距离	• 中国人的体距相对较近 • 中国的人际接触比较密切 • 中国人谈论体貌特征背后的意义和美国人不同，中国的隐私观念相对较弱，人际交换不以公平为原则，结交速度较快 • 中国家族集体主义的文化性格是人际距离较近的重要原因	• 美国人的体距相对较远 • 美国的人际接触相对疏离 • 美国人忌讳谈和体貌特征有关的话题，隐私观念较强，以公平为人际交换的准则，结交速度相对缓慢 • 美国个人主义的文化特征是美国人际距离较远的重要原因
权力距离	• 中国师生之间相对的不平等 • 从集体等级主义的价值观重新看待中国教师的言行 • 从特殊主义的价值观看待中国式的评分方式	• 美国师生之间的平等关系 • 从平等个人主义的价值观看待美国学生的反应 • 从普遍主义的价值观看待美国学生对评分的要求
语言	• 中国有独特的副语言特征，有丰富的方言 • 语言适应和跨文化适应一样，要求有较高的情感耐受力和复原能力	• 理解留学生语言适应的困难和心理压力 • 在态度和行为上给予必要的心理支持

表 11—4　　　　　　　　　　中日跨文化教育和培训内容概览

主题 ＼ 国别	日本	中国
国别和种族	• 建议学习有关中日战争和领土的历史，反省中日历史教育的异同	• 日本留学生对国际关系问题知之甚少 • 希望把国际关系和民间的交往分开
社会公德	• 中国差序格局的文化模式：内外有别 • 公共场合行为规范存在差异，如：声环境 • 中国人的公民素质有个体差异 • 在中国，不具社会公德的行为不被尊重	
服务观念	• 中国差序格局的文化模式：内外有别 • 对服务的理解存在差异：在规范性和礼貌程度上存在差异	• 考虑和满足留学生需求 • 加强礼貌规范，提高服务质量
时间观念	• 了解多元时间的观念 • 理解不重视计划、突然改变计划、不守时、临时约定的情况	• 了解线性时间的观念 • 理解重视计划、不轻易改变计划、守时、提前约定的习惯
表达方式	• 理解中日对和谐关系有不同的情感要求，中国人的交流不以心情为本位 • 理解和谐观差异下礼貌标准的差异 • 理解中国人较为直接的表达方式	• 理解中日对和谐关系有不同的情感要求，日式交流以心情为本位，强调愉快和舒服 • 理解和谐观差异下礼貌标准的差异 • 理解日本表里分治的文化特点

续表

主题 \ 国别	日本	中国
人际距离	• 中国人的体距相对较近 • 中国的人际接触比较密切 • 中国的个体观念相对模糊、隐私观念较弱、结交速度较快、回报观念较弱、礼貌观念不同 • 中国的家族式集体主义的观念是人际距离近的重要原因	• 日本人的体距相对较远 • 日本的人际接触相对疏离 • 日本的个体观念相对清晰、隐私观念较强、结交速度较慢、回报观念强、对礼貌比较执着 • 日本集团式的集体主义以心情维系，人际距离并不近
语言	• 中国有独特的副语言特征，有丰富的方言 • 语言适应和跨文化适应一样，要求有较高的情感耐受力和情感复原能力	• 理解留学生语言适应的困难和心理压力 • 在态度和行为上给予必要的心理支持

第三节 研究的创新、局限和对研究的未来展望

一 研究的创新

本研究的创新主要在于理论建构。研究找出了影响美、日留学生跨文化人际适应的文化差异（行为层面和观念层面）以及差异的类型。研究创新与研究设计和研究范式的创新是分不开的。

如同在文献综述部分所说，以往的研究很少全面深入地探讨影响来华留学生跨文化人际适应的文化差异。也很少有研究从跨文化人际交往的角度来探讨来华留学生的人际适应问题。在研究方法上，大多数有关来华留学生跨文化适应的研究都是定量研究。本研究填补了国内外目前对来华留学生研究的空白，从文化和交际的视角，用质性研究的方法对影响美、日留学生人际适应的文化差异进行全面深入的探讨。全面并深入地探讨为理论创新奠定了基础。

"全面"主要体现在：研究设计涵盖了美、日来华留学生在中国社会全景式的人际交往，既包括生活情境和学术情境，也包括远、中、近距离

的各种人际关系。从研究国别的意义上来说，考虑到本研究是质性研究，研究涉及了美、日两个国别留学生的跨文化人际交往，探讨了中美和中日文化之间的相互作用。研究设计必然影响研究结果。研究结果全面地揭示了影响美、日留学生跨文化人际适应的文化差异。

"深入"首先体现在研究结果揭示了两个层次的文化差异。行为层面的文化差异让我们看到留学生跨文化人际交流的各种"现象"；观念层面的文化差异帮助了解是什么样的文化观念在起作用。而这两个层面的文化差异，使我们由浅入深地了解美、日留学生的跨文化人际适应成为可能；为跨文化教育和培训提供了必要的认识基础。在了解差异的基础上，归纳了影响美、日留学生人际互动的差异类型：文化差异、和文化相关的差异以及非文化差异。文化差异又进一步分为语言、刻板印象和价值观。尽管前人的研究早已指出这些类型的差异会影响跨文化人际交往，但是据我了解，还没有研究对差异的类型进行综合并得出这样的结论。至少在留学生跨文化人际适应的研究中如此。所以我把类型的综合也作为本研究的创新点之一。

二 研究的局限和对未来的展望

(一) 研究的局限

我认为本研究的局限主要体现在以下几个方面：部分主题资料不够充足，研究采用单一视角，文化差异有相对性。资料不够充足是研究的不足。如果研究者积累更多的经验，应该在这个方面有所改进。作为一项研究，采用单一视角未尝不可，但是如果要具体到实践，多方视角看问题无疑会有助于客观的看待问题，更有助于问题的解决。文化差异的相对性给研究者留下取舍的空间。对文化差异进行取舍是有必要的，但是相对性的界定有一定的主观性。所以，研究局限的讨论不全是研究不足的讨论。第一条是研究方法上的不足；第二条是从完美主义的视角来看本研究作出的贡献；第三条是文化研究本身的特点。虽然本节题为"研究的局限"，但是我认为"有关研究的讨论"更为合适。这样既包括局限，也包括对研究的局限以外的思考。

第一，支撑某些主题的资料不够充足。虽然我在研究过程中尽量收集研究所需的资料，但还是不能做到尽善尽美。原因之一是分析的资料是一个动态的过程。每次分析后建立的类属可能由于新的类属的出现而改变。

因此在论文定型之前，研究过程中建立的类属都有改变的可能。类属的改变容易出现资料收集的空档，对资料的收集提出新的要求。所以，在最后阶段的分析过程中，我发现部分主题的资料收集不够充足。如：在社会公德部分，对美、日留学生观念的了解还不够。因此，我在论文中使用的例子大部分是间接的例子，即美国留学生无意中提到的观念，而不是我在资料收集过程中，直接询问他们社会公德和服务有什么样的想法。虽然这样的例子更加自然真实，但是和其他主题相比，资料的基础有些薄弱。原因之二是研究样本的数量可能也在一定程度上影响了相关资料的收集，影响了相关主题的出现。如：有对留美中国学生的研究中提到中国人抱怨美国人说话不算数。[①] 我在中国遇到的年轻的美国外教也反映中国人"老是记着你说的话"。但是在我的研究中并没有出现这样的访谈内容。但是，我在第二轮的访谈中，感觉美国留学生提供的新信息也并不多，所以我采访了五名留学生后也就不再采访了。可能上述的主题从留美学生的视角看有明显的文化差异，但是从来华留学生的视角看，对跨文化人际适应并没有太大的影响。

第二，文化差异描述的相对性。文化的相对性既是文化研究的特质，但也给研究者留下了文化差异描述的取舍空间。相对性首先体现在集中和个别。实际上，影响美、日留学生跨文化人际适应的文化差异比论文中呈现的文化差异更多。论文中呈现的文化差异是美、日留学生集中反映的文化差异。从支撑材料的比例上，我们就很容易看到这一点。但是其他文化差异对留学生的跨文化适应也有影响。举例来说，有个别日本留学生（公司派遣的语言生）和美国留学生提到中日和中美之间的金钱观的不同及其对跨文化人际交流的影响，有两位日本留学生提到中日学生对外表整洁的关注度有所不同，而这些差异给他们留下了深刻的印象。

对于大多数研究样本来说，这些差异主题并不集中，但是对个体的影响却不小。由此，我想到样本的限定可能还不够精确，或者样本的范围还不够大，还是分析角度的问题？如果样本界定的更小，或者扩大样本的范围，或换一个分析角度，这些差异是否更明显呢？但是可能目前的情况是具有典型性的，即事实上就是大大小小的文化差异并存。这些差异虽然存在，但是影响只在个别。这不一定是研究的局限，但存在一定的疑问。

① 陈向明：《"旅居者"和外国人》，教育科学出版社 2004 年版，第 200—204 页。

文化差异的相对性还体现在国别的相对性上。由于研究包括美、日两大留学生群体，所以在每一章的同一主题下，以美、日两国对比的形式呈现中美、中日交流中的文化差异和适应问题。对比结果一般存在三种情况。一是美、日之间大致相同。如：中美和中日之间在时间观念上的差别基本一致。二是美、日之间有明显的分歧。如：表达方式的差异。这两种情况都比较清楚。比较棘手的是第三种情况，美、日之间有相同点，也有明显的不同之处。但是美、日之间的共同之处又不足以相提并论。如在种族和国别的差异中，除了由于国际关系引起的交流问题之外，中国人对日本留学生不是没有其他的刻板印象，也不是没有亲日的行为。所以，在这一点上，在日、美文化对比中无法划出一条绝对的界限。这也许就是文化对比的常态，文化是相对而不是绝对的。梁漱溟在对比中西文化时说："中西之不同，只是相对的，而不是绝对的。然而我们早说过，人类社会之进化实为生物进化之继续。在生物界中，就没有绝对不同之事，虽植物动物亦不过是相对的不同，其他更不用说。盖凡生物之所显示，皆为一种活动的趋势和方向，但有相对之偏胜，而无绝对的然否。要划一条界，是划不出来的。"① 固然文化相对性是客观事实，但是也给研究者描述文化留下了取舍的空间。文化差异描述的相对性不一定是研究的局限，但是这个话题在研究结束后，还是值得反思的。

第三，研究视角的局限。研究从美、日留学生的视角看中日和中美之间的跨文化人际互动，并对此提出了改进中美、中日跨文化人际适应的策略。且不说在质性研究并不赞成推论的前提下，提出这些建议是否合适。更重要的是，这些文化差异的对比只是从美、日留学生的视角出发，论文建构的是从美、日留学生视角出发的文化对比框架。如果研究换为中国人的视角，研究结果显示的文化差异可能就会有所不同，文化对比的框架也会随之而改变。所以，如果要对跨文化教育和跨文化管理提出更为全面准确的建议，从中国的留学生管理和服务人员，中国学生等的视角出发进行研究也是很有必要的。

（二）未来研究的方向

未来的研究可以在此基础上进一步在研究视角和研究对象上实现拓展。

---

① 梁漱溟：《中国文化要义》，上海人民出版社 2011 年版，第 73 页。

首先，研究采用中国人的视角，实现研究视角的拓展。如上所说，在制定跨文化管理的决策之前，最好从中国人的视角来研究中日或中美跨文化人际交流的问题及其相关的文化差异，并对研究结果进行整合，找出切实可行的解决方案。

其次，研究其他留学生群体，实现国别和文化的拓展。美、日留学生群体只是来华留学生中分别来自东西方的两大留学生群体。研究结果对于和日本文化较为接近的韩国留学生，对于文化上和美国留学生较为接近的西方留学生可能有一定的借鉴意义。但是除了东、西方两大文化群体之外，还有来自其他文化的留学生，如信奉伊斯兰教的留学生。这些留学生或许在观念上和美、日文化有较大的差异，和中国文化的差异也比较大。比如说，在宗教信仰方面。虽然美国留学生有不少是基督徒，但是他们没有提到因为宗教问题带来的困扰。但是有来自留管工作一线的研究者提道，宗教问题对现实中的跨文化管理带来了不可忽视的影响，一些信仰伊斯兰教和印度教的留学生，因为宗教节日而集体旷课，给管理造成了不小的麻烦。"在日常管理中，我们经常遇到留学生为了庆祝各自的宗教节日而群体旷课的情况，在不违反我国法规和法律的情况下，如何进行宗教活动管理，是留学生管理中的一个难题。"① 所以不同的文化会出现不同的文化差异，不同的文化差异会提出新的管理问题。如果要对目前在我国就读的留学生有一个全面的认识，就应该在研究国别和文化上实现进一步的拓展。

① 林宣贤、吴若丹：《高校留学生日常管理常见问题的几点思考》，载《科技信息》2009年第5期，第113页。

参考文献

一　中文文献

A 专著、论文集、学位论文、报告

1. ［美］爱德华·C. 斯图尔特：《美国文化模式》，卫影宜译，百花文艺出版社 2000 年版。

2. ［美］埃德温·奥·赖肖尔：《当代日本人：传统与变革》，陈文寿译，商务印书馆 1992 年版。

3. ［英］艾伦·麦克法兰：《日本镜中行》，管可秾译，上海三联书店 2010 年版。

4. ［日］本居宣长：《日本物哀》，王向远译，吉林出版集团有限责任公司 2010 年版。

5. ［美］博耶·拉法特·德蒙特：《走进日本》，马飞飞译，中国铁道出版社 2009 年版。

6. 陈慧：《在京留学生适应及其影响因素研究》，博士学位论文，北京师范大学，2004 年。

7. 陈向明：《质的研究方法与社会科学研究》，教育科学出版社 2000 年版。

8. 陈向明：《"旅居者"和外国人》，教育科学出版社 2004 年版。

9. 陈星：《公民社会公德研究——以企业公民为视角》，硕士学位论文，上海外国语大学，2013 年。

10. 戴凡、史蒂芬 L. J. 史密斯：《文化碰撞：中国北美人际交往误解剖析》，上海外语教育出版社 2003 年版。

11. ［美］大卫·M. 费特曼：《民族志：步步深入》，龚建华译，重庆大学出版社 2007 年版。

12. 董泽宇：《来华留学教育研究》，国家行政学院出版社 2012 年版。

13. ［加］马克思·范梅南：《生活体验研究》，教育科学出版社 2003 年版。

14. 费孝通：《乡土中国》，北京出版社 2004 年版。

15. ［日］福井启子：《中日言语行为差异与心理交际距离关系研究》，博士学位论文，吉林大学，2010 年。

16. ［奥］弗洛伊德：《图腾与禁忌》，文良文化译，中央编译出版社 2005 年版。

17. 关世杰：《跨文化交流学》，北京大学出版社 1995 年版。

18. 辜鸿铭：《中国人的精神》，陕西师范大学出版社 2007 年版。

19. 郭素绯：《来华留学生跨文化适应研究》，硕士学位论文，北京师范大学，2009 年。

20. 黄瑞祺：《社会理论和社会世界》，北京大学出版社 2005 年版。

21. 黄崴：《教育管理学》，中国人民大学出版社 2009 年版。

22. 胡文仲：《跨文化交际面面观》，外语教学与研究出版社 1999 年版。

23. ［日］加藤周一：《何谓日本人》，彭曦、郭晓研译，南京大学出版社 2008 年版。

24. ［日］加藤周一：《日本文化中的时间和空间》，彭曦译，南京大学出版社 2010 年版。

25. ［日］加藤周一：《日本文学史序说》（上），叶渭深、唐月梅译，外语教学与研究出版社 2011 年版。

26. 贾华：《双重结构的日本文化》，中山大学出版社 2010 年版。

27. 姜良志：《对美国留学生文化障碍的研究》，硕士学位论文，北京师范大学，2000 年。

28. 蒋百里、戴季陶：《日本人与日本论》，凤凰出版集团 2009 年版。

29. 金两基：《面具下的日本人》，田园、唐庆玮，山东人民出版社 2011 年版。

30. 金晓达：《外国留学生教育学概论》，华语教学出版社 1998 年版。

31. ［韩］金斑运：《韩国教授在日本——日本文化心理学理解》，刘乐源译，武汉大学出版社 2012 年版。

32. ［日］吉野耕作：《文化民族主义的社会学——现代日本自我认同意识的走向》，刘克申译，商务印书馆 2004 年版。

33. 雷云龙：《来华留学生的社会交往和跨文化适应研究》，硕士学位论文，北京大学，2003 年。

34. 梁漱溟：《中国文化要义》，上海人民出版社 2011 年版。

35. 连淑芳：《内隐社会认知：刻板印象的理论和实验研究》，博士学位论文，华东师范大学，2003 年。

36. 李华兴、吴嘉勋：《梁启超选集》，上海人民出版社 1984 年版。

37. 林大津、谢朝群：《跨文化交际学：理论和实践》，福建人民出版社 2005 年版。

38. 林语堂：《生活的艺术》，外语教学与研究出版社 1998 年版。

39. 林语堂：《吾国与吾民》，外语教学与研究出版社 2000 年版。

40. 林语堂：《中国人的生活智慧》，陕西师范大学出版社 2005 年版。

41. 刘东风：《来华留学生跨文化人际交往研究——十八位在华留学生的个案分析》，博士学位论文，北京大学，2005 年。

42. 刘豫：《来华日本青年期女子留学生的社会性别角色意识和生涯路观——从理想和现实的差距来看》，硕士学位论文，北京师范大学，2007 年。

43. 李亦园、杨国枢主编：《中国人的性格》，江苏教育出版社 2006 年版。

44. 〔韩〕李御宁：《日本人的缩小意识》，张乃丽译，山东人民出版社 2003 年版。

45. 李朝辉：《浅层文化中断与深层文化中断——来华日本留学生汉语教学的人类学研究》，博士学位论文，中央民族大学，2004 年。

46. 李正同：《日本留学生人际交往状况研究——以吉林大学南校区为例》，硕士学位论文，吉林大学，2013 年。

47. 萝拉：《中国高校国外留学生的适应状况和应对策略》，博士学位论文，东北师范大学，2012 年。

48. 〔美〕鲁思·本尼迪克特：《菊与刀》，吕万和、熊达云、王智新，商务印书馆 1990 年版。

49. 〔日〕木村美惠：《在京日本留学生跨文化适应研究》，北京师范大学 2010 年版。

50. 〔日〕内藤湖南：《日本历史与日本文化》，刘克申译，商务印书馆 2012 年版。

51. 〔美〕纳尔逊·曼弗雷德·布莱克：《美国社会生活与思想史》（上），许季鸿等译，商务印书馆 1994 年版。

52. ［美］菲尔·弗朗西斯·卡斯皮肯：《教育研究的批判民俗志》，华东师范大学出社 2005 年版。

53. ［美］乔·阿莫斯·哈奇：《如何做质的研究》，朱光明译，中国轻工业出版社 2007 年版。

54. 綦甲福：《人际距离的跨文化研究》，北京外国语大学出版社 2007 年版。

55. ［美］乔伊斯·P. 高尔、M. D. 高尔、沃而特·R. B. 博格：《教育研究方法实用指南》，屈书杰等译，北京大学出版社 2007 年版。

56. ［美］沙兰·B. 麦瑞尔姆：《质化研究方法在教育研究中的应用》，于泽无译，重庆大学出版社 2007 年版。

57. 沙莲香等：《中国人百年：人格力量何在》，生活·读书·新知三联书店 2003 年版。

58. 沙莲香：《外国人看中国人 100 年》，山西教育出版社 1999 年版。

59. 沙莲香：《中国民族性：百家论说中国人》，生活·读书·新知三联书店 1999 年版。

60. 尚会鹏、徐晨阳：《中日文化——冲突与理解的事例研究》，中国国际广播出版社 2002 年版。

61. 尚会鹏：《中国人和日本人：社会集团、行为方式和文化心理的比较研究》，北京大学出版社 1998 年版。

62. 司晓宏：《教育管理学论纲》，高等教育出版社 2009 年版。

63. ［美］孙隆基：《中国文化的深层结构》，广西师范大学出版社 2004 年版。

64. 孙绿江：《道德的中国和规则的日本》，阎小妹，中华书局 2010 年版。

65. ［日］土居健朗：《日本人的心理结构》，商务印书馆 2006 年版。

66. 王睿：《关于来华留学生跨文化适应途径的研究——基于对外经济贸易大学的个案调查》，硕士学位论文，北京师范大学，2010 年。

67. 王朝晖：《跨文化管理》，北京大学出版社 2009 年版。

68. 万梅：《在华的美国留学生跨文化适应问题研究》，硕士学位论文，华东师范大学，2009 年。

69. ［日］丸山真男：《日本的思想》，欧建英、刘岳兵译，生活·读书·新知三联书店 2009 年版。

70. 吴倩：《在京留学生的初始箱庭特征和疗愈过程》，硕士学位论文，北京师范大学，2008 年。

71. 吴志宏、冯大鸣、魏志春：《新编教育管理学》，华东大学出版社2008 年版。

72. 杨慧：《我国大学学生事物管理机构研究——以 F 大学为例》，硕士学位论文，复旦大学，2008 年。

73. 杨国枢：《中国人的心理与行为：本土化研究》，中国人民大学出版社2004 年版。

74. 杨劲松：《日本文化认同的建构历程——近现代日本人论研究》，中国建筑工业出版社 2011 年版。

75. 杨军红：《来华留学生跨文化适应问题研究》，博士学位论文，华东师范大学，2005 年。

76. 杨潞西：《来京英美留学生跨文化人际适应调查研究——兼与韩国留学生跨文化人际适应对比》，博士学位论文，北京师范大学，2010 年。

77. 杨懋春：《一个中国村庄：山东台头》，江苏人民出版社 2001 年版。

78. 叶敏：《短期来华留学生跨文化适应研究》，博士学位论文，华南理工大学，2012 年。

79. ［日］野口志保：《在华日本留学生文化适应研究——对北京高校日本留学生的调查》，博士学位论文，北京师范大学，2003 年。

80. ［荷］伊恩·布鲁玛：《面具下的日本人》，金城出版社 2010 年版。

81. 伊斯梅尔·哈辛·侯赛因：《应激源感知和应对技巧的文化、性别差异：对留学中国的非洲学生、日本学生和西方学生的跨文化研究》，博士学位论文，华东师范大学，2003 年。

82. ［美］约瑟夫·A. 马克斯威尔：《质的研究设计——一种互动的取向》，朱光明译，重庆大学出版社 2007 年版。

83. ［美］约瑟夫·奈：《软实力》，马娟娟译，中信出版社 2013 年版。

84. 于富增：《改革开放 30 年的来华留学生教育》，北京语言大学出版社2009 年版。

85. 张红玲：《跨文化外语教学》，上海外语教育出版社 2007 年版。

86. 张倩：《从思维方式的视角看短期美国来华留学生的中国文化印象——以北京大学留学生为例》，博士学位论文，北京大学，2010 年。

87. 张婷：《德日在华留学生跨文化适应对比》，硕士学位论文，浙江大学，2011 年。

88. 赵霞:《邦交化正常以来的教育交流研究》,博士学位论文,华中师范大学,2007年。

89. [日]正村俊之:《秘密与耻辱——日本社会的交流结构》,周维宏译,商务印书馆2004年版。

90. [日]中根千枝:《纵向社会的人际关系》,陈成译,商务印书馆1992年版。

91. 周源:《在华留学生人际交往分析——以华南理工大学留学生为例》,硕士学位论文,华南理工大学,2009年。

92. 朱国辉:《高校来华留学生跨文化适应问题研究》,博士学位论文,华东师范大学,2011年版。

　　B 期刊文章

93. 崔世广:《比较研究:中日两国留学交流的现状与课题》,载《日本研究》2006年第1期。

94. 崔世广、李含:《中日两国忠孝观的比较》,载《东南亚论坛》2010年第3期。

95. 崔世广:《日本传统文化的基本特征——与西欧、中国的比较》,载《日本学刊》1995年第5期。

96. 崔世广:《日本传统文化形成与发展的三个周期》,载《日本学刊》1996年第4期。

97. 崔世广:《现代日本人的价值观及其变化趋势》,载《日本学刊》2000年第6期。

98. 崔世广:《意的文化和情的文化——中日文化的一个比较》,载《日本学刊》1996年第3期。

99. 范丽娟、林祥柽:《高校服务型管理体系探析》,载《中国轻工教育》2009年第3期。

100. 郭庆科:《中日集体主义的传统跨文化心理分析》,载《山东师范大学学报》1999年第3期。

101. 何淼、陆一唯、刘免、陆昊妍:《来沪美国留学生跨文化交往问题》,载《青年研究》2008年第10期。

102. 林宣贤、吴若丹:《高校留学生日常管理常见问题的几点思考》,载《科技信息》2009年第5期。

103. 庞小佳、张大均、王鑫强、王金良:《刻板印象干预策略研究述评》,

载《心理科学进展》2011 年第 19 卷第 2 期。

104. 桑兵：《近代日本留华学生》，载《近代史研究》1993 年第 3 期。

105. 尚会鹏：《论日本人感情模式的文化特征》，载《日本学刊》2008 年第 1 期。

106. 尚会鹏：《日本人的恩义意识》，载《当代亚太》1997 年第 1 期。

107. 尚会鹏：《"缘人"：日本人的"基本人际状态"》，载《日本学刊》2006 年第 3 期。

108. 尚会鹏：《论日本人的交换模式》，载《日本学刊》2009 年第 4 期。

109. 尚会鹏：《论日本人感情模式的文化特征》，载《日本学刊》2008 年第 1 期。

110. 尚会鹏：《论日本人自我认知的文化特点》，载《日本学刊》2007 年第 2 期。

111. 尚会鹏：《日本社会的"个人化"：心理文化视角的考察》，载《日本学刊》2010 年第 2 期。

112. 尚会鹏：《土居健郎的"娇宠"理论与日本人和日本社会》，载《日本学刊》1997 年第 1 期。

113. 宋卫红：《高校留学生管理的问题和对策》，载《高等教育研究》2013 年第 6 期。

114. 苏智良：《日本历史教科书问题的由来与现状》，载《全球教育展望》2005 年第 10 期。

115. 施晖：《空间因素的汉日对比研究——从"ウチ"、"ソト"、"ヨソ"意识出发》，载《苏州科技学院学报》2010 年第 1 期。

116. 田华、宋秀莲：《副语言交际概述》，载《东北师大学报》2007 年第 1 期。

117. 谢乃康：《来华留学生结构和层析探析》，载《中国高教研究》1997 年第 6 期。

118. 谢苑苑：《来华留学生跨文化适应策略和影响因素的研究》，载《喀什师范学院学报》2010 年第 3 期。

119. 熊仁芳：《关于人际距离的中日对比研究》，载《北京第二外国语学院学报》2006 年第 10 期。

120. 杨国枢：《中国人的性格与行为：形成及蜕变》，载《中华心理学刊》1981 年第 23 期。

121. 杨劲松：《滨口惠俊及其"人际关系"主义理论》，载《日本学刊》2005 年第 3 期。

122. 王建华：《话语礼貌和语用距离》，载《外国语》2001 年第 5 期。

123. 臧佩红：《战后日本的教科书问题》，载《日本学刊》2005 年第 5 期。

124. 郑新、李静敏：《浅谈现代企业管理之服务型管理》，载《商场现代化》2012 年第 27 期。

125. 周毅、张亚男、栾雪莲：《人本主义理念在留学生管理工作中的应用》，载《社科纵横》2010 年第 4 期。

C 论文集中的析出文献

126. ［美］布赖恩·特纳：《身体问题——社会理论的新近发展》，汪民安译，载陈永国编《后身体：文化、权力和生命政治学》，吉林人民出版社 2004 年版。

127. 成中英：《脸面观念极其儒学根源》，载翟学伟编《中国社会心理学评论》，社会科学文献出版社 2006 年版。

128. 陈瑶华：《"间意识"与日本的人际关系》，载《福建省外国语文学会 2010 年年会论文集》，福建省外国语文学会 2010 年年会（注：知网显示的是上述出处）。

129. ［日］河野理惠：《留学生"辅导制"》，载高等学校外国留学生教育管理学会编《中国、日本外国留学生教育学生研讨会论文集》，北京语言大学出版社 2004 年版。

130. 黄光国：《人情与面子：中国人的权力游戏》，载黄光国编《面子——中国人的权力游戏》，中国人民大学出版社 2004 年版。

131. 蒋大可：《中日留学生教育交流的史实和启示》，载《中国、日本外国留学生教育学术研讨会论文集》，北京语言大学出版社 2005 年版。

132. ［英］库克：《诱人的课题——中国国民性》，载沙莲香《中国民族性》，中国人民大学出版社 2012 年版。

133. 梁启超：《十种德性相反相成》，载沙莲香《中国民族性》，中国人民大学出版社 2012 年版。

134. 鲁迅：《说"面子"》，载《鲁迅全集》第 6 卷，人民文学出版社 1991 年版。

135. ［日］内山完造：《文章文化与生活文化》，载肖敏、林力编《三只眼睛看中国——日本人的评说》，中国社会出版社 1997 年版。

136. 吴世平：《中日文化差异与体态语言的表达方式》，载王秀文、孙文编《日本文化与跨文化交际》，世界知识出版社 2003 年版。

D 电子文献。

137. （清）曹雪芹：《红楼梦》（http：//ishare. iask. sina. com. cn/f/5036495. html？from = like，2014 – 03 – 22）。

138. 彭林：《什么是礼》（http：//wenku. baidu. com/link？url = Hrfy7JM5d6gNG6ak2VPXkPw7S72UZDtDQt9uMXYfb6ojKsgQ_ lSuIiI9xigFFm6r – 3iw2IwTwdIqR-AezxmP6MmlYvCo8akWC2Gda9RAVgy）。

139. 《华裔老人闯灯被警察打伤，登上头条，非美媒同情华人》，中国新闻网（http：//www. chinanews. com/hr/2014/01 – 24/5774783. shtml，2014 – 01 – 24/2014 – 03 – 17）。

140. 中华人民共和国教育部：《2012 年全国留学生简明统计报告》（http：//www. moe. gov. cn/publicfiles/business/htmlfiles/moe/s5987/2013 03/148379. html，2013 – 03 – 07/2014 – 03 – 13）。

141. 中华人民共和国教育部：《2010 年在华学习外国留学人员总数突破26 万人》（http：//www. moe. gov. cn/publicfiles/business/htmlfiles/moe/s5987/201112/128437. html 2011 – 03 – 02/2014 – 03 – 14）。

二　英文文献

A 专著、论文集、学位论文、报告

1. Adler, Nancy. (1991). *International Dimensions of Organizational Behavior.* Boston：PWSKent Publishing Company.

2. Althen, Gary. (2003). *American Ways：A Guide for Foreigners in the United States / 2nd ed. .* Boston：Intercultural Press.

3. Asitimbay, Diane. (2005). *What's up America? —a foreigner's guide to understanding Americans.* San Diego：Culturelink Press.

4. Barnhart, H. N. (2013). Food, Authenticity and Travel：A Study of Students Traveling to China for the First Time. *Middle Tennessee State University*, unpublished dissertation.

5. Barlund, Dean. C. (1989). *Communicative Styles of Japanese and*

Americas. Belmont: Wadsworth.

6. Barnlund, Dean. C. (1989). *Public and Private Self in Japan and the U-nited States: Communicative Styles of Two Cultures*. Yarmouth: Intercultural Press.

7. Becker, Jasper. (2000). *The Chinese*. New York: Oxford University Press.

8. Bellah, Robert N. (1985). *Habits of the Heart: Individualism and Commitment in American life*. Berkely: University of California Press.

9. Bond, Michael Harris. (1991). *Beyond the Chinese face: Insights from Psychology*. New York: Oxford University Press.

10. Bond, Michael Harris. (1996). *The Handbook of Chinese psychology*. New York: Oxford University Press.

11. Brislin, Richard W. (1993). *Understanding Culture's Influence on Behavior*. New York: Harcourt Brace Jovanovich College Publishers.

12. Carbaugh, D. (1996). Situating Selves: *The Communication of Social Identities in American Scenes*. Albany: State University of New York Press.

13. Carlson, Allan C. (2003). *The "American Way" Family and Community in the Shaping of the American Identity*. Wilmington: ISI Books.

14. Chu, Chin-Ning. (1991). *The Asian Mind Game: Unlocking the Hidden Agenda of the Asian Business Culture: A Westerner's Survival Manual*. New York: Rawson Associates.

15. Condon, John C. (1984). *With Respect to the Japanese: A Guide for Americans*. Yarmouth: Intercultural Press.

16. Kenna, Peggy. (1994). *Business Japan: A practical Guide to Understanding Japanese Business Culture*. Lincolnwood: Passport Books.

17. Datesman, Maryanne Kearny. (1997). *The American Ways: An Introduction to American Culture / 2nd Ed*. New Jersey: Prentice Hall Regents.

18. Wei, Djao. (2003). *Being Chinese: Voices from the Diaspora*. Tucson: University of Arizona Press.

19. Donahue, Ray T. (1998). *Japanese Culture and Communication*. Maryland: University Press of America.

20. Donahue, RayT. (2002). *Exploring Japaneseness: On Japanese Enact-

ments of Culture and Consciousness. Lanham：University Press of America.

21. Fairclough, N. （2003）. *Analyzing Discourse：Textual analysis for social Research.* London：Routledge.

22. Fancy, Richard. （2004）. *Patterns in Values Differences across Cultures.* Michigan. Wayne State University.

23. Gold, Thomas, Guthrie, Doug, Wank, David. （2002）. *Social Connections in China：Institutions, Culture, and the Changing Nature of Guanxi.* Cambridge：Cambridge University Press.

24. Hall, Edward Twitchell. （1989）. *Beyond Culture.* New York：Anchor Books.

25. Hall, Edward Twitchell. （1990）. *The Silent Language.* New York：Anchor Books.

26. Hall, Edward Twitchel. （1990）. *Understanding Cultural Differences.* Yarmouth：Intercultural Press.

27. Hall Edward Twitchel. （1982）. *The Hidden Dimension.* New York：the anchor books.

28. Hall, Edward Twitchel. （1987）. *Hidden Differences：Doing Business with the Japanese.* New York：Anchor Books.

29. Hofstede. Geert H. （1980）. *Culture's Consequences：International Differences in Work-related Values.* London：Sage Publications.

30. Hofstede, Geert H. （1991）. *Culture and Organisations：Software of the Mind.* New York：McGraw-Hill.

31. Hofstede, Geert H. （2001）. *Culture's Consequences：Comparing Values, Behaviors, Institutions, and Organizations across Nations.* Thousand oaks：Sage Publications.

32. Hofstede, Geert H. & Hofstede, Geert Jan & Minkov, Michael. （2010）. *Culture and Organisations：Software of the Mind.* New York：McGraw-Hill.

33. Hsu, Francis L. K. （1981）. *Americans and Chinese：Passage to Differences.* Honolulu：The University Press of Hawaii.

34. Hsu, Francis L. K. （1949）. *Under the Ancestors' Shadow：Chinese Culture and Personality.* London：Routledge & Kegan Paul.

35. Hu, Wen-chung. （1999）. *Encountering the Chinese：A guide for Ameri-*

cans / 2nd ed. Yarmouth: Intercultural Press.

36. Kim, Young Yun& Gudykunst, William B. (1988). *Cross-cultural Adaptation: Current Approaches.* Newbury Park: Sage Publications.

37. Maynard, Senko K. (1997). *Japanese Communication: Language and Thought in Context.* Honolulu: University of Hawaii Press.

38. Nobuko Adachi. (2010). *Japanese and Nikkei at Home and Abroad: Negotiating Identities in a Global World.* Amherst: Cambria Press.

39. Kenji Kitao, S. Kathleen Kitao. (1989). *Intercultural Communication: between Japan and the United States.* Tokyo: Eichosha Shinsha.

40. March, Robert M. (1988). *The Japanese Negotiator: Subtlety and Strategy beyond Western logic.* New York: Kodansha America.

41. Mark R. Leary, June Price Tangney. (2003). *Handbook of Self and Identity.* New York: Guilford Press.

42. Dale, Peter N. (1988). *The Myth of Japanese Uniqueness Revisited.* London and Sydney: Croom Helm.

43. Dale, Peter N. (1986). *The Myth of Japanese Uniqueness.* London and Sydney: Croom Helm.

44. Lewis, R. D. (1999). *When Culture Collides.* Yarmouth: Intercultural Press.

45. Patton, M. (1990). *Qulitative Evaluation and Research Methods.* Beverly Hills, CA: Cage. 169.

46. Rokeach, Milton. (1979). *Understanding Human Values: Individual and Societal.* New York: Free Press.

47. Samovar, L. A. & Porter, R. E. (1991). *Intercultural Communication: A Reader.* Belmont, CA: Wasdworth.

48. Ting-Toomey, S. (1999). *Communicating Across Cultures.* New York: Guilford Press.

49. Ting-Toomey, S. & Korzenny, Felipe. (1991). *Cross-cultural Interpersonal Communication.* London: SAGE Publications.

50. Ting-Toomey, S. (1994). *The Challenge of Facework: Cross-cultural and Interpersonal Issues.* Albany: State University of New York Press.

51. Triandis, Harry Charalambos. (1995). *Individualism & Collectivism.*

Boulder: Westview Press.

52. Trompenaars, Fons. (1997). *Riding the Waves of Culture-Understanding Diversity in World Business.* New York: McGraw-Hill.

53. Truong, D. N. (2002). *Successes, Challenges and Difficulties Experienced by American Students while on Fulbright scholarships in China and Vietnam.* Richmond: Virginia Commonwealth University.

54. Tu Wei-ming. (1994). *The Living Tree: the Changing Meaning of Being Chinese Today.* Stanford: Stanford University Press.

55. Watts, Richard J. (2003). *Politeness.* Cambridge: Cambridge University Press.

56. Westin, A. (1967). *Privacy and Freedom.* New York: Atheneum.

57. Yang, Mayfair Mei-hui. (1994). *Gifts, Favors, and Banquets: the Art of Social Relationships in China.* Ithaca: Cornell University Press.

58. Yan, Yunxiang. (1996). *The Flow of Gifts: Reciprocity and Social Net-Works in a Chinese Village.* Stanford: Stanford University Press.

59. Yoshio Sugimoto & Ross E. Mouer. (1989). *Constructs for Understanding Japan.* London: Kegan Paul International.

　　B 期刊文章

60. Goffman, E. (1955). On face work: An analysis of Ritual Elements in Social Interaction. *Psychiatry: Journal of the Study of Interpersonal Process.* 18 (2).

61. Harris. M. (1976). History and Significance of the Emic/Etic Distinction. *Annual Review of Anthropology*, Vol. 5.

62. Jie Yu & Hendrik Meyer-Ohle. Working for Japanese Corporations in China: A Qualitative Study. *Asian Business & Management*, 2008, 7.

63. Lu, W. & wan, J. J. (2012). On Treating Intercultural Communication Anxiety of International Students in China. *World Journal of Education.* Vol 2 (1).

64. Oberg K. (1960). Culture Shock: Adjustment to New Cultura Environments. *Practical Anthropology.* 7.

65. Singelis, T. M. et al. (1995). Horizontal and Vertical Dimension of Individualism and Collectivism: A theoretical and Measurement Refinement.

Cross-cultural Research.

66. Sumra, K. B.（2012）. Study on Adjustment Problems of International Students Studying in Universities of The People's Republic of China: A Comparison of Student and Faculty/Staff Perceptions. *International Journal of Education.* Vol. 4（2）.

67. Sun, Tao; Horn, Marty; Merritt, Dennis. Values and Lifestyles of Individualists and Collectivists: A Study on Chinese, Japanese, British and US Consumers. *The Journal of Consumer Marketing.* 2004.

C 论文集中析出的文献

68. Brown, P. &Levison, S.（1978）. Universals in Language Use: Politeness Phenomena. In E. N. Goody.（Ed.）, *Questions and Politeness: Strategies in Social interaction* . Cambridge: Cambridge University Press.

69. Gerry Philipsen. "A Theory of Speech Codes". In Gerry philipsen and Terrance L. Albrecht（Eds）*Developing Communication Theory.* Albany, NY: State University of Newyork Press, 1997.

70. Grove, C. & Torbiorn, I.（1993）. A New Conceptualization of Intercultural Adjustment and the Goals of Training. In Page, R. M.（Eds.）. *Education for the Intercultural Experience.* Yarmouth: Intercultural Express.

71. Gudykunst, W. B.（2003）. Intercultural Communication: Introduction. In W. B. Gudykunst（Ed.）, *Cross-cultural and Intercultural Communication*, 163 – 166. Thousand Oaks, CA: Sage.

72. Vande Berg, M.（2003）. The Case for Assessing Educational Outcomes in Study Abroad. In G. Tomas M. Hult and Elvin C. Lashbrooke（ed.）*Study Abroad*（Advances in International Marketing, Vol. 13）, Emerald Group Publishing Limited.

73. Von Uexkull, J.（1957）. A Stroll through the Worlds of Animals and Men. In Sommer, R. Studies in Personal Space. Retrieved March 20, 2014 from http://faculty. buffalostate. edu/hennesda/sommer% 20personal% 20space. pdf.

D 电子文献

74. Chen, D. X.（2007）. Changes in Social Distance among American Undergraduate Students Participating in a Study Abroad Program in Chi-

na. Retrieved March 14 from http：//digital. library. unt. edu/ark：/ 67531/metadc5194/m2/1/high_ res_ d/dissertation. pdf.

75. Fatini, E. A. A.. Central Concern：Developing Intercultural Competence. Retrieved March 23, 2014from http：//www. brandeis. edu/global-brandeis/documents/centralconcern. pdf.

76. Hall, E. T.. The Silent Language in Overseas Business. Retrieved March 20, 2014 from http：//www. embaedu. com/member/medias/212/2012/ 12/201212516502017767. pdf.

77. Jen, L. L. (2003). China Sees Rapid Growth in American Students Studying Abroad. Retrieved March 23, 2014 fromhttp：//chronicle. com/article/China-Sees-Rapid-Growth-in/22779.

78. Katz, David. (1937). *Animals and Men*. New York：Longmans, Green. In sommer, R. Studies in Personal Space. Retrieved March 20, 2014 from http：//faculty. buffalostate. edu/hennesda/sommer% 20personal % 20 space. pdf.

79. Kochanek, L.. Study Abroad Celebrates 75th Anniversary, Retrieved March13, 2014 from ttp：//www. udel. edu/PR/Messenger/98/2/ study. html.

80. Le, J. Y. (2004). Affective Characteristics of American Students Studying Chinese in China：A Study of Heritage and Non-Heritage Learners' Beliefs and Foreign Language Anxiety. Retrieved March 13, 2014from http：//repositories. lib. utexas. edu/bitstream/handle/2152/1352/lej52550. pdf? seque nce = 2.

81. Nelson, T. (1995). An analysis of Study Abroad at U. S. colleges and universities. Retrived March 13, 2014 from http：//trace. tennessee. edu/ cgi/viewcontent. cgi? article = 2418&context = utk_ graddiss.

82. Nguyen, N. T. et al.. A Validation Study of the Cross-cultural Adapatability Inventory. Retrived March 23, 2014 from http：//www. utc. edu/faculty/ michael-biderman/pdfs/nguyen_ biderman_ mcnary_ val_ study_ of_ the_ cross_ cult_ adap_ inv_ ijtd_ 2010. pdf.

83. Stephen Bochner. Coping with Unfamiliar Cultures：Adjustment or Culture learning. Retrived December, 19 from http：//onlinelibrary. wiley. com/

doi/10. 1080/00049538608259021/abstract.

84. Ting-Toomey. S.. Face-negotiation Theory. Retrieved March 15 from http: //www. nafsa. org/_ /file/_ /theory_ connections_ facework. pdf.

85. Wren, A. (1996). Scheduling, Timetabling and Rostering-A Special Relationship? retrieved March 19 from http: //link. springer. com/content/ pdf/10. 1007%2F3 – 540 – 61794 – 9_ 51. pdf. 48 – 49.

86. Yoko kobayashi. (2009). Discriminitory Attitudes toward Intercultural Communication in Domestic and Overseas Contexts. Retrieved March 16 from http: // link. springer. com/content/pdf/10. 1007% 2Fs10734 – 009 – 9250 – 9. pdf#page – 1.

附 录 1
访谈提纲

第一次访谈提纲

一 基本交往

1. 一般和哪些中国人有交往，怎么认识的？

2. 在一起做什么呢？经常在一起吗？

3. 你对目前的交往感到满意吗？

二 人际适应状况（包括留学生生活中遇到的所有的中国人）

4. 在和中国人的交往中，您感觉中国人和美国（日本）人在人际交往上有什么不同？为什么？

5. 您个人喜欢和中国人交往吗？为什么喜欢，为什么不喜欢？（你对他们有什么正面和负面的印象？）

6. 您觉得中国人和日本（美国）人之间的交往难度大吗？你感到累，愉快，还是觉得和日本（美国）人在一起的时候差不多？

7. 在和中国人交往的过程中，有什么让您觉得不愉快的？你是怎么处理这些不愉快的事情的？这些事件影响你们之间的关系了吗？

8. 在和中国人交往中，有没有惊讶和难以理解？

9. 在和中国人交往的过程中，有没有发生双方意见不一致的情况？

10. 在和中国人的交往中有什么误会？后来怎么消除的？

11. 有什么您认为是交往中存在的难以逾越的障碍？无法沟通的情况？

12. 在和中国人交流的过程中，有没有感到失望？

13. 有没有感到被冒犯的情况？有没有冒犯对方？

14. 有没有觉得懊恼、生气、沮丧的时候？

15. 有没有感到担心和紧张的？

16. 在和中国人的人际交往中，有什么是你作为美国（日本）人感到难以适应的？

——在人际交往中，你认为什么人际交往中的习惯在中国是很容易改变的？
——你在和中国人的交往中，你感觉什么是表面可以调和，或者暂时改变，但是你确信你内心是难以改变的？
——作为美国人（日本人），什么是你在跨文化人际交往中不会改变的？

17. 在和中国人的沟通和交流中，有什么令您感到后悔的，如果从头开始的话，您会为了改善而改变行为，态度和沟通方式？

18. 作为美国（日本）学生，你希望中国人了解什么？

19. 同样，作为美国（日本）人，为了和中国人更好地交往，最好知道和明白什么？

20. 你觉得什么文化差异会影响您与中国人的人际距离的？

21. 您觉得这些问题基本上能回答您和所有中国人交往中存在的问题吗？还有什么我没有问到的？

22. 在以上所有的交往问题中，相对来说，您认为哪个（哪几个）问题是最严重的？哪些不怎么重要？

23. 如果我有疑问，我可以通过邮件进一步询问吗？

24. 如果有美国（日本）留学生愿意接受访谈，您可以把他们介绍给我吗？

三　填写个人信息问卷

附 录 2
个人信息问卷

问卷

姓名：_____ 性别：_____ 年龄：_____

家乡：_____就读学校（美/日）：_____

所学专业（日本）：_____

受教育程度（日/美）：_____

现就读的中方大学：_____

所学专业：_____

估计在中国学习的时间：半年_____一年_____两年_____
三年_____四年_____

攻读学位：进修生_____本科生_____硕士生_____博士生_____

您以前来过中国吗？来过_____没有来过_____

来过中国的次数：_____

原因：_____

时间：从_____到_____

谢谢！

附 录 3
访谈对象基本信息

表1   美国留学生

个人信息 姓名	性别	年龄	家乡	资助类别	类别	留学时间
琼	女	22	加利福尼亚	奖学金	进修生	6个月
杰克	男	20	犹他	自费	进修生	1年
茉莉	女	20	加利福尼亚	奖学金	进修生	1年
玛丽	女	26	印第安纳	奖学金	学历生	2年
珍珠	女	29	内布拉斯加	奖学金	学历生	2年
约翰	男	54	马萨诸塞	自费	进修生	1年
苏姗	女	27	俄亥俄	奖学金	学历生	2年
贝蒂	女	26		奖学金	学历生	2年

表2   日本留学生

个人信息 姓名	性别	年龄	家乡	资助类别	类别	留学时间
千叶	女	21	京都	自费	进修生	1年
佐佐木	男	20	福井	自费	进修生	1年
松本	女	25	神户	自费	进修生	1年
田中	女	21	东京	奖学金	进修生	1年
小林	女	20	滋贺	奖学金	进修生	1年
铃木	男	20	奈良	奖学金	进修生	1年
山口	女	26	东京	公司派遣	进修生	1年
小野	女	21	东京	奖学金	进修生	1年
佐藤	男	21	京都	奖学金	进修生	1年
中村	女	21	新潟	奖学金	进修生	1年

续表

个人信息 姓名	性别	年龄	家乡	资助类别	类别	留学时间
伊藤	男	21	广岛	自费	进修生	1 年
山本	男	21	大阪	奖学金	进修生	1 年
加藤	女	21	大阪	奖学金	进修生	1 年
高桥	男	24	新潟	奖学金	进修生	1 年
吉田	男	38	广岛	奖学金	学历生	7 年
山田	女	21	宫崎	自费	进修生	1 年

附 录 4
邀请信(英文)

Dear student:

Thank you very much for taking your time reading this invitation letter.

I am Frances from International & comparative education institute, BNU. My PhD research on intercultural communication between American students and Chinese needs your feedback. If you would like to help, I would be very grateful.

Generally, I would interview you 1 – 2 times this semester; all the interviews and observations would be at time and place to your Comfort and convenience. All the information would be treated confidentially and anonymously.

If you have interest in research or have some questions to ask before you decide, would you please contact me via E-MAIL (   ), or QQ (   ) You can also contact me by mobile (   ) if urgent. If you are busy now, you may contact me later when you have free time.

If you need some help in your study or life, I would be willing to help if I can. Looking forward to your reply, best wishes!

Frances

March, 2013

附 录 5
邀请信（日文）

日本人留学生のみなさん

　　こんにちは！私は北京師範大学比較教育学専攻博士課程の潘暁青と申します。現在「日本の留学生と中国人の異文化間コミュニケーション」をテーマに、博士論文のための研究を行なっており、調査にご協力・参加いただける日本人留学生のかたを探しています。

　　調査については、1～2回程度のインタビューを予定しています。インタビューの時間や場所については、すべてご都合に合わせます。インタビューは基本的には中国語で行う予定ですが、もし中国語が不安な場合には、事前におっしゃっていただければ、日本語でインタビューすることも可能です。あなたのプライバシーや個人情報の保護については厳格に行います。みなさんの実際の名前や身分が公開されるといったことはありません。

　　私の研究に参加いただける場合には、お手数ですが、Eメール（　　　）、あるいはQQ（）で、私にご連絡ください。特に何か緊急で連絡をとる必要があれば、私の携帯（　　　　）にご連絡いただいてもかまいません。（中国語でお願いします。もし日本語で連絡いただく場合には、携帯で（　　　）にご連絡ください）.もし、現在テストなどでお忙しい場合には、お時間がおありの時にご連絡いただいてかまいません。

　　もしみなさんが何か手伝ってほしいことや困っていること（中国語の学習や生活などの面で）があれば、私ができることであれば喜んで